高等职业教育机电类专业"十三五"规划教材

机电设备安装与调试技术

主　编　白桂彩
主　审　张国军

西安电子科技大学出版社

内 容 简 介

  本书以常用机电设备典型零部件的装拆方法和典型机电设备的装调方法为重点,分三大模块八个项目,从机电设备概述、机电设备典型机械部件调试技术、典型机电设备装调技术等方面由浅入深、循序渐进、重点突出地介绍了机电设备装调的基础知识和技能。

  本书可作为高等职业教育机电大类专业课教材,也可供相关岗位新入职人员参考学习,还可作为中职骨干教师的培训教材。

图书在版编目(CIP)数据

机电设备安装与调试技术 / 白桂彩主编. —西安:西安电子科技大学出版社,2018.6
ISBN 978-7-5606-4899-6

Ⅰ. ① 机… Ⅱ. ① 白… Ⅲ. ① 机电设备—设备安装 ② 机电设备—调试方法 Ⅳ. ① TH17

中国版本图书馆 CIP 数据核字(2018)第 068115 号

策　　划　李惠萍　秦志峰
责任编辑　马　静　秦志峰
出版发行　西安电子科技大学出版社(西安市太白南路 2 号)
电　　话　(029)88242885　88201467　　　邮　编　710071
网　　址　www.xduph.com　　　　　　　电子邮箱　xdupfxb001@163.com
经　　销　新华书店
印刷单位　陕西天意印务有限责任公司
版　　次　2018 年 6 月第 1 版　　2018 年 6 月第 1 次印刷
开　　本　787 毫米×1092 毫米　1/16　印 张　19
字　　数　453 千字
印　　数　1~3000 册
定　　价　49.00 元

ISBN 978-7-5606-4899-6/TH

XDUP 5201001-1

如有印装问题可调换

前　言

"机电设备安装与调试技术"是江苏省五年制高职机电一体化技术专业制造技术方向的专业技能课程，是一门实践性很强的技术训练课程。通过本课程的学习，学生应能正确使用机械装调的工具、量具，具备典型机电设备机械安装、调试及维护维修的初步能力，培养遵守操作规程、安全文明生产的良好习惯，具备严谨的工作作风和良好的职业道德。

本书是根据新制定的"机电设备安装与调试技术核心课程标准"编写的。其总体编写思路是，打破以知识传授为主的传统学科课程模式，转变为以相关工作过程为导向的模式，让学生在完成具体项目的过程中提升相应职业能力并积累实际工作经验。课程内容的选取和结构安排以五年一贯制高职教育的人才培养规格为依据，遵循学生知识与技能形成规律和学以致用的原则，突出对学生职业能力的训练。本书理论知识的选取紧紧围绕完成工作任务的需要，同时又充分考虑了高等职业教育对理论知识学习的要求，融合了相关职业岗位对从业人员的知识、技能和态度的要求。

本书以常用机电设备典型零部件的装拆方法和典型机电设备的装调方法为重点，从机电设备概述、机电设备典型机械部件调试技术、典型机电设备装调技术等方面由浅入深、循序渐进、重点突出地介绍了机电设备装调的基础知识和技能，便于实施理论实践一体化和项目化教学，充分体现"做中学"、"学中做"的职业教学特色。

本书依据企业的工作岗位和工作任务设计内容，以机电设备机械安装与调试工作过程为导向，以机电设备机械安装与调试工作任务为驱动，具有"工学结合"的特色。本书是面向高等职业教育机电大类的专业课教材，也可作为中职、高职骨干教师的培训教材，还可供相关岗位新入职人员学习参考。

本书由江苏省连云港工贸高等职业技术学校白桂彩任主编，连云港吉米特有限公司熊正浩编写了模块三的项目一，连云港工贸高等职业技术学校王志慧编写了模块一的项目一、项目二，盐城机电高等职业技术学校朱浩编写了模块一的项目三，连云港工贸高等职业技术学校刘学平编写了模块二中的任务一，连云港工贸高等职业技术学校白桂彩编写了模块二中的任务二到任务五，模块三的项目二、三、四并参与了其他部分内容的编写。本书由盐城机电高等职业技术学校张国军主审。

本书提供作者精心制作的配套 PPT、相关视频、插图等资源，需要了解的读者扫描书中二维码即可查看。

本书在编写过程中参考了部分教材和资料，这里对相关作者表示衷心的感谢。同时还要感谢常州刘国钧高等职业技术学校王猛教授、苏州特检中心陈明涛高级工程师、连云港机床厂吴海宁及许多同仁的支持和帮助。

　　由于编者时间及能力有限，书中难免有疏漏和不足之处，恳请广大读者批评指正。

编　者

2017 年 10 月

目　录

模块一　机电设备概述

模块二　机电设备典型机械部件调试技术

模块三　典型机电设备装调技术

模块一

机电设备概述

001_模块一 ppt_512px.png

项目一 认识机电设备

生产工具是人类社会改造自然能力的物质标志。人类社会的发展过程就是生产工具的改进过程。生产工具从最简单的旧石器发展到目前的智能机器人等一体化的设备，代表了人类社会改造自然能力的进步。

任务一 机电设备的发展

随着生活水平的不断提高，在日常生活中人们对机电设备的需求越来越多，从交通工具到各种家用电器、计算机、打印机等已成为人们生活中不可缺少的机电产品。先进的机电设备不仅能大大提高劳动生产率，减轻劳动强度，改善生产环境，完成人力无法完成的工作，而且作为国家工业基础之一，机电设备对整个国民经济的发展以及科技、国防实力的提高有着直接的、重要的影响，因此它也是衡量一个国家科技水平和综合国力的重要标志。

任务目标

- 掌握机电一体化的概念；
- 掌握机电一体化的系统组成；
- 了解机电设备的发展阶段。

任务描述

通过本任务的学习，应掌握机电一体化的概念及机电一体化的系统组成，了解机电设备的发展阶段，并能说出日常生活中常见的机电产品，明确机电产品为我们的生活带来的变化。我们可通过网络等媒介了解生产工具从旧石器到智能机器人现代化工具的历史变革，如图 1-1-1-1 所示。

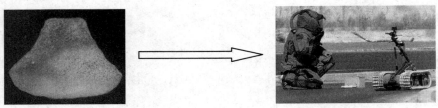

图 1-1-1-1 生产工具的变迁

知识链接

 机电一体化的概念

机电一体化是从系统的观点出发，将机械技术、微电子技术、信息技术、控制技术等在系统工程的基础上有机地综合，为实现整个机电系统最佳化而建立起来的一门新的科学技术。

传统的机电一体化系统是由机械、电气(电动机)、液压等系统组合而成的，但是随着机电一体化技术的发展，加入了微电子技术，其中的微电子装置除了可取代某些机械部件的原有功能外，还能提供许多新的功能，如自动检测、自动处理信息、自动显示记录、自动调节与控制、自动诊断与保护等，因此，现代的机电一体化是以机为主体，将机械、电子、检测、软件等有机结合而成的系统。

 机电一体化的系统组成

一个比较完整的机电一体化系统，一般由机械本体、动力源、执行机构、传感器及控制器五大部分组成。

机电一体化系统的五大组成部分可以参照人体解读。人体的五大构成要素分别是大脑、感官(眼、耳、鼻、舌、皮肤)、四肢、内脏及骨骼。人体五大要素的功能分别为：大脑处理各种信息并对其他要素实施控制；感官获得外部信息；四肢执行动作；内脏提供人体所需的能量(动力)及各种激素，维持人体活动；骨骼把人体各要素有机地联系为一体。机电一体化系统各部分的功能与人体上述功能一样，实现相应的功能。表 1-1-1-1 列出了机电一体化系统构成要素与人体构成要素的对应关系。

表 1-1-1-1　机电一体化系统与人体构成的对比

机电一体化系统构成要素	功　　能	人体构成要素
控制器(计算机等)	控制(信息存储、处理及传送)	大脑
传感器	检测(信息收集与变换)	感官
执行机构(电动机)	驱动(主功能)	四肢
动力源	提供能力(能量)	内脏
机械本体(机构)	支撑与连接	骨骼

机电设备的发展阶段

从机电设备发展过程来看，机电设备的发展和制造业的发展密不可分，可以分为三个阶段：早期的机械设备阶段、传统的机电设备阶段和现代的机电设备阶段。

1. 早期的机械设备阶段

机械设备的动力源主要有人力、畜力以及蒸汽机，工作机构的结构相对比较简单，对设备的控制主要通过人脑来完成。

最原始的简单机械，可以追溯到埃及金字塔的建造时期，工人利用"滚子木"、滑轮、

杠杆、斜面等简单机械将一块块巨石搬运到高处，建造出了令世界瞩目的建筑奇观，如图 1-1-1-2(a)所示。

指南车，又称司南车，如图 1-1-1-2(b)所示，是中国古代用来指示方向的一种机械装置。指南车的差速齿轮原理与指南针的地磁效应不同，它利用齿轮传动系统，根据车轮的转动，由车上木人指示方向。不论车子转向何方，木人的手始终指向南方。

风车是一种利用风力驱动带有可调节的叶片或梯级横木的轮子而产生能量来运转的机械装置。简单的风车由带有风篷的风轮、支架及传动装置等构成；风轮的转速和功率，可以根据风力的大小，通过适当改变风篷的数目或受风面积来调整；在风向改变时，必须搬动前支架使风轮面向风；完备的风车带有自动调速和迎风装置等。具备发电用途的风车又称为风力发电机，如图 1-1-1-2(c)所示。2000 多年前，中国、巴比伦、波斯等国就已利用古老的风车提水灌溉、碾磨谷物。12 世纪以后，风车在欧洲迅速发展，通过风车(风力发动机)利用风能来提水、供暖、制冷、航运、发电等。

水车利用流水使轮转动。在水车轮子周围安装上叶片，流水冲击叶片，就可以使轮子转动起来。古人主要用水车进行灌溉、磨面，如图 1-1-1-2(d)所示。

辘轳是利用轮轴原理制成的井上汲水的起重装置，是从杠杆原理演变而来的汲水装置。井上竖立井架，上装可用手柄摇转的轴，轴上绕绳索，绳索一端系水桶。摇转手柄，使水桶一起一落，提取井水，如图 1-1-1-2(e)所示。早在公元前 1100 多年前中国已经发明了辘轳，到春秋时期，辘轳就已经流行。

(a) 简单机械建造金字塔

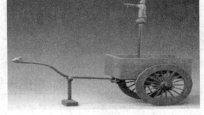
(b) 司南车

(c) 风力发电机

(d) 水车

(e) 辘轳

图 1-1-1-2　早期的机械设备

第一次工业革命是一场以机器取代人力，以大规模工厂化取代个体手工生产的科技革命，同时又是资本主义由手工作坊向机器大工业过渡的阶段。第一次工业革命结束了人类依靠人力和畜力进行生产、生活的历史，其影响涉及人类社会的各个方面，把人类推向了崭新的蒸汽时代。第一次工业革命期间产生了许多令人瞩目的科技成果，如瓦特蒸汽机、史蒂芬逊蒸汽机车、莫兹利螺纹切削车床等。

瓦特因发明了蒸汽机而被称为现代蒸汽机之父。瓦特蒸汽机是将蒸汽能量转换为机械功的往复式动力机械，曾经是世界上最重要的原动机，后来逐渐被内燃机和汽轮机等取代。史蒂芬逊在前人创造的机车模型基础上，将瓦特蒸汽机用于交通运输。1829年，史蒂芬逊研制成功"火箭号"新机车，最高时速46千米。从此，蒸汽机车(火车)就正式被用于交通运输事业，如图1-1-1-3(a)所示。莫兹利被称为现代机床之父，他于1797年制成第一台螺纹切削车床，它带有丝杠和光杠，采用滑动刀架——莫氏刀架和导轨，可车削不同螺距的螺纹，如图1-1-1-3(b)所示。此后，莫兹利又不断地对车床加以改进，于1800年制造的车床，用坚实的铸铁床身代替了三角铁棒机架，用惰轮配合交换齿轮对，代替了更换不同螺距的丝杠来车削不同螺距的螺纹。这是现代车床的原型，对英国工业革命具有重要意义。

(a) 史蒂芬逊蒸汽机车   (b) 莫兹利1797制成的车床

图1-1-1-3 蒸汽机车和车床

2. 传统的机电设备阶段

在这一阶段，机电设备的动力泵由普通的电动机来承担，工作机构的结构比较复杂，尤其是机电设备的控制部分已经由功能多样的逻辑电路代替人脑来完成。

第二次工业革命以电力的广泛应用为显著特征。在电力的使用中，发电机和电动机是相互关联的两个重要组成部分，如图1-1-1-4所示。发电机是将机械能转化为电能；电动机则相反，是将电能转化为机械能。发电机的基础原理是1819年丹麦人奥斯特发现的电流磁效应现象。1866年德国人西门子制成了自激式的直流发电机。到19世纪70年代，发电机才投入实际运行。1882年，法国学者德普勒发现了远距离送电的方法；同年，美国发明家爱迪生在纽约建立了美国第一个火力发电站，把输电线连接成网络。

(a) 发电机   (b) 电动机

图1-1-1-4 发电机和电动机

1885年意大利科学家法拉第提出的旋转磁场原理，对交流电机的发展有重要的意义。19世纪80年代末90年代初，三相异步电动机诞生，这种形式的电动机至今仍在使用。1891年以后，较为经济、可靠的三相制交流电得以推广，电力工业的发展进入新阶段。

3. 现代的机电设备阶段

现代阶段的机电设备是在传统机电设备的基础上，吸收了先进科学技术发展而来的，在结构和工作原理上产生了质的飞跃，它是机械技术、微电子技术、信息处理技术、控制技术、软件工程技术等多种技术融合的产物。

图 1-1-1-5(a)所示为世界第一台计算机，它由 17 468 个电子管、6 万个电阻器、1 万个电容器和 6 千个开关组成，重达 30 吨，占地 160 平方米，耗电 174 千瓦。

移动电话，通常称为手机，早期又有"大哥大"的俗称，是可以在较广范围内使用的便携式电话终端。第一部手机是美国科技巨头摩托罗拉公司发明的。手机目前已发展至 5G 时代。图 1-1-1-5(b)所示为当前流行的智能手机。

(a) 世界第一台计算机   (b) 智能手机

图 1-1-1-5 计算机和手机

微机电系统是指尺寸在几厘米以下乃至更小的小型装置，是一个独立的智能系统，主要由传感器、动作器(执行器)和微能源三大部分组成。它涉及物理学、化学、光学、医学、电子工程、材料工程、机械工程、信息工程及生物工程等多种学科和工程技术。

图 1-1-1-6(a)所示为数控机床。数控机床是采用计算机实现数字程序控制机械加工的现代机械装备。它具有用计算机按事先存储的控制程序来执行对设备的运动轨迹和外设的操作时序逻辑控制功能。采用计算机替代传统硬件逻辑电路组成的数控装置，使输入操作指令的存储、处理、运算、逻辑判断等各种控制机能的实现，均可通过计算机软件来完成，处理生成的微观指令传送给伺服驱动装置，驱动电机或液压执行元件带动设备运行。

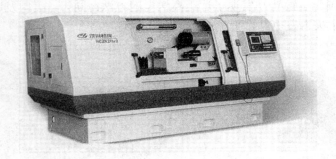 

(a) 数控机床   (b) 机器人

图 1-1-1-6 现代机电设备

机器人是自动执行工作的机器装置。它既可以接受人类指挥，也可以运行预先编译的程序，还可以按照由人工智能技术制定的原则纲领行动。它的任务是协助或取代人类的工作，例如在生产、建筑中的危险工作。机器人是整合了控制论、机械电子、计算机、材料和仿生学的产物，在工业、医学、农业、建筑业甚至军事等领域均有重要用途。图 1-1-1-6(b) 所示为某种类型的机器人。

机电设备三个发展阶段的比较如表 1-1-1-2 所示。

表 1-1-1-2　机电设备三个发展阶段的比较

发展阶段	类型	动力	工作机构	材料	传感检测	运筹、控制
早期机械设备	简单工具	人力畜力	简单机构	自然材料	人类感官	人脑
	蒸汽机械	蒸汽	机械构件	钢铁	人类感官	人脑
传统机电设备	电气机械	普通电动机	机械构件	钢铁	人类感官	逻辑电脑
现代机电设备	机电一体化	控制电动机	机械构件	钢铁、新材料	电子器件	电子计算机

任务实施

(1) 自行通过网络、书籍等媒介，查询人类社会生产工具的发展史，并找到每个时期的代表工具图片，填写表 1-1-1-3。

表 1-1-1-3　生产工具的发展变迁

时间	标志性工具	工具材质	人类社会的形态	生产力水平

(2) 说出 10 种见过的日常生活或者生产中的机电设备，并选择其中的几种，说出其历史变迁及发展变化，填写在表 1-1-1-4 中。

表 1-1-1-4　常见机电设备

序号	名称	主要功能	发展变化阶段	每个阶段的主要变革

(3) 了解我国制造业的机电设备的发展过程。

任务评价

完成上述任务后，认真填写表 1-1-1-5 所示的"机电设备的发展评价表"。

表 1-1-1-5　机电设备的发展评价表

组　　别			小组负责人	
成员姓名			班　　级	
课题名称			实施时间	

评价指标	配分	自评	互评	教师评
课前准备，收集资料	5			
课堂学习情况	20			
能应用各种手段获得需要的学习材料，并能提炼出需要的知识点	20			
了解我国机电设备发展情况	10			
完成任务的情况	15			
课堂学习纪律、安全文明	15			
能实现前后知识的迁移，主动性强，团结协作	15			
总　　计	100			
教师总评 (成绩、不足及注意事项)				
综合评定等级(个人 30%，小组 30%，教师 40%)				

练习与实践

(1) 简述机电一体化的概念。
(2) 简述机电设备的组成。
(3) 简述机电设备发展方向和各个阶段的代表产品。

任务拓展

阅读材料

第一次工业革命

　　第一次工业革命是 18 世纪发源于英国的技术革命，也是技术发展史上的一次巨大革命，它开创了以机器代替手工工具的时代。这场革命是以工作机的诞生为开始，以蒸汽机作为动力机被广泛使用为标志的。这一次技术革命和与之相关的社会关系的变革，被称为第一次工业革命或者产业革命。从生产技术方面来说，这次工业革命使工厂代替了手工工场，用机器代替了手工劳动；从社会关系来说，这次工业革命使依附于落后生产方式的自耕农阶级消失了，工业资产阶级和工业无产阶级形成和壮大起来。第一次工业革命密切加强了世界各地之间的联系，改变了世界的面貌，最终确立了资产阶级对世界的统治地位，率先完成工业革命的英国，很快成为世界霸主。第一次工业革命的主要发明如表 1-1～1-6 所示。

表 1-1-1-6　第一次工业革命的主要发明

时　间	发明人	发明
1712 年	汤姆斯·牛考门	获得了稍加改进的蒸汽机的专利权
1764 年	詹姆士·哈格里夫斯	珍妮纺纱机
1778 年	约瑟夫·勃拉姆	抽水马桶
1796 年	塞尼菲尔德	平版印刷术
1797 年	亨利·莫兹莱	螺丝切削机床
1781 年	詹姆斯·瓦特	改进了牛考门蒸汽机，现代蒸汽机
1812 年	特列维雪克	科尔尼锅炉
1815 年	汉·戴维	矿工灯
1844 年	威廉·费阿柏恩	兰开夏锅炉

任务二　机电设备的分类及安装位置

机电设备种类繁多，按照不同的分类方法属于不同的设备。机电设备的分类、安装基础、安装调试涉及面大，内容跨度大，不同种类的机电设备安装基础、平面布置、安装调试侧重点各不相同，但是也有很强的通用性。

任务目标

- 掌握机电设备分类方法；
- 了解机电设备的不同分类方法；
- 了解机电设备的分类，能够根据分类确定设备平面布置类型。

任务描述

通过学习本任务，说出根据不同的分类方法，图 1-1-2-1 中的机电设备分别属于哪一类。

图 1-1-2-1　机电设备

知识链接

机电设备种类繁多，各种用途都有。

机电设备的分类

1. 按运动状态分类

1) 运动机电设备

运动机电设备是通过各零部件的运动完成工作的设备。比如，液压泵、各种机床等。其中，根据机床特点不同分为工件主运动机床和刀具主运动机床两种。

（1）工件主运动机床。这类机床在加工过程中以工件的运动为主运动，其典型代表为车床。在刀具做进给运动时，为避免运动工件上的铁屑甩出伤人，这类机床在车间要倾斜布置，如图 1-1-2-2 所示。

（2）刀具主运动机床。这类机床在加工过程中以刀具为主运动，其典型代表为铣床。为了避免运动工具上的铁屑甩出伤人，这类机床在车间要平行布置，如图 1-1-2-3 所示。

图 1-1-2-2　工件主运动类机床的倾斜布置

图 1-1-2-3　铣床的平行布置

2) 静置机电设备

在工作过程中没有零部件运动的机电设备为静置设备，比如各种储罐、反应塔、电视天线等。这些设备大多安装在室外，比较高大而且是重型设备，所以其安装基础通常要考虑风力、地质情况、地基打桩、抗地震和避雷等问题。

2. 按设备的功能分类

1) 通用机电设备

通用机电设备是比较常见的，比如机械制造业中的各种机床、起重机等，农业生产中的拖拉机、收割机等，交通运输中的汽车等，办公常见设备如打印机、复印机等，以及日常生活中常用的洗衣机、电冰箱等。

2) 专用机电设备

专用机电设备比如制药设备、造纸设备、啤酒生产线等，这类设备多针对专门用途，通用性较差。

3. 按设备的精密程度分类

1) 普通机电设备

普通机电设备比如普通机床、机械压力机、压缩机等。这类设备受力大，工作载荷比较大，容易产生振动，安装地点要远离居民区及一些应避免振动的区域和设备。

2) 精密机电设备

精密机电设备比如三坐标测量仪、精密滚齿机等。这类设备工作载荷比较小，对安装环境和条件要求比较高，如要求设计隔振地基、恒温安装等，如图 1-1-2-4 所示。

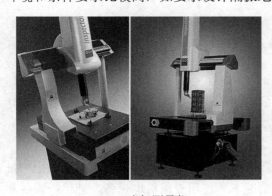
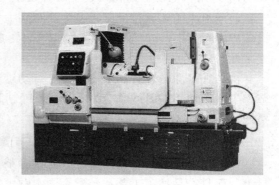

(a) 三坐标测量仪　　　　　　　　　　　(b) 精密滚齿机

图 1-1-2-4　精密机电设备

4. 按机电设备的组成和质量分类

1) 超重型、重型和大型机电设备

这类设备分类如表 1-1-2-1 所示。这类设备质量大、载荷大，安装时要考虑采取减振措施，减小振动；为装卸方便，可采用落地基础。

表 1-1-2-1　机电设备按照质量分类

名　称	质　量
超重型	整机质量大于 100 吨
重型	30～100 吨
大型	10～30 吨

2) 中型、小型机电设备

质量为 1.5～10 吨的机电设备属于中型机电设备,质量在 1.5 吨以下属于小型机电设备。这类设备受力小、振动弱,不用考虑减振,甚至置于工作台就可以运行。

3) 成套设备

成套设备指整条生产线,或涉及面广的装置和设施,通常是由完整的工程项目或技术改造项目中的多台设备、装置和设施组成的整体。

5. 按机电设备的工作性质分类

1) 非生产型机电设备

这类设备不用于生产,用于学生实训或者出厂前的性能检测和精度检测,在考虑运行可靠的前提下,还要考虑降低安装成本,容易搬迁。

2) 生产型设备

这类设备用于实际生产,要考虑设备的负荷安全性等。

各类机电设备的安装位置

1. 机电设备的平面安装布置

1) 通用机电设备的机群式平面布置

通用机床的工艺范围广,在生产车间中要按工艺专业化形式布置,采用把相同工艺的设备集中布置在一起的机群式布置。图 1-1-2-2 和图 1-1-2-3 分别为车床组和铣床组的机群式平面布置。

机群式平面布置有利于安排生产劳动过程中各种生产要素和生产过程的不同阶段、环节和工序,使其在时间和空间上形成一个协调的系统,让产品的输送距离短、花费少、耗费低。

2) 专用机电设备安装的流水线平面布置

专用机电设备只能完成单一产品或者某一固定工序的加工。一般,只有产品的生产批量大,而且产品加工工艺和装配有固定顺序的情况下才使用专用机电设备。把生产设备和工作地按照加工装配的工艺顺序排列,称为流水线平面布置,也称对象专业化布置。

2. 要着重防火、防污染、防振动等因素的机电设备的平面安装布置

1) 静置设备的平面安装布置

静置设备常见于电力、石油、化工等行业,这些行业都有相关的设备平面布置规范。比如,要按照当地的气候条件,考虑设备是采用室内布置,还是半露天或者露天布置;较高设备要安装避雷针等。

2) 普通机电设备的防振平面布置

普通精度的机电设备工作载荷比较大,会产生振动。对于振动比较严重的设备的安装布置要尽量远离天车立柱、精密设备和居民区。

3) 精密设备远离振源布置

安装精密设备时,要考虑其他设备的振动对其的影响,因此这类设备要远离振源的位置。

(1) 图 1-1-2-1 中的机电设备按照不同的分类方法来分，它们分别属于哪一类设备？完成表 1-1-2-2 的横向题头和表中内容。

表 1-1-2-2　机　电　设　备

设　备			

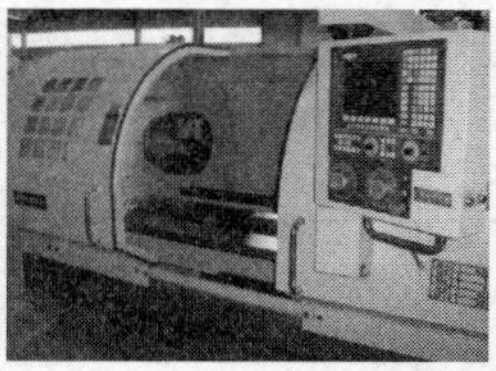

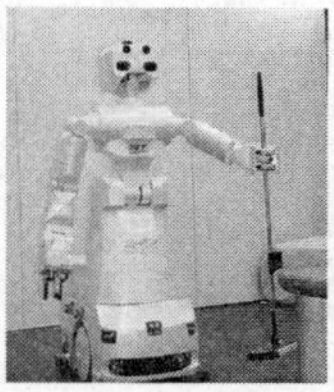

(2) 参观学校的实习车间，看看能认识几种车间的设备，按照不同的分类方法来分它们分别属于哪类？

(3) 参观学校的实习车间，仔细观察各类机床等设备的安装及平面布置情况。

任务评价

完成上述任务后，认真填写表 1-1-2-3 所示的"机电设备的分类及安装位置评价表"。

表 1-1-2-3　机电设备的分类及安装位置评价表

组　　别			小组负责人	
成员姓名			班　　级	
课题名称			实施时间	
评价指标	配分	自评	互评	教师评
课前准备，收集资料	5			
课堂学习情况	20			
能应用各种手段获得需要的学习材料，并能提炼出需要的知识点	15			
了解学校车间设备情况	15			
能说出学校车间设备的平面布置情况	15			
课堂学习纪律、安全文明	15			
能实现前后知识的迁移，主动性强，团结协作	15			
总　　计	100			
教师总评 (成绩、不足及注意事项)				
综合评定等级(个人 30%，小组 30%，教师 40%)				

练习与实践

(1) 机电设备的分类方法有哪些？

(2) 什么是机电设备的机群式平面布置？

(3) 哪类设备适合采用流水线平面布置？

任务拓展

阅读材料

高 速 列 车

1. 高速列车的定义

高速列车又称高速火车，是在铁路线上能够持续高速行驶的列车。因大部分高速列车的车头都采用流线造型设计，所以又被称为子弹头列车或火箭头列车。高速列车是当代多种尖端科技在交通领域上的充分运用，是第三次工业革命下诞生的新型高科技陆地运输工具，具有速度快、运量大、安全舒适和清洁环保等诸多优点。

广义高速列车泛指最高运行速度可达 200 km/h 以上的列车。一般认为对陆地交通工具而言，200 km/h 及以上的行驶速度就称为高速度。高速机车很早就出现了，1903 年德国三相交流电力机车创下了 210.2 km/h 的速度，1938 年英国野鸭号蒸汽机车创下了 202.7 km/h 的速度。不过在 20 世纪 60 年代以前，没有任何铁路系统能确保高速火车持久稳定地高速行驶。1964 年日本新干线开通后，高速铁路(系统)问世并逐年推广建设，高速列车才有了大规模批量生产和实际运用的客观环境，高速列车技术才得以不断完善并走向成熟。由于现今的高速列车已经全面迈进 300 km/h 以上速度，所以火车的高速度概念逐渐以 250 km/h 为最低标准。

2. 从速度上划分高速列车

(1) 高速等级类型列车：在不同国家、不同时代的定义标准不同。1987 年 UIC(国际铁路联盟)规定高速列车是时速不低于 200 千米的列车。按此标准，目前拥有自主产权高速列车的国家有中国、法国、德国、意大利、英国、俄罗斯、日本、瑞典等国。在最新的官方资料或权威著作中，中国高速列车是指最高运行时速不低于 250 千米、初期运行时速不低于 200 千米的国家铁路客运列车。按照这个定义，我国运营中的大部分 CRH 系列动车组以及 CR 系列中 300 和 400 级别动车组都属于高速列车。高速磁悬浮列车不纳入此范围，但属于广义上的高速列车。

(2) 高速车次等级列车：中国现行的列车班次中高速动车组车次，是最高等级的列车班次，车次以大写字母"G"开头，列车正常情况下的最高运行速度不低于 300 km/h。有些以大写字母"C"开头的城际车次，亦是高速动车组，如北京开往天津的 C2001 车次，速度达到 300 km/h，是高速车次兼城际车次，但不是车票概念上的高速车次。我们平时常说的坐城轨、动车和高铁即分别指坐城际动车组(C 字头车次)、一般动车组(D 字头车次)和高速动车组(G 字头车次)。

在中国第六次铁路大提速之前，铁路部门常把 120 km/h 以下称为普速、120 km/h 至 160 km/h 之间称为快速、160 km/h 至 200 km/h 称为准高速、200 km/h 以上称为高速。

高铁时代，低于 160 km/h 的称为普速、介于 160 km/h 至 250 km/h 之间的称为快速、250 km/h 以上的称为高速，所以在传统高铁领域内又进一步细分了快速铁路和高速铁路，并分别对应普通(快速)动车组和高速动车组。

3. 国外发展历程

1903 年德国三相交流电力机车创下了 210.2 km/h 的速度；1938 年英国野鸭号蒸汽机车牵引了六节车厢创下了 202.7 km/h 的速度，成为第一辆高速列车。但 20 世纪 60 年代以前没有良好的铁路环境供列车高速运营。

20 世纪 50 年代初，日本首先提出了高速铁路的设想，并最早开始试验工作。1964 年 10 月 1 日、东京奥运会前夕，连接东京与新大阪之间的东海道新干线正式运营，列车最高速度达到了 210 km/h。1976 年，用柴油电动机车牵引的高速列车在英国投入运营，这是当时英国最快的载客列车，最高速度达 250 km/h。法国则以电力机车为研究对象，其高速电力机车在 1978 年曾创下速度为 260 km/h 的纪录。1981 年 10 月，新的高速列车"T.G.V"

在巴黎—里昂干线正式投入使用。采用流线形造型的"T.G.V"和常规列车相比，空气阻力减小了三分之一。它装有大功率动力装置，具有较强的爬坡能力，可以高速爬上 35% 的陡坡，也可在坡路上起动，使用的仍是普通铁轨线路，曾创下速度为 380 km/h 的纪录。高速列车是在现有的柴油机车、电力机车和铁路的基础上，对动力系统、行走系统、车厢外形和路轨系统等加以改进、发展而来的，并没有改变传统火车和铁路的基本面貌。由于传统牵引机车和路轨系统等方面的问题，如轮、轨的摩擦难以克服，所以进一步提高车速困难很大。若想使铁路运输有一个大的飞跃，则需在牵引机车和路轨系统等方面采用全新的设计，如磁悬浮列车。

4. 国内发展历程

中国高速列车的研究从 20 世纪 90 年代开始，初期以国外引进为主、自主研发为辅，受限于当时技术、资金、高速铁路系统设施等多种因素，这些列车大部分没有远距离运输作用，亦没有成为后来的高速列车主流。

(1) 新时速 X2000 动车组。

广铁集团于 1996 年 11 月与瑞典 ADTranz 签订租用一列 X2000 列车，租期两年，租金每年为 180 万美元，用在广铁集团运营的广深铁路上，并尝试以最快速度引进 X2000 的技术及测试摆式列车在中国的可行性。这类摆式动车组最高速度可达 210 km/h。

(2) 韶山 8 型电力机车。

韶山 8 型电力机车(SS8)是中国铁路使用的电力机车车型之一，由株洲电力机车厂与株洲电力机车研究所共同研制。韶山 8 型电力机车是四轴准高速干线客运电力机车，是中国第八个五年计划("八五")重点科技攻关项目，原设计是用于广深准高速铁路的电力机车，后成为用于中国干线铁路牵引提速旅客列车的主型机车。机车最高运行速度为 170 km/h，最高试验速度达到了 240 km/h。

(3) 先锋号动车组。

中国先锋号动车组是南京浦镇车辆厂负责总体研制的中国第一列交流传动动力分散式电动车组，首列电动车组命名为"先锋"号。它的速度有多个级别，是动车组的探索形态，故名先锋。

早期的先锋号动车组时速为 120～140 km/h，在贵阳—都匀等铁路运营试验。后来，常规的先锋号动车组列车运营速度达 200 km/h，最高试验速度达 250 km/h。2007 年 7 月 7 日至 2009 年 9 月 30 日期间，先锋号动车组在成渝城际铁路、达成铁路、遂渝铁路线上运营。

(4) 中华之星动车组。

"中华之星"电动车组(DJJ2 型电力动车组)是中国自行设计、拥有自主知识产权的高速电力动车组，是采用交流传动系统、动力集中型电动车组，设计速度为 270 km/h，满座载 726 名旅客。2002 年 11 月 27 日，"中华之星"电动车组冲刺试验创造了最高速度

321.5 km/h，是"中国铁路第一速"(该纪录直到 CRH2 在 2008 年 4 月 24 日于京津客运专线上进行高速测试时才被打破)。2002 年 11 月 28 日，时任铁道部部长傅志寰视察并计划试乘"中华之星"，列车在先进行的空车试验中，驶回基地前出现 A 级重大故障：因进口部件(车辆轴承)温度高达 109℃触动了车载轴温报警系统，于是决定停止试验。

2003 年 1 月起，"中华之星"开始在秦沈客运专线上进行线路运行考核，同年 4 月载

客试运营。截止到 2004 年 12 月，"中华之星"在秦沈客运专线累计运行 53.6 万千米，创造了之前中国铁路新型机车车辆试验运行考核里程最长、运行考核速度最高的纪录，期间虽出现过故障，但最终经受了新产品最严格的试验和考核。2005 年初，"中华之星"在经历了 53.6 万公里的线路运行考核，两节动力车和 9 节拖车分别返厂进行"解体拆检"，拆检后没有发现任何重大问题，可以确认整车和零部件状态良好。

"中华之星"于 2005 年 8 月 1 日正式投入服务，往返沈阳至山海关之间，运营临时准高速班次，配属沈阳铁路局。列车营运最高速度限制在 160 km/h，全程 400 千米用时 3 小时。2006 年 8 月 2 日，"中华之星"完成了最后一次营运任务后停止使用。

(5) 蓝箭动车组。

中国蓝箭号动力集中式电力动车组是为了实现中短距离大城市间的快速铁路旅客运输而设计制造的，该车采用 CW-200 转向架，运行速度为 200 km/h。该动车组分 VIP 豪华空调软座车和一等空调软座两个车种。2012 年 11 月 21 日鉴于蓝箭号车底走行里程已达到一定标准，需要下线对其技术状态进行性能评估，为保证旅客安全，贵阳至六盘水城际列车已更换为 S25K 型空调车底载客运行。自此，"蓝箭号"正式退役。

(6) 长白山动车组。

中国长白山号动车组是中国北车集团长客股份公司自主开发研制的 200 km/h 速度等级的动力分散型电力动车组。每列九辆编组，两动一拖为一个动力单元。长白山号动车组以德国 ICE3 为基础研制的，是动车组中科技含量高、技术较为先进的子弹头高速列车之一，设计时速为 210 千米。

(7) 上海磁悬浮列车。

2003 年，中德合作项目上海磁悬浮轨道交通浦东机场联络线竣工通车。车辆采用德国最新的 TR08 型列车，最高速度为 431 km/h，是目前世界上商业运营速度最快的高速列车。

(8) 和谐号 CRH 系列。

中华之星动车组研制实验放弃后，根据国务院"引进先进技术、联合设计生产、打造中国品牌"的指导方针，中国铁道部门在 2004 年至 2008 年期间从日本、法国、德国和加拿大四国正式引入当代最先进的高速列车和高速铁路的技术，对高速列车实施"引进、消化、吸收、再创新"的研究发展策略。2007 年，中国铁路第六次大面积提速，开行了速度达 200 km/h 以上的 CRH 系列动车组。

后来，具有自主知识产权的 300 km/h 级别 CRH 系列高速动车组相继研制成功并批量投入生产运营。2017 年，时速 300～400 千米的中国标准动车组在京沪客运专线上运行。中国的高速列车进入了成熟阶段。

中国 CRH 系列就是中国铁路高速列车系列，其等级高于快速列车系列，是时速不低于 200 千米的动车组列车。CRH(China Railway High-speed)即中国铁路高速(列车)，是原铁道部对中国铁路高速列车系统建立的品牌名称。

和谐号 CRH 有三大类型：级别上分为 D 字头列车(动车组列车)和 G 字头列车(高速动车组列车)，此外还有标号 C 的高速综合检测列车。目前的主流是和谐号动车组。

(9) 复兴号 CR 系列。

早期的 CRH 是引进吸收，混合了欧标和日标，并根据中国环境加以改进的结果。新型 CRH 又进一步发展，形成了鲜明而全面的中国特征，并冠名中国标准(华标)动车组。它代表目前世界动车组技术的最高标准。2017 年，中国标准动车组正式命名为"复兴号"，隶属 CR 系列动车组，并分 200 km/h、300 km/h 和 400 km/h 三个速度等级。

2016 年，中国启动研制时速为 400 千米可变轨距高速列车(属于轨距可变列车)。

2016 年，《中国正式启动时速 600 公里磁浮与 400 公里可变轨距高速列车研发》一文报道：国家重点研发计划先进轨道交通重点专项首批三个项目(包括时速 600 千米高速磁浮、时速 400 千米可变轨距高速列车、轨道交通系统安全保障技术等)在北京举行启动会。这是中国首个由企业牵头组织实施的国家重点专项，标志着中国科技管理体制改革专项试点拉开序幕。

项目二 认识机电设备一般结构

人们的生活离不开机械，从我们熟悉的螺母、经常用的自动洗衣机到计算机控制的机械设备，机械在现代化生产中起着重要作用。

任务一 机械结构系统简介

任务目标

- 掌握机械、机器、机构的概念；
- 掌握常用的机械结构、机械传动；
- 了解各类常见传动机构的适用场合。

任务描述

通过学习本任务，简单了解常用的机械设备的结构组成及其工作原理，并能说出图1-2-1-1 中设备的名称及其组成部分，以及其工作原理。

图 1-2-1-1　几种机械设备

知识链接

机械通常有两类：加速机械和加力机械。

 机器、机构、机械的定义

1. 机器与机构，零件与构件

机械(machinery)是指机器与机构的总称。机械是能帮人们降低工作难度或省力的工具装置，像筷子、扫帚以及镊子一类的物品都可以被称为机械，它们是最简单的机械之一。复杂机械是由两种或两种以上的简单机械构成的。通常把比较复杂的机械叫做机器。从结构和运动的观点来看，机构和机器并无区别，泛称为机械。

机器与机构的情况对比如表 1-2-1-1 所示。

表 1-2-1-1　机器与机构对比表

名　称	特　征	功　用	举　例
机器：根据使用要求而设计制造的一种执行机械运动的装置，变换或传递能量、物料与信息，用于代替或者减轻人的体力和脑力劳动	(1) 是人为的实物(构件)组合体； (2) 各运动实体之间具有确定的相对运动； (3) 实现能量转换或完成有用的机械功	利用机械能做功或者实现能量转换	电动机、机床、计算机等
机构：具有确定相对运动的构件的组合	具有机器特征中的前两条，第三条不具备	传递或转换运动或实现特定的运动形式	齿轮机构、带传动等
零件：机器及各种设备的基本组成单元	制造单元		螺母、螺栓等
构件：机构中的运动单元体	运动单元，可以是一个独立的零件，也可以是若干个零件组成	许多具有相对确定运动的构件组成的为机构	

2. 机器的组成

机器的组成通常包括动力部分、传动部分、执行部分和控制部分。比如洗衣机，带传动为传动部分，电动机为动力部分，波轮为执行部分，控制面板为控制部分。机器组成各部分的作用和举例如表 1-2-1-2 所示。

表 1-2-1-2　机器的组成

组成部分	作　用	应用举例
动力部分	给机械系统提供动力、实现能量转换的部分	电动机、内燃机、液压马达
传动部分	将动力机的动力和运动传递给执行系统的中间装置	齿轮传动、带传动等
执行部分	利用机械能来改变作业对象的性质、状态、形状或位置，或对作业对象进行检测、度量等以进行生产或达到其他预定要求的装置	机床的主轴、拖板等
控制部分	使动力系统、传动系统、执行系统彼此协调运行，并准确可靠地完成整机功能的装置	数控机床的控制装置等

常用的机械传动——带传动

带传动是利用张紧在带轮上的柔性带进行运动或动力传递的一种机械传动方式。根据传动原理的不同，有靠带与带轮间的摩擦力传动的摩擦型带传动，也有靠带与带轮上的齿相互啮合传动的同步带传动。

按带的横截面形状不同，带传动可分为五种类型：

(1) 平带传动。平带的横截面为扁平矩形，内表面与轮缘接触为工作面。平带可适用于平行轴交叉传动和交错轴的半交叉传动。平带传动结构简单，但容易打滑，通常用于传动比为 3 左右的传动。

(2) V 带传动。V 带的横截面为梯形，两侧面为工作面，工作时 V 带与带轮槽两侧面接触，V 带传动的摩擦力约为平带传动的三倍，故能传递较大的载荷。

(3) 多楔带传动。多楔带是若干 V 带的组合，可避免多根 V 带长度不等、传力不均的缺点。

(4) 圆形带传动。圆形带的横截面为圆形，常用皮革或棉绳制成，只用于小功率传动。

(5) 同步带。同步带的工作面为齿形，带轮的轮缘表面也做成相应的齿形，带与带轮主要靠啮合进行传动。与普通带传动相比，同步齿形带传动的特点是：传动比恒定、准确；齿形带薄且轻，可用于速度较高的场合，传动效率可达 98%；结构紧凑，耐磨性好；预拉力小，承载能力也较小；制造和安装精度要求甚高，要求有严格的中心距，故成本较高。同步齿形带传动主要用于要求传动比准确的场合，如计算机中的外部设备、电影放映机、录像机和纺织机械等。

带传动具有结构简单、传动平稳、成本低、使用维护方便、有良好的挠性和弹性、能缓冲吸振和过载打滑、可以在大的轴间距和多轴间传递动力、造价低廉等特点，在近代机械传动中应用十分广泛。

摩擦型带传动能过载打滑、运转噪声低，但传动比不准确(滑动率在 2% 以下)；同步带传动可保证传动同步，但对载荷变动的吸收能力稍差，高速运转有噪声。带传动除用以传递动力外，有时也用来输送物料、进行零件的整列等。

 常用的机械传动——螺旋传动

1. 螺旋传动的类型和应用

螺旋传动机构由螺杆、螺母以及机架组成，主要功能是将回转运动转变为直线运动，从而传递运动和动力。

螺旋传动按其用途可分为如下四类：

(1) 传力螺旋：主要用于传递轴向力，如螺旋千斤顶和螺旋压力机用螺旋等，如图 1-2-1-2 所示。

(2) 传导螺旋：主要用于传递运动，如车床的进给螺旋、丝杠螺母等，如图 1-2-1-3 所示。

(3) 调整螺旋：主要用于调整、固定零件的位置，如车床尾座、卡盘爪的螺旋等，如图 1-2-1-4 所示。

(4) 测量螺旋：主要用于测量仪器，如千分尺用螺旋等，如图 1-2-1-5 所示。

图 1-2-1-2　螺旋千斤顶　图 1-2-1-3　丝杠螺母　图 1-2-1-4　车床尾座　图 1-2-1-5　千分尺

2．螺旋机构的特点

(1) 减速比大。螺杆转动一周，螺母只移动一个导程。

(2) 机构效益大。在主动件上施加一个不大的扭矩，就可在从动件上得到很大推力。

(3) 机构具有自锁性。当螺旋升角不大于螺旋副的当量摩擦角时机构具有自锁性。

(4) 结构简单、传动平稳、无噪音。

螺旋机构按其螺纹副的摩擦性质不同，可分为滑动螺旋和滚动螺旋。而滑动螺旋又可分为普通滑动螺旋和静压滑动螺旋等。结构最简单而且应用最广泛的是普通滑动螺旋。

滑动螺旋由于摩擦力大、磨损大、效率低、寿命短等缺点，远不能满足现代机械传动的要求，于是出现了滚动螺旋。

滚动螺旋与滑动螺旋相比具有摩擦损失小、传动效率高，磨损小、工作寿命长，灵敏度高，且运动有可逆性等优点，故在数控机床、汽车中广泛应用。

　常用的机械传动——链传动

链传动是通过链条将具有特殊齿形的主动链轮的运动和动力传递到具有特殊齿形的从动链轮的一种传动方式，如图 1-2-1-6 所示。链传动有许多优点，与带传动相比，链传动无弹性滑动和打滑现象，平均传动比准确，工作可靠，效率高；传递功率大，过载能力强，相同工况下的传动尺寸小；所需张紧力小，作用于轴上的压力小；能在高温、潮湿、多尘、有污染等恶劣环境中工作。链传动的缺点有：仅能用于两平行轴间的传动；成本高，易磨损，易伸长，传动平稳性差，运转时会产生附加动载荷、振动、冲击和噪声，不宜用在急速反向的传动中。

传动链有齿形链和滚子链两种。齿形链是利用特定齿形的链片和链轮相啮合来实现传动的，如图 1-2-1-7 所示。齿形链传动平稳，噪声很小，故又称无声链传动。齿形链允许的工作速度可达 40 m/s，但制造成本高，重量大，故多用于高速或运动精度要求较高的场合。

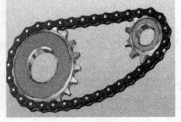 

图 1-2-1-6　链传动　　　　　　图 1-2-1-7　齿形链

常用的机械传动——齿轮传动

齿轮传动是利用两齿轮的轮齿相互啮合传递动力和运动的机械传动方式。在所有的机械传动中，齿轮传动应用最广，可用来传递相对位置不远的两轴之间的运动和动力。

齿轮传动的特点是：传动平稳，传动比精确，工作可靠、效率高、寿命长，使用的功率、速度和尺寸范围大。例如：传递功率可以从很小至几十万千瓦；速度最高可达 300 m/s；齿轮直径可以从几毫米至二十多米。但是制造齿轮需要有专门的设备，而且齿轮传动会产生噪声。

根据两轴的相对位置和轮齿的方向，齿轮传动可分为以下类型：

(1) 直齿圆柱齿轮传动；

(2) 斜齿圆柱齿轮传动；

(3) 人字齿轮传动；

(4) 锥齿轮传动；

(5) 交错轴斜齿轮传动。

根据齿轮的工作条件，齿轮传动可分为以下类型：

(1) 开式齿轮传动式齿轮传动，齿轮暴露在外，不能保证良好的润滑，仅用于低速或不重要的传动。

(2) 半开式齿轮传动，齿轮浸入油池，有护罩，但不封闭。

(3) 闭式齿轮传动，齿轮、轴和轴承等都装在封闭箱体内，润滑条件良好，灰沙不易进入，安装精确，多用于速度较高的齿轮传动。

齿轮传动按齿轮的外形可分为圆柱齿轮传动、锥齿轮传动、非圆齿轮传动、齿条传动和蜗杆传动，按轮齿的齿廓曲线可分为渐开线齿轮传动、摆线齿轮传动和圆弧齿轮传动等。另外，齿轮传动按其工作条件又可分为闭式、开式和半开式传动。把传动密封在刚性的箱壳内，并保证良好的润滑，称为闭式传动，较多采用，尤其是速度较高的齿轮传动，必须采用闭式传动。开式传动是外露的、不能保证良好的润滑，仅用于低速或不重要的传动。半开式传动介于二者之间。

 常用的机械传动——凸轮传动

凸轮机构可将凸轮的连续转动转化为从动件的往复移动或摆动,如图 1-2-1-8 所示为凸轮机构，图 1-2-1-9 所示为凸轮轴。

图 1-2-1-8　凸轮机构

图 1-2-1-9　凸轮轴

凸轮机构可分为平板凸轮、移动凸轮和圆柱凸轮。

凸轮机构的特点是：机构简单，紧凑；容易磨损，多用于传递动力不大的控制机构和调节机构。

 常用的机械传动——棘轮传动

图 1-2-1-10 所示为机械中常用的外啮合式棘轮机构，它由主动摆杆、棘爪、棘轮、止回棘爪和机架组成。主动件空套在与棘轮固连的从动轴上，并与驱动棘爪用转动副相联。当主动件顺时针方向转动时，驱动棘爪便插入棘轮的齿槽中，使棘轮跟着转过一定角度，此时，止回棘爪在棘轮的齿背上滑动。当主动件逆时针方向转动时，止回棘爪阻止棘轮发生逆时针方向转动，而驱动棘爪却能够在棘轮齿背上滑过，所以，此时棘轮静止不动。因此，当主动件作连续的往复转动时，棘轮作单向的间歇运动。

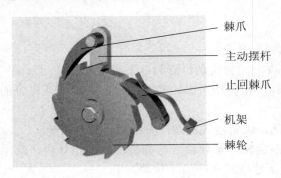

图 1-2-1-10　棘轮机构

1. 棘轮机构的分类

棘轮机构按结构形式分为：齿式棘轮机构和摩擦式棘轮机构。

齿式棘轮机构结构简单，制造方便；动与停的时间比可通过选择合适的驱动机构实现。该机构的缺点是动程只能作有级调节；噪音、冲击和磨损较大，故不宜用于高速传动。

摩擦式棘轮机构是用偏心扇形楔块代替齿式棘轮机构中的棘爪，以无齿摩擦代替棘轮；其特点是传动平稳、无噪音；动程可无级调节，但因靠摩擦力传动，会出现打滑现象，虽然可起到安全保护作用，但是传动精度不高，适用于低速轻载的场合。

棘轮机构按啮合方式分为：外啮合棘轮机构和内啮合棘轮机构。

外啮合棘轮机构的棘爪或楔块均安装在棘轮的外部，而内啮合棘轮机构的棘爪或楔块均在棘轮内部。外啮合式棘轮机构由于加工、安装和维修方便，应用较广。内啮合棘轮机构的特点是结构紧凑，外形尺寸小。

棘轮机构按从动件运动形式分为：单动式棘轮机构、双动式棘轮机构和双向式棘轮机构。

单动式棘轮机构当主动件按某一个方向转动时，才能推动棘轮转动。双动式棘轮机构在主动摇杆向两个方向往复转动的过程中，分别带动两个棘爪，两次推动棘轮转动。

双动式棘轮机构常用于载荷较大，棘轮尺寸受限，齿数较少，而主动摆杆的摆角小于棘轮齿距的场合。

以上介绍的棘轮机构，都只能按一个方向作单向间歇运动。双向式棘轮机构可通过改变棘爪的方向，实现棘轮两个方向的转动。

2．棘轮机构的应用

棘轮机构的主要用途有：间歇送进、制动和超越等。比如牛头刨床，为了切削工件，刨刀需作连续往复直线运动，工作台作间歇移动。

 常用的机械传动——蜗轮蜗杆传动

如图 1-2-1-11 所示为蜗轮蜗杆传动。蜗轮蜗杆机构常用来传递两交错轴之间的运动和动力。在蜗轮蜗杆系统中，通过蜗杆轴线并垂直于蜗轮轴线的平面称为中间平面。蜗轮与蜗杆在其中间平面内相当于渐开线齿条与齿轮的啮合条。

蜗轮及蜗杆机构常被用于两轴交错、传动比大、传动功率不大或间歇工作的场合。

图 1-2-1-11　蜗轮蜗杆

蜗轮蜗杆传动的特点如下：

(1) 可以得到很大的传动比，比交错轴斜齿轮机构紧凑。

(2) 两轮啮合齿面间为线接触，其承载能力大大高于交错轴斜齿轮机构。

(3) 蜗杆传动相当于螺旋传动，为多齿啮合传动，故传动平稳、噪音很小。

(4) 具有自锁性。当蜗杆的导程角小于啮合轮齿间的当量摩擦角时，机构具有自锁性，可实现反向自锁，即只能蜗杆带动蜗轮，而不能由蜗轮带动蜗杆。如在起重机械中使用的自锁蜗杆机构，其反向自锁性可起安全保护作用。

(5) 传动效率较低，磨损较严重。蜗轮蜗杆啮合传动时，啮合轮齿间的相对滑动速度大，故摩擦损耗大、效率低。另一方面，相对滑动速度大使齿面磨损严重、发热严重，为了散热和减小磨损，常采用价格较为昂贵的减摩性与抗磨性较好的材料及良好的润滑装置，因而成本较高。

(6) 蜗杆轴向力较大。

 常用的机械传动——齿轮系

由两个以上的齿轮组成的传动称为齿轮系。齿轮系是对齿轮分类的总称，有定轴齿轮系和行星齿轮系两大系列，可实现分路传动、变速传动，在钟表时分秒指针、减速箱齿轮系中广泛应用。

1．齿轮系的类型

齿轮系分为两大类：定轴齿轮系(定轴线轮系或定轴轮系)和行星齿轮系(动轴线轮系或周转轮系)。

(1) 定轴轮系：当齿轮系运转时，若其中各齿轮的轴线相对于机架的位置始终固定不变，则此齿轮系称为定轴轮系。定轴轮系分为平面定轴轮系和空间定轴轮系。

(2) 周转轮系：当齿轮运转时，其中存在齿轮的轴线相对于某一固定轴线或平面转动，则此轮系称为周转轮系。周转轮系分为差动轮系和行星轮系。

2. 齿轮系的应用

(1) 实现分路传动，如钟表时分秒指针。

(2) 换向传动，如车床走刀丝杆三星轮系。

(3) 实现变速传动，如减速箱齿轮系。

(4) 运动分解，如汽车差速器。

(5) 在尺寸及重量较小时，实行大功率传送。

 任务实施

(1) 图 1-2-1-1 中的机电设备都大概应用了哪些主要机械传动？说出设备名称、组成部分以及其工作原理。若设备复杂，可以选其中的一部分来说明，完成表 1-2-1-3。

表 1-2-1-3　机械设备的组成

设　备	设备名称	机械传动	组成部分	工作原理

(2) 参观学校的实习车间，车间的设备，试着说出几种设备中应用的传动机构，并简述其工作原理。

 **任务评价**

完成上述任务后，认真填写表 1-2-1-4 所示的"机械结构系统简介评价表"。

表 1-2-1-4　机械结构系统简介评价表

组　别			小组负责人		
成员姓名			班　级		
课题名称			实施时间		
评价指标	配分	自评	互评		教师评
课前准备，收集资料	5				
课堂学习情况	20				
能应用各种手段获得需要的学习材料，并能提炼出需要的知识点	15				
举例说明几种设备应用了何种机械传动(任务实施1)	15				
能说出学校车间几种设备传动机构应用情况，并简述工作原理(任务实施2)	15				
课堂学习纪律、安全文明	15				
能实现前后知识的迁移，主动性强，团结协作	15				
总　　计	100				
教师总评 (成绩、不足及注意事项)					
综合评定等级(个人30%，小组30%，教师40%)					

练习与实践

(1) 机器由哪几部分组成？并举例说明。

(2) 常见的机械传动有哪些，并说明其传动特点。

任务拓展

阅读材料

直线运动机构

直线运动机构是使构件上某点作准确或近似直线运动的机构。17世纪晚期，在人类造出精确滑杆和导槽之前出现了一种较简便的机械设计，用制造简便的刚片、连杆和铰的组合完成直线形的导槽和滑杆的功能，使构件上某点作准确或近似直线运动。由于加工高精度滑杆和导槽已无困难，现在这种机构已不多见，仅在仪表和某些机械上还偶有应用。但早期的这种设计思想对于现代的仿生学机械的设计还有重要的启发作用。

直线运动机构分为近似直线运动和准确直线运动的两类，它们有着各自的特点，被应用在不同的场合。

1. 波塞利耶-利普金直线运动机构

波塞利耶-利普金直线运动机构 (Peaucellier-Lipkin linkage)(又称为波舍利直线运动机构)由法国军官查理·尼古拉·波赛利耶(Charles-Nicolas Peaucellier(1832—1913))和约姆·托伍·李普曼·利普金(Yom Tov Lipman Lipkin(1846～1876))于1864年发明。这种机械的设计思想是基于机械反演器把圆弧反演为直线。

机械反演器由两组杆组成，一组由四条长度相同的短杆构成形状可以变化的菱形，另一组由两条等长的长杆，一端连在反演中心处，另一端连在菱形的对角上，可以用几何方法说明它的工作原理，这里不再赘述。

2. 萨鲁斯直线运动机构

萨鲁斯直线运动机构(Sarrus linkage)由法国斯特拉斯堡大学教授比埃尔·费雷德里克·萨鲁斯(Pierre Frédéric Sarrus)于1853年发明。这种机械的设计思想是让两组垂直的连杆结构互相约束，使得连杆的公共末端在一平面内活动。

这种机械结构的优点是可以承受任意方向的干扰力而不至于结构受到破坏，非常坚固，还可以通过增加连杆结构提高强度，节约空间，活动范围大；缺点是耗费材料比较多，因为每个刚件都是一个需要承受扭曲的面。

如果想把这种直线运动机构中的刚件改为连杆，每个正方形刚件应该变为一个由12条棱组成的八面体，其中每条棱都不是多余约束。

除了这两种有名的直线运动机构，著名的直线运动机构还有分别以契贝谢夫、罗伯茨命名的直线运动机构和以哈特、肯普、斯科特·拉塞尔命名的精确直线运动机构等。

任务二 液压与气动传动系统简介

液压传动是一门较新的技术。由于液压传动具有明显的优点，因此发展十分迅速，现已广泛用于工业、农业、国防等各个部门。当前液压技术已成为机械工业发展的一个重要方面。

任务目标

- 了解液压传动的概念，掌握其组成；
- 理解液压传动的工作原理；

- 了解气动传动的概念，掌握其组成；
- 理解气动传动的工作原理。

任务描述

通过本任务了解气动和液压系统的组成，理解其工作原理，并举例说明工作过程。解说图 1-2-2-1 所示设备的工作过程。

图 1-2-2-1　液压设备

知识链接

液压传动

液压传动是以液体(通常是油液)为工作介质，利用液体压力来实现各种机械的传动和控制的传动方式。它通过液压泵，将电动机的机械能转换为液体的压力能，又通过管路、控制阀等元件，经过液压缸或液压马达将液体的压力能转换成机械能，驱动负载运动。

1. 液压传动的工作原理

图 1-2-2-2 所示为液压千斤顶的工作原理图。液压千斤顶主要由手动柱塞液压泵(杠杆 1、小活塞 3、泵体 2)和液压缸(大活塞 11、缸体 12)两大部分构成。大、小活塞与缸体、泵体的接触面之间具有良好的配合，既能保证活塞移动顺利，又能形成可靠的密封。

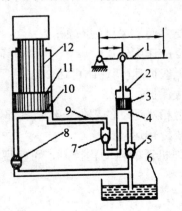

1—杠杆；

2—泵体；

3、11—小、大活塞；

4、10—油腔；

5、7—单向阀；

6—油箱；

8—截止阀；

9—油管；

12—缸体

图 1-2-2-2　液压千斤顶的工作原理

液压千斤顶的工作过程如下：

工作时，提起杠杆 1，小活塞 3 上升，泵体 2 下腔的工作容积增大，形成局部真空，于是油箱 6 中的油液在大气压力的作用下，推开单向阀 5 进入油腔 4 的下腔(此时单向阀 7 关闭)；当压下杠杆 1 时，小活塞 3 下降，油腔 4 下腔的容积缩小，油液的压力升高，打开单向阀 7(此时单向阀 5 关闭)，油腔 4 下腔的油液进入油腔 10 的下腔(此时截止阀 8 关闭)，使大活塞 11 向上运动，将重物顶起一段距离。如此反复提压杠杆 1，就可以使重物不断上升，达到顶起重物的目的。工作完毕，打开截止阀 8，使油腔 10 下腔的油液通过管路直接流回油箱，大活塞 11 在外力和自重的作用下实现回程。

提、压杠杆的速度越快，单位时间内压入缸体油腔的油液也就越多，重物上升的速度越快；重物越重，下压杠杆的力就越大。

液压千斤顶是一个简单的液压传动装置，从其工作过程可以看出，液压传动的工作原理为：以油液作为工作介质，通过密封容积的变化来传递运动，通过油液内部的压力来传递动力。

2. 液压系统的组成

一个完整的、能够正常工作的液压系统，应该由以下 5 个主要部件组成：

(1) 动力元件：供给液压系统压力油，把原动机的机械能转化成液压能，常见的是液压泵。

(2) 执行元件：把液压能转换为机械能的装置，其形式有做直线运动的液压缸和做旋转运动的液压马达。

(3) 控制调节元件：对液压系统中工作液体的压力、流量和流动方向进行控制和调节。这类元件主要包括各种液压阀，如溢流阀、节流阀以及换向阀等。

(4) 辅助元件：指油箱、蓄能器、油管、管接头、滤油器、压力表以及流量计等。这些元件分别起散热储油、蓄能、输油、连接、过滤、测量压力和测量流量等作用，以保证系统正常工作，是液压传动系统不可缺少的组成部分。

(5) 工作介质：在液压传动及控制中起传递运动、动力及信号的作用，包括液压油或其他合成液体。

3. 液压传动的特点

液压传动的优点如下：

(1) 液压传动的各种元件，可根据需要方便、灵活地布置；

(2) 重量轻，体积小，传动惯性小，反应速度快；

(3) 操纵控制方便，可实现大范围的无级调速(调速比可达 2000)；

(4) 能比较方便地实现系统的自动过载保护；

(5) 一般采用矿物油为工作介质，润滑相对运动的部件，延长零部件使用寿命；

(6) 很容易实现工作机构的直线运动或旋转运动；

(7) 当采用电液联合控制后，容易实现机器的自动化控制，可实现更高程度的自动控制和遥控。

液压传动的主要缺点如下：

(1) 由于液体流动的阻力损失和泄漏较大，所以效率较低。如果处理不当，泄漏不仅污染场地，而且还可能引起火灾和爆炸事故；

(2) 工作性能易受温度变化的影响，因此不宜在很高的温度或者很低的温度条件下工作；

(3) 液压元件的制造精度要求很高，因而价格较贵；

(4) 由于液体介质的泄漏及可压缩性，不能得到严格的定比传动；

(5) 液压传动出故障时不易找出原因，要求具有较高的使用和维护技术水平。

 气动传动

气动(气压传动)系统是一种能量转换系统，其工作原理是将原动机输出的机械能转变为空气的压力能，利用管路、各种控制阀及辅助元件将压力能传送到执行元件，再转换成机械能，从而完成直线运动或回转运动，并对外做功。气动系统的基本组成如图 1-2-2-3 所示。

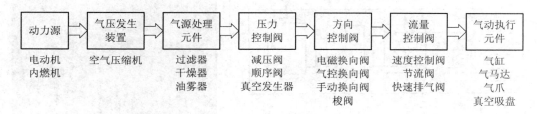

图 1-2-2-3　气动系统的组成

气动自动化控制技术是利用压缩空气作为传递动力或信号的工作介质，配合气动控制系统的主要气动元件，与机械、液压、电气、电子(包括 PLC 控制器和微机)等部分或全部综合构成的控制回路，使气动元件按工艺要求的工作状况，自动按设定的顺序或条件动作的一种技术。用气动自动化控制技术实现生产过程自动化，是工业自动化的一种重要技术手段，也是一种低成本自动化手段。

气动技术在工业中的应用如下：

(1) 物料输送装置：夹紧、传送、定位、定向和物料流分配；

(2) 一般应用：包装、填充、测量、锁紧、驱动、物料输送、零件转向、零件分拣、元件堆垛、元件冲压或模压标记和门控制；

(3) 物料加工：钻削、车削、铣削、锯削、磨削和光整。

1. 气动传动的工作原理

现以气动剪切机为例，介绍气动传动的工作原理。图 1-2-2-4 所示为气动剪切机的结构原理图和实物图，图示位置为剪切前的情况。空气压缩机 1 产生的压缩空气经冷却器 2、分水排水器 3、储气罐 4、空气过滤器 5、减压阀 6、油雾器 7 到达换向阀 9，部分气体经节流通路 A 进入换向阀 9 的下腔，使上腔弹簧压缩，换向阀阀芯位于上端；大部分压缩空气经换向阀 9 后由 B 路进入气缸 10 的上腔，而气缸的下腔经 C 路、换向阀与大气相通，故气缸活塞处于最下端位置。当上料装置把工料 11 送入剪切机并到达规定位置时，工料压下行程阀 8，此时换向阀阀芯下腔压缩空气经 D 路、行程阀排入大气，在弹簧的推动下，换向阀阀芯向下运动至下端；压缩空气则经换向阀后由 C 路进入气缸的下腔，上腔经 B 路、换向阀与大气相通，气缸活塞向上运动，剪刃随之上行剪断工料。工料被剪下后，即与行程阀脱开，行程阀阀芯在弹簧作用下复位，D 路堵死，换向阀阀芯上移，气缸活塞向下运动，又恢复到剪断前的状态。

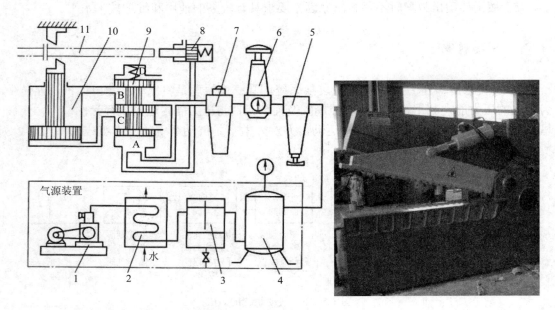

1—空气压缩机；2—冷却器；3—分水排水器；4—储气器；5—空气过滤器；
6—减压阀；7—油雾器；8—行程阀；9—换向阀；10—气缸；11—工料

图 1-2-2-4 气动剪切机

2. 气动系统的组成

由气动剪切机的工作原理分析可知，剪刃克服阻力剪断工料的机械能来自于压缩空气的压力能，提供压缩空气的是空气压缩机；气路中的换向阀、行程阀改变气体流动方向、控制气缸活塞运动方向。

气动传动系统和液压传动系统类似，由以下 4 部分组成：

(1) 气源装置：获得压缩空气的装置；

(2) 控制元件：用来控制压缩空气的压力、流量和流动方向；

(3) 执行元件：将气体的压力能转换成机械能的一种能量转换装置；

(4) 辅助元件：保证压缩空气净化、元件润滑、元件间连接及消声等所必须的元件，它包括过滤器、油雾器、管接头及消声器等。

(1) 应用所学内容讨论图 1-2-2-1 中液压设备的工作原理及工作过程，完成表 1-2-2-1。

表 1-2-2-1　液压设备的工作原理及其工作过程

设备图片	名　称	工作原理	工作过程

(2) 参观学校的实习车间的设备，试着说出设备中应用的液压和气动机构，简述其工作原理，并借助网络等资源说出其所用的主要元器件，完成表 1-2-2-2。

表 1-2-2-2　液压及气动设备

设备名称	液压还是气动设备	主要元器件	工作原理	用途

 任务评价

完成上述任务后，认真填写表 1-2-2-3 所示的"液压与气动传动系统简介评价表"。

表 1-2-2-3　液压与气动传动系统简介评价表

组　　别		小组负责人	
成员姓名		班　级	
课题名称		实施时间	

评价指标	配分	自评	互评	教师评
课前准备，收集资料	5			
课堂学习情况	20			
能应用各种手段获得需要的学习材料，并能提炼出需要的知识点	15			
说明车载液压千斤顶的工作原理	15			
能说出学校车间设备液压和气动机构应用情况，简述工作原理，并说出其所用的主要元器件	15			
课堂学习纪律、安全文明	15			

续表

评价指标	配分	自评	互评	教师评
能实现前后知识的迁移,主动性强,团结协作	15			
总　计	100			
教师总评(成绩、不足及注意事项)				
综合评定等级(个人 30%,小组 30%,教师 40%)				

练习与实践

(1) 液压传动的工作原理是什么?
(2) 简述液压系统的组成。
(3) 气动传动的工作原理是什么?
(4) 简述气动系统的组成。
(5) 试着通过自己熟悉的设备介绍液压系统及气动系统的工作过程。

任务拓展

阅读材料

液 压 元 件

1. 分类

液压系统主要由动力元件(油泵)、执行元件(油缸或液压马达)、控制元件(各种阀)、辅助元件和工作介质等五部分组成。

动力元件(油泵)的作用是把原动机的机械能转换成液体的液压力能,它是液压传动中的动力部分。动力元件主要有齿轮泵、叶片泵、柱塞泵、螺杆泵等。

执行元件(液压缸、液压马达)将液体的液压能转换成机械能。其中,液压缸做直线运动,马达做旋转运动。液压缸有活塞液压缸、柱塞液压缸、摆动液压缸、组合液压缸等;液压马达有齿轮式液压马达、叶片液压马达、柱塞液压马达等。

控制元件包括压力阀、流量阀和方向阀等。它们的作用是根据需要无级调节液动机的速度,并对液压系统中工作液体的压力、流量和流向进行调节控制。压力阀有溢流阀、减压阀、顺序阀、压力继电器等;流量阀有节流阀、调速阀、分流阀等;方向阀主要有单向阀、换向阀等。

辅助元件包括压力计、过滤器、蓄能器、冷却器、管件及油箱等。其中管件主要包括:各种管接头(扩口式、焊接式、卡套式、sae 法兰)、高压球阀、快换接头、软管总成、测压接头、管夹等。

工作介质是指各类液压传动中的液压油或乳化液,它通过油泵和液动机实现能量转换。

2. 液压元件安装注意事项

(1) 阀用联接螺钉的性能等级必须符合制造厂的要求，不得随意替换。联接螺钉应均匀拧紧(勿用锤子敲打或强行扳拧)，不要拧偏，最后使阀的安装平面与底板或油路块安装平面全部接触。

(2) 应注意进油口与回油口的方位，某些阀如果将进油口与回油口装反，会造成事故。有些阀件为了安装方便，往往开有同作用的两个孔，安装后不用的一个要封堵。

(3) 液压阀的安装方式应符合制造厂及系统设计图样中的规定。

(4) 板式阀或插装阀必须有正确的定向措施。

(5) 为了保证安全，阀的安装必须考虑重力、冲击、振动对阀内主要零件的影响。

(6) 方向阀一般应保持轴线水平安装。

(7) 一般需调整的阀件(如流量阀、压力阀等)，顺时针方向旋转时会增加流量和压力，逆时针方向旋转时会减少流量和压力。

任务三　机电一体化典型设备简介

机电一体化产品分系统(整机)和基础元部件两大类。典型的机电一体化系统有：数控机床、机器人、汽车电子化产品、智能化仪器仪表、电子排版印刷系统、CAD/CAM 系统等。典型的机电一体化基础元部件有：电力电子器件及装置、可编程控制器、模糊控制器、微型电机、传感器、专用集成电路、伺服机构等。

 任务目标

- 了解机电一体化产品的典型特征；
- 从典型产品了解机电一体化产品的发展趋势。

 任务描述

学习典型产品的资料，通过机电典型产品了解机电一体化产品的特征和发展趋势。

 知识链接

机器人是能够自动识别对象或其动作，并根据识别结果自动决定应采取动作的自动化装置。它能模拟人的手、臂的部分动作，实现抓取、搬运工件或操纵工具等。机器人综合了精密机械技术、微电子技术、检测传感技术和自动控制技术等领域的最新成果，是具有发展前途的机电一体化典型产品。

 机器人三要素

一般认为机器人具备的要素有：思维系统(相当于脑)、工作系统(相当于手)、移动系统

(相当于脚)、非接触传感器(相当于耳、鼻、目)和接触传感器(相当于皮肤)。机器人三要素如图 1-2-3-1 所示。如果对机器人的能力评价标准与对生物能力的评价标准一样,即从智能、机能和物理能三个方面进行评价,则机器人能力与生物能力具有一定的相似性。

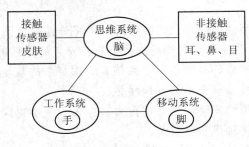

图 1-2-3-1　机器人三要素

 机器人的组成及基本机能

机器人一般由机械系统、驱动系统、控制系统、检测传感系统和人工智能系统等组成,各系统功能如下所述。

(1) 机械系统:是实现抓取工件(或工具)所需运动的机械部件,包括手部、腕部、臂部、机身以及行走机构。

(2) 驱动系统:是向执行机构提供动力的装置。随驱动目标的不同,驱动系统的传动方式有液动、气动、电动和机械式四种。

(3) 控制系统:是机器人的指挥中心,它控制机器人按规定的程序运动。控制系统可记忆各种指令信息(如动作顺序、运动轨迹、运动速度及时间等),同时按指令信息向各执行元件发出指令,必要时还可对机器人动作进行监视,当动作有误或发生故障时即发出警报信号。

(4) 检测传感系统:主要检测机器人机械系统的运动位置、状态,并随时将机械系统的实际位置反馈给控制系统,并与设定的位置进行比较,然后通过控制系统进行调整,从而使机械系统以一定的精度达到设定的位置状态。

(5) 人工智能系统。该系统主要赋予机器人自动识别、判断和适应性操作的能力。

从机器人的研究发展情况来看,机器人应具有运动机能、思维控制机能和检测机能三大机能。

 机器人的主要技术参数

机器人的技术参数是说明机器人规格与性能的具体指标,一般有以下几个方面:① 握取重量(即臂力);② 运动速度;③ 自由度;④ 定位精度;⑤ 程序编制与存储容量。

 BJDP-1 型机器人简介

BJDP-1 型机器人是全电动式、五自由度、具有连续轨迹控制等功能的多关节型示教再现机器人,可用于高噪声,高粉尘等恶劣环境的喷砂作业。

1) 机器人的本体

BJDP-1 型机器人的五个自由度分别是立柱回转(L)、大臂回转(D)、小臂回转(X)、腕部俯仰(W_1)和腕部转动(W_2)，其机构原理如图 1-2-3-2 所示，机构的传动关系如图 1-2-3-3 所示。

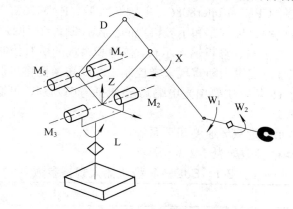

图 1-2-3-2　机器人的结构原理

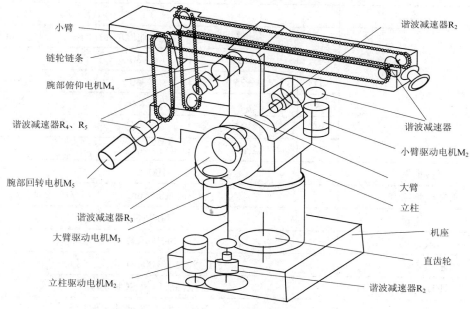

图 1-2-3-3　机器人机构传动关系

2) 控制系统

控制系统(包括驱动与检测)主要由微型计算机、接口与电路系统、速度控制单元、位置检测电路、示教盒等组成。

(1) 微型计算机。通过计算机实现机器人示教和校验，再现的控制功能，包括示教数据编辑、坐标正逆变换、直线插补运算以及伺服系统闭环控制。

(2) 接口与电路系统。通过光电编码器进行机器人各关节坐标的模/数(A/D 转换)，并把计算机运算结果的数字量转换为模拟量(D/A 转换)传送给速度控制单元。

(3) 速度控制单元：是驱动机器人各关节运动的电气驱动系统。

(4) 示教盒：是人机联系的工具，主要由一些点动按键和指令组成。通过点动按键可以对机器人关节的运动位置进行示教，利用指令键完成某一指定的操作，实现示教和再现的各种功能。

微机控制系统的硬件 CPU 为 Inter8086，主频 5 MHz。RAM16K 主要用于存储示教数据。ROM32K 存储计算机的监控程序和示教再现的全部控制程序。两片 8259A 中断控制器相联，共有 15 级中断，用于向计算机输入示教、校验和再现的所有控制指令，定时器 8253 用于产生计算机时钟信号，通过中断实现采样控制。A/D 转换器将机器人关节转角转换成数字量，转换器位数为 16 位，主要由光电编码器(包括方向判别、可逆计数，清零电路及计算机的接口电路)组成。

各关节速度控制单元都是双环速度闭环系统。

BJDP-1 型机器人规格参数如表 1-2-3-1 所示。

表 1-2-3-1 BJDP-1 型机器人规格参数

项 目	规 格			
坐标型式	多关节型			
自由度	五			
运动范围		角度/(°)	最大速度/((°)/s)	臂长/mm
	L	±135	30	
	D	±35	40	600
	X		40	800
	W₁	±45	70	180
	W₂	±135	70	
可搬重量	100(N)			
重复定位精度	±0.5 mm			
本体重量	6000(N)			
示教方式	间接示教			
示教点数	大于 1000 个点			
驱动方式	直流伺服电机 SCR 驱动			
控制方式	连续轨迹(直线插补实现)			
控制轴数	五轴同步控制			
存储容量	RAM：16 K；ROM：32 K			
外存储器	盒式录音机			
供电电源	三相 380 V、50 Hz、1.5 kW			

任务实施

(1) 理解机电典型产品，总结机电一体化设备的特征，试举例说明，完成表 1-2-3-2。

表 1-2-3-2　典型机电产品

名　　称	主要组成	主要特征	主要发展过程
洗衣机			
扫地机器人			

(2) 查阅每个人手里的智能手机的组成材料。

任务评价

完成上述任务后，认真填写表 1-2-3-3 所示的"机电一体化典型设备简介评价表"。

表 1-2-3-3　机电一体化典型设备简介评价表

组　　别			小组负责人	
成员姓名			班　　级	
课题名称			实施时间	
评 价 指 标	配分	自 评	互 评	教师评
课前准备，收集资料	5			
课堂学习情况	20			
能应用各种手段获得需要的学习材料，并能提炼出需要的知识点	20			
了解机电设备的特征	10			
完成任务的情况	15			
课堂学习纪律、安全文明	15			
能实现前后知识的迁移，主动性强，团结协作	15			
总	100			
教师总评 (成绩、不足及注意事项)				
综合评定等级(个人 30%，小组 30%，教师 40%)				

练习与实践

(1) 简述机器人的几大要素。

(2) 简述机器人的组成。

(3) 简述智能洗衣机的组成及工作原理。

扫地机器人

扫地机器人的机身多为圆盘型，使用充电电池运作，操作时使用遥控器或机器上的操作面板，一般能设定时间预约打扫，自行充电。机器人前方设置有感应器，可侦测障碍物，如碰到墙壁或其他障碍物，会自行转弯，并依不同厂商设定而走不同的路线，还可以规划清扫地区(部分较早期机型可能缺少部分功能)。因为其操作简单、使用便利，现今已慢慢普及，成为上班族或是现代家庭的常用家电用品。

1. 扫地机器人的构造

扫地机器人主要由以下部件构成。

(1) 本体：不同的厂商品牌设计，外形会有所不同。

(2) 充电电池：一般以镍氢电池为主，部分用锂电池，但用锂电池通常产品单价较高。不同厂商的电池充电时间与使用时间有所差别。

(3) 充电座：供扫地机器人充电的位置。

(4) 集尘盒：与一般吸尘器纸袋方式不同，扫地机器人都备有集尘盒可收集灰尘。它大致上分为两种：中央集尘盒和置于后端集尘盒。

(5) 遥控器：控制扫地机器人，也可在机身上控制。

2. 扫地机器人的分类

1) 按照清洁系统分类

(1) 单吸口式。单吸口式的清洁方式对地面的浮灰有用，但对桌子下面久积的灰尘及静电吸附的灰尘清洁效果不理想。因为其设计相对简单，只有一个吸入口。

(2) 中刷对夹式。中刷对夹式的清洁方式对大的颗粒物及地毯清洁效果较好，但对地面微尘处理稍差，较适用于欧洲全地毯的家居环境。对亚州市场的大理石地板及木地板微尘清理较差。其清扫方式主要通过一个胶刷与一个毛刷相对旋转夹起垃圾。

(3) 升降 V 刷清扫系统。以台湾机型为代表，它采用升降 V 刷浮动清洁，可以更好地将扫刷系统贴合地面环境，相对来说对面静电吸附灰尘清洁更加到位。其整个 V 刷系统可以自动升降，并在三角区域形成真空负压。

2) 按照侦测系统分类

(1) 红外线传感：红外线传输距离远，但对使用环境有相当高的要求，当遇上浅色或深色的家居物品时它无法反射回来，会造成机器与家居物品发生碰撞，时间一久，家居物品的底部会被它撞得斑斑点点。

(2) 超声波仿生技术：采用超声波仿生技术，类似鲸鱼、蝙蝠，采用声波来侦测判断家居物品及空间方位，其灵敏度高，技术成本高。

项目三　机电设备安装调试基础

现阶段，我国机械类工程建设迅猛发展，机械制造水平不断提高，随之而来的是对各类机械设备的安装调试技能要求的日益严格。

任务一　机电设备安装调试基础

由于机械设备安装的复杂性，在实际的安装调试运行过程中，常常会出现机械设备故障问题。因此，采取措施改进和完善机械设备的安装、调试质量，保证机械设备安装工程的正常运行具有重要的现实意义。

任务目标

- 了解机电设备安装调试的重要性；
- 了解设备安装地基的分类；
- 掌握机电设备安装调试的一般过程及要求。

任务描述

通过本任务的学习，了解机电设备的安装调试过程。仔细观察实习车间的设备安装方法。

知识链接

机电设备安装调试管理是机电设备投入使用的基础管理，它贯穿于设备寿命周期的全过程，决定了设备的基本使用寿命。

机电安装调试的重要性

良好的安装调试管理，将使设备获得稳定的良性运行条件，为企业提高经济效益打好基础；缺乏管理的安装调试，将无法获得准确的设备运行环境参数，无法使设备进入良性运行状态，必将对设备造成各种隐患，导致寿命减少，造成投资浪费。因此，采用各种技术措施，科学合理地进行安装调试，实现安全生产，提高企业经营管理的经济效益，是建立机电设备安装调试管理体系的根本所在。机电设备不仅体积庞大、配套机组和附属设备多，而且技术密集，安装调试也较复杂。因此，作为使用单位，必须建立科学合理的机电设备安装调试管理体系，使有关人员充分了解设备安装调试的管理程序与方法，才能正确地组织人力、有效利用物力，成功地完成机电设备的安装调试工作，为企业带来长期稳定的经济效益。

 设备安装基础分类

机电设备安装后，其全部负荷由地层承担，承受机电设备全部负荷的那部分天然的或部分经过人工改造的地层称为地基。在绝大多数情况下，设备和地基之间要安装强度高的过渡体，过渡体的平面尺寸不得小于机电设备支撑面的外轮廓尺寸。通过过渡体，可减小机电设备的负荷压强，然后安全地传递给地基。这种位于设备和地基之间能起到减小压强作用的过渡体称为安装基础。

1. 根据安装基础用料分类

(1) 素混凝土基础。素混凝土基础是将水泥、沙子和石子按一定配比，浇灌成形的安装基础，主要用于中型普通机电设备，如金属切削机床等。

(2) 钢筋混凝土基础。这类基础不仅要将水泥、沙子和石子按一定配比，浇灌成一定形状，而且要在其中放入绑成一定形状的钢筋骨架和钢筋网，以加强安装基础的强度和刚度。这种基础主要用于大型、重型、超重型和受力比较大的机电设备。

2. 根据安装基础所承受负荷的性质分类

(1) 静力负荷基础。静力负荷基础主要承受设备及其内部物料重量的静力负荷。对于室外高大设备，还要考虑风力载荷对其产生的颠覆力矩的影响。

(2) 动力负荷基础。动力负荷基础不仅要承受设备及其内部物料重量的负荷，还要承受设备在工作中产生的动力载荷，比如锻锤、往复式空气压缩机等。

 机电设备安装调试过程及一般要求

1. 设备安装施工

按照工艺技术部门绘制的设备工艺平面布置图及安装施工图、基础图、设备轮廓尺寸以及相互间距等要求划线定位，组织基础施工及搬运就位设备。在设计设备工艺平面布置图时，对设备定位要考虑以下因素：

(1) 应适应工艺流程的需要；

(2) 应方便工件的存放、运输和现场的清理；

(3) 设备及其附属装置的外尺寸、运动部件的极限位置及安全距离；

(4) 应保证设备安装、维修、操作安全的要求；

(5) 厂房与设备要求应匹配，包括门的宽度、高度，厂房的跨度、高度等。

应按照机械设备安装验收有关规范要求，做好设备安装找平，保证安装稳固，同时还要注意减轻设备振动，避免变形，以保证加工精度，防止不合理的磨损。安装前要进行技术交底，组织施工人员认真学习设备的有关技术资料，了解设备性能及安全要求和施工中应注意的事项。

2. 设备试运转

设备试运转一般可分为空转试验、负荷试验、精度试验三种。

(1) 空转试验：是为了考核设备在无负荷运转状态下安装精度的保持性，设备的稳固性，传动、操纵、控制、润滑、液压等系统是否正常，以及灵敏可靠等有关各项参数和性能。一定时间的空负荷运转是新设备投入使用前必须进行磨合的一个步骤。

(2) 设备的负荷试验：试验设备在数个标准负荷工况下进行试验，在有些情况下可结合生产进行试验。在负荷试验中应按规范检查轴承的温升，考核液压系统、传动、操纵、控制、安全等装置工作是否达到出厂的标准，是否正常、安全、可靠。不同负荷状态下的试运转，也是新设备进行磨合所必须进行的工作，磨合试验进行的质量，对于设备使用寿命影响极大。

(3) 设备的精度试验：一般应在负荷试验后按说明书的规定进行，既要检查设备本身的几何精度，也要检查其工作(加工产品)的精度。这项试验大多在设备投入使用两个月后进行。

3. 设备试运行后的工作

断开设备的总电路和动力源，做好下列设备检查、记录工作：

(1) 做好磨合后对设备的清洗、润滑、紧固，更换或检修故障零部件并进行调试，使设备进入最佳使用状态；

(2) 做好并整理设备几何精度、加工精度的检查记录和其他机能的试验记录；

(3) 整理设备试运转中的情况(包括故障排除)记录。

 机电设备安装常见技术问题

1. 机电设备的螺栓联接问题

螺栓、螺母联接是机电行业中最基本的装配，联接过紧时，螺栓在机械力与电磁力的长期作用下容易产生金属疲劳，发生剪切或螺牙滑丝等联接过松的情况，使部件之间的装配松动，引发事故。对于电气工程传导电流的螺栓、螺母联接，不仅要注意其机械效应，更应注意其电热效应，压接不紧，接触电阻增大，通电时会产生发热—接触面氧化—电阻增大的恶性循环，直至严重过热，烧熔联接处，造成接地短路、断路事故。

2. 机电设备的振动问题

对于机电设备中的泵而言，壳体与转子同心度差、定子与转子相互摩擦、轴承间隙大以及转子不平衡等问题都会导致较大的振动；对于电机而言，定子与转子之间的气隙不均匀、定子与转子之间相互摩擦、转子不平衡等问题也会导致不正常的振动。在泵操作过程中若实际参数与所规定的额定参数相差较大，就会导致泵的不稳定运行，因此操作人员要使泵在规定的额定参数下运行。

3. 安装中超电流问题

对于泵而言，泵内异物、壳体与转子相互摩擦、轴承损坏等都会引起超电流问题。对于电机而言，电机电源缺相、线路电阻偏高、过载电路整定偏低、功率偏小时都会出现超电流问题。对于工艺操作而言，所用介质由于密度大或黏度高超出泵的设计能力时就可能出现超电流问题。

4. 电气设备安装中的问题

(1) 安装隔离开关时，动、静触头的接触压力与接触面积不够或操作不当，可能导致接触面的电热氧化，使接触电阻增大，灼伤、烧熔触头，造成事故。

(2) 断路器的触指及触头装配不正确，将使触头过热、熄弧时间延长，导致绝缘介质分解，压力骤增，引发断路器爆炸事故。

(3) 有载调压装置的调节装置机构装配错误，或装配时不慎掉入杂物，卡住机构，也将发生程度不同的事故。

 机电设备安装与调试的内容分类

按机电设备安装与调试内容进行分类，可以分为机械部分装配、电气部分安装和控制部分的调试。其中机械部分的装配又包括液压系统和气动系统的安装与调试。

机械部分的安装调试是从零件的生产完成开始的，由零件装配成部件，再由部件装配成完整的机械设备。

电气部分的安装主要包括电器件的固定、布线和连接等。

控制部分主要是在机械部分和电气部分等安装完成之后进行。对于传统的机电设备，主要的调试是由中间继电器等组成的逻辑电路，保证连接电路的正确性和可靠性；而现代的机电设备主要由单片机、单板机、PLC、工控机等控制，所以主要以调试程序为主，其控制和调试方式也更具灵活性。

(1) 自主学习相关知识，了解机电设备安装与调试的职业要求及发展方向，完成表1-3-1-1。

表 1-3-1-1　机电设备安装调试的职业要求及发展方向

要　求	内　容
机电设备安装发展史	
现阶段的特征和人员需求	
职业面向	
职业要求	

(2) 了解机电设备安装与调试的重要性。

(3) 通过参观车间，了解机电设备的安装地基等。

(4) 讨论机电设备的安装与调试的过程及需要注意的问题。

完成上述任务后，认真填写表 1-3-1-2 所示的"机电设备安装调试基础评价表"。

表 1-3-1-2　机电设备安装调试基础评价表

组　　别			小组负责人	
成员姓名			班　　级	
课题名称			实施时间	
评 价 指 标	配分	自 评	互 评	教师评
课前准备，收集资料	5			
课堂学习情况	20			
能应用各种手段获得需要的学习材料，并能提炼出需要的知识点	20			
了解机电设备的安装调试过程	10			
完成任务的情况	15			
课堂学习纪律、安全文明	15			
能实现前后知识的迁移，主动性强，团结协作	15			
总　　计	100			
教师总评 (成绩、不足及注意事项)				
综合评定等级(个人 30%，小组 30%，教师 40%)				

练习与实践

(1) 机电设备安装与调试的主要内容是什么？

(2) 机电设备安装与调试的常见问题有哪些？

(3) 通过参观工厂，你对机电设备的安装地基布局等方面有何了解。

任务拓展

阅读材料

机电安装行业

　　机电安装一般包括工业、公共和民用建设项目的设备、线路、管道的安装，35 千伏及以下变配电站工程的安装，非标准钢构件的制作与安装。机电安装通常是工程规模比较大的工程，有些大型企业迁移，一个工程就需要花近半年来实施，而且，对于安装的技术要求也是相当大的。其工程内容包括锅炉、通风空调、制冷、电气、仪表、电机、压缩机机组和广播电影、电视播控等设备。

机电安装行业对职位要求是负责项目现场暖通、给排水及强弱电专业技术管理工作，控制管理相关施工的质量。具体职位要求如下：

（1）暖通、电气、给排水相关专业大专以上学历，工程师以上职称。

（2）5年以上机电安装专业施工管理经验，熟悉工程计划、质量和成本管理工作流程。全程主持过多个大型工业项目，机电安装专业，具有二级以上相应专业建造师证书。

（3）熟悉本专业工程施工验收、检验规范和标准，能独立完成及审核专业技术方案，具备施工管理经验，熟悉国家及地区相关法律法规。有独立组织暖通、机电安装工程施工的经验，技术素质过硬，并有较强的组织协调能力。

机电安装行业涉及到的专业：测量，材料，起重，焊接等。

建筑机电工程包括：管道工程，电气工程，通风工程，空调工程，智能化工程，消防工程。

工业机电工程有：机械设备安装，电气设备安装，动力设备安装，精密设备及金属结构制作安装，自动化仪表工程，工业管道工程，防腐蚀与绝热工程等。

任务二　机电设备安装调试工具及使用

机电设备在安装调试过程中要使用大量工具。本任务主要介绍设备安装调试常用到的工具和设备。

任务目标

- 了解常见机电设备安装调试工具的类型和特点；
- 能正确使用常见的安装工具；
- 能根据工作对象，合理选择工具。

任务描述

本任务主要介绍设备安装中常用的工具设备，如撬杠、滚筒、千斤顶、手动液压铲车等。

机电设备常用起重类工具

1. 撬杠和滚筒

撬杠如图1-3-2-1所示，它是利用杠杆原理来移动物体，撬杠的支点越靠近设备越省力。为了保证在使用过程中，支点不发生变形，一般选用硬木做支点。如果支点下的地面比较软，可以在硬木下垫

图1-3-2-1　撬杠

一块钢板，使支撑面变大而且有足够的强度和刚度；除此以外，撬杠伸到设备下的长度不能太长。

使用撬杠应该注意以下几个方面：

(1) 用手压住撬杠，撬杠头必须放置在身体侧面，不能骑在撬杠上或者撬杠头指向身体，严禁把撬杠夹在腋下或用脚踩压。

(2) 在撬起物体后，边撬边垫实，不能一次性撬得太高；在撬起一面垫好后，再撬另一面。操作时物体附近尽量不要有人，垫物者不得将手伸入被撬物之下。

滚筒多用于短距离搬运机电设备时。搬运时经常在底平面较小的设备底座下垫一块板，在垫板下再放置滚筒(底平面较大的设备不用放垫板)，再用撬杠撬动设备使滚筒移动，达到移动设备的目的。经常用厚壁钢管做滚筒，将滑动摩擦变成滚动摩擦。滚筒必须大小一致，长短适合，光滑平直，没有弯曲或压扁的现象。移动中需要增加滚筒时，必须停止移动；调整滚筒的方向时，要采用锤击，不得用手去调整；拿取滚筒时，四指伸进筒内，拇指压在上方，以防压伤手。

2．千斤顶

千斤顶是一种升高或者降低重物的起重机械。千斤顶分为齿条千斤顶、螺旋(机械)千斤顶和液压(油压)千斤顶三种。

齿条千斤顶如图 1-3-2-2 所示，由人力通过杠杆和齿轮带动齿条顶举重物。起重量一般不超过 20 吨，可长期支持重物，主要用在作业条件不方便的地方或需要利用下部的托爪提升重物的场合，如铁路起轨作业。

螺旋千斤顶如图 1-3-2-3 所示，由人力通过螺旋副传动，螺杆或螺母套筒作为顶举件。普通螺旋千斤顶靠螺纹自锁作用支持重物，构造简单，但传动效率低，返程慢。自降螺旋千斤顶的螺纹无自锁作用，但装有制动器。放松制动器，重物即可自行快速下降，缩短返程时间，但这种千斤顶构造较复杂。螺旋千斤顶能长期支持重物，最大起重量已达 100 吨，应用较广。

图 1-3-2-2　齿条千斤顶　　　　　　图 1-3-2-3　螺旋千斤顶

液压千斤顶：由人力或电力驱动液压泵，通过液压系统传动，用缸体或活塞作为顶举件。如图 1-3-2-4 所示为手动式液压千斤顶。液压千斤顶可分为整体式和分离式。液压千斤顶结构紧凑，能平稳顶升重物，起重量最大达 1000 吨，行程 1 米，传动效率较高，故应用较广，但易漏油，不宜长期支持重物。如长期支撑需选用自锁千斤顶。为进一步降低外形高度或增大顶举距离，螺旋千斤顶和液压千斤顶可做成多级伸缩式。液压千斤顶除上述基本型式外，按同样原理可改装成液压升降台(如图 1-3-2-5)、张拉机等，用于各种特殊施工场合。

图 1-3-2-4　液压千斤顶

图 1-3-2-5　液压升降台

3. 葫芦

手动葫芦是一种使用简单、携带方便的手动起重机械,也称为"环链葫芦"、"倒链",如图 1-3-2-6 所示。手动葫芦适合小型设备和货物的短距离吊运,起重量一般不超过 10 吨。电动葫芦经常与吊臂连接使用,形成摇臂吊等,如图 1-3-2-7 所示。

图 1-3-2-6　手动葫芦

图 1-3-2-7　摇臂吊

4. 桥式起重机

桥式起重机如图 1-3-2-8 所示,通常横架于车间、仓库和料场上空进行物料吊运。由于其两端坐落在高大的水泥柱或者金属支架上,形状似桥而得名。它在空间吊运,不受地面设备的阻碍,是使用范围最广、数量最多的一种起重机械。

图 1-3-2-8　桥式起重机

5. 叉车

叉车主要由发动机、底盘、车体、起升机构、液压系统及电气设备等组成,如图 1-3-2-9 所示。

图 1-3-2-9　叉车

 机电设备常用安装测量类工具

在机电设备安装测试与故障维修中,必须掌握常用测量工具,如尺寸测量工具、电工测试工具等。下面介绍常见的几种工具。

1. 塞尺

塞尺用于测量间隙尺寸,如图 1-3-2-10 所示。塞尺一般用不锈钢制造,最薄的为 0.02 毫米,最厚的为 3 毫米。自 0.02~0.1 毫米间,各钢片厚度级差为 0.01 毫米;自 0.1~1 毫米间,各钢片的厚度级差一般为 0.05 毫米;自 1 毫米以上,钢片的厚度级差为 1 毫米。除了公制以外,也有英制的塞尺。

图 1-3-2-10　塞尺

塞尺的使用方法:

(1) 用干净的布将塞尺测量表面擦拭干净,不能在塞尺沾有油污或金属屑末的情况下进行测量,否则将影响测量结果的准确性。

(2) 将塞尺插入被测间隙中,来回拉动塞尺,感到稍有阻力,说明该间隙值接近塞尺上所标出的数值;如果拉动时阻力过大或过小,则说明该间隙值小于或大于塞尺上所标出的数值。

(3) 进行间隙的测量和调整时,先选择符合间隙规定的塞尺插入被测间隙中,然后一边调整，一边拉动塞尺，直到感觉稍有阻力时拧紧锁紧螺母，此时塞尺所标出的数值即为被测间隙值。

2. 水平仪

水平仪是测量角度变化的常用量具，主要用于检验工件平面的平直度、机械相互位置的平行度和设备安装的相对水平位置等，也可以测量零件的微小倾角。常用的水平仪有条式水平仪、框式水平仪、光学合像水平仪、电子水平仪、红外线水平仪等，如图 1-3-2-11 所示。水平仪是机床制造、安装和修理中最基本的一种检验工具，是以水准器作为测量和读数元件的一种量具。水准器是一个密封的玻璃管，内表面的纵断面为具有一定曲率半径的圆弧面。水准器的玻璃管内装有粘滞系数较小的液体，如酒精、乙醚及其混合体等，没有液体的部分通常叫作水准气泡。玻璃管内表面纵断面的曲率半径与分度值之间存在着一定的关系，根据这一关系即可测出被测平面的倾斜度。

(a) 框式水平仪　　　　　(b) 条式水平仪　　　　(c) 数字式光学合像水平仪

图 1-3-2-11　水平仪

3. 百分表

百分表是一种精度较高的量具，如图 1-3-2-12 所示。它只能测出相对数值，不能测出绝对值，主要用于检测工件的形状和位置误差(如圆度、平面度、垂直度、跳动等)，也可用于校正零件的安装位置以及测量零件的内径等。

(a) 指针式百分表头　　　(b) 数字式百分表头　　(c) 安装在磁性表架上的百分表

图 1-3-2-12　百分表及其表架

百分表的工作原理，是将被测尺寸引起的测杆微小直线移动，通过齿轮传动放大，使指针在刻度盘上转动，从而读出被测尺寸的大小。百分表是利用齿条齿轮或杠杆齿轮传动，将测杆的直线位移变为指针的角位移的计量器具。

百分表的读数方法为：先读小指针转过的刻度线(即毫米整数)，再读大指针转过的刻度线(即小数部分)，并乘以0.01，然后两者相加，即得到所测量的数值。

百分表的重要应用是用来测量形状和位置误差等，如圆度、圆跳动、平面度、平行度、直线度等。目前利用百分表来测量机械形位误差有个非常简单且高效的方法，就是直接利用数据分析仪连接百分表来测量，无需人工读数，数据分析仪软件可对百分表数据进行采集及分析，并计算出测量结果，可以大大提高测量效率。

使用百分表的注意事项：

(1) 使用前，应检查测量杆活动的灵活性。即轻轻推动测量杆时，测量杆在套筒内的移动要灵活，没有任何轧卡现象，每次手松开后，指针能回到原来的刻度位置。

(2) 使用时，必须把百分表固定在可靠的夹持架上。切不可贪图省事，随便夹在不稳固的地方，否则容易造成测量结果不准确，或摔坏百分表。

(3) 测量时，不要使测量杆的行程超过它的测量范围，不要使表头突然撞到工件上，也不要用百分表测量表面粗糙度或有明显凹凸不平的工件。

(4) 测量平面时，百分表的测量杆要与平面垂直，测量圆柱形工件时，测量杆要与工件的中心线垂直，否则，测量杆将活动不灵，造成测量结果不准确。

(5) 为方便读数，在测量前一般都让大指针指到刻度盘的零位。

百分表维护与保养注意事项：

(1) 远离液体，冷却液、切削液、水或油不得与内径表接触。

(2) 在不使用时，要摘下百分表，使表解除其所有负荷，让测量杆处于自由状态。

(3) 成套保存于盒内，避免丢失与混用。

4. 千分表

千分表跟百分表一样，都是属于长度测量工具，不过它的精度要比百分表高，精度可达到0.001 mm，目前千分表已经被广泛应用于测量工件的几何形状误差及位置误差等。

正确使用千分表的方法：

(1) 将表固定在表座或表架上，使其稳定可靠。装夹指示表时，夹紧力不能过大，以免套筒变形卡住测杆。

(2) 调整表的测杆轴线垂直于被测平面，对圆柱形工件，测杆的轴线要垂直于工件的轴线，否则会产生很大的误差并损坏指示表。

(3) 测量前调零位。绝对测量用平板做零位基准，比较测量用对比物(量块)做零位基准。调零位时，先使测头与基准面接触，压测头使大指针旋转大于一圈，转动刻度盘使0线与大指针对齐，然后把测杆上端提起1～2 mm再放手使其落下，反复2～3次后检查指针是否仍与0线对齐，如不齐则重调。

(4) 测量时，用手轻轻抬起测杆，将工件放入测头下测量，不可把工件强行推入测头下。明显凹凸的工件不用指示表测量。

(5) 不要使测量杆突然撞落到工件上，也不可强烈振动、敲打指示表。

(6) 测量时注意表的测量范围，不要使测头位移超出量程，以免过度伸长弹簧，损坏指示表。

(7) 不要使测头跟测杆做过多无效的运动，否则会加快零件磨损，使表失去原有精度。

(8) 当测杆移动发生阻滞时，不可强力推压测头，须送计量室处理。

 机电设备常用电工测试维修类工具

1. 万用表

万用表可以用来测量被测物体的电阻，交直流电压，还可以测量晶体管的主要参数以及电容器的电容量等。熟练掌握万用表的使用方法是电子技术的最基本技能之一。

常见的万用表有指针式万用表和数字式万用表，如图 1-3-2-13 所示。指针式万用表是以表头为核心部件的多功能测量仪表，测量值由表头指针指示读取。数字式万用表的测量值由液晶显示屏直接以数字的形式显示，读取方便，有些还带有语音提示功能。万用表是公用一个表头，集电压表、电流表和欧姆表于一体的仪表，由表头、测量电路、表笔及转换开关等三个主要部分组成。表笔分为红、黑两只，如图 1-3-2-14 所示。使用时应将红色表笔插入标有"＋"号的插孔，黑色表笔插入标有"－"号的插孔。万用表的选择开关是一个多档位的旋转开关，用来选择测量项目和量程。

(a) 数字式万用表　　(b) 指针式万用表　　　　　　图 1-3-2-14　表笔

图 1-3-2-13　万用表

数字万用表采用先进的数显技术，显示清晰直观、读数准确。它既能保证了读数的客观性，又符合人们的读数习惯，缩短读数和记录时间。这些优点是传统的模拟式(即指针式)万用表所不具备的。

使用万用表需注意以下几个方面：

(1) 在使用指针式万用表之前，应先进行"机械调零"，即在没有被测电量时，使万用表指针指在零电压或零电流的位置上。

(2) 在使用万用表过程中，不能用手接触表笔的金属部分，这样一方面可以保证测量的准确，另一方面也可以保证人身安全。

(3) 在测量某一电量时，不能在测量的同时换挡，尤其是在测量高电压或大电流时，更应注意，否则，会毁坏万用表。如需换挡，应先断开表笔，换挡后再去测量。

(4) 万用表在使用时，必须水平放置，以免造成误差。同时，还要注意避免外界磁场对万用表的影响。

(5) 万用表使用完毕，应将转换开关置于交流电压的最大挡。如果长期不使用，还应将万用表内部的电池取出来，以免电池腐蚀表内其他器件。

2. 试电笔

试电笔也叫测电笔，简称"电笔"，是一种电工工具，用来测试电线中是否带电。测电笔的笔体中有一氖泡，测试时如果氖泡发光，说明导线有电。试电笔中笔尖、笔尾为金属材料制成，笔杆为绝缘材料制成。使用试电笔时，一定要用手触及试电笔尾端的金属部分，否则，因带电体、试电笔、人体与大地没有形成回路，试电笔中的氖泡不会发光，造成误判，认为带电体不带电。

 机电设备常用装配拆卸类工具

机电设备的安装工具很多，一般有手工工具、电动工具、气动工具及液压类工具。

1. 手工工具

1) 螺丝刀

如图 1-3-2-15 所示，螺丝刀是一种用来拧转螺丝钉以迫使其就位的工具，主要有一字(负号)和十字(正号)两种。常见的还有六角螺丝刀，包括内六角和外六角两种。

图 1-3-2-15　螺丝刀

2) 常用扳手

扳手用来拧紧或者松开六角形、正方形螺钉和各种螺母。

(1) 通用活扳手(活扳手)。如图 1-3-2-16 所示，活扳手利用头部中的蜗杆可以把活动钳口移动到不同位置，以调节开口宽度适应工件多种规格的需要。蜗杆用销子固定在扳体中，使蜗杆只能旋动不能移动，并与活动钳口的螺纹良好啮合。扳体的柄部末端制有圆孔，供悬挂之用。

图 1-3-2-16　活扳手

使用时，将扳口调节到比螺母稍大些，用右手握手柄，再用右手指旋动蜗轮使扳口紧压螺母。扳动大螺母时，因为力矩较大，手应握在手柄的尾处，扳动较小螺母时，需用力矩不大，但螺母过小易打滑，故手应握在靠近头部的地方，可随时调节蜗轮，收紧活络扳唇，防止打滑。

使用时要注意：严禁带电操作；应随时调节扳口，把工件的两侧面夹牢，以免螺母脱角打滑，且不得用力太猛；活扳手不可反用，以免损坏活动扳唇，也不可用钢管接长手柄来施加较大的扳拧力矩；不得当做撬棍和锤子使用。

(2) 专用扳手：只能扳动一种规格的螺母或螺钉。

呆扳手，如图 1-3-2-17 所示，一端或两端制有固定尺寸的开口，用以拧转一定尺寸的螺母或螺栓。

梅花扳手，如图 1-3-2-18 所示，两端具有带六角孔或十二角孔的工作端，适用于工作空间狭小，不能使用普通扳手的场合。

两用扳手，如图 1-3-2-19 所示，一端与单头呆扳手相同，另一端与梅花扳手相同，两端拧转相同规格的螺栓或螺母。

图 1-3-2-17　呆扳手　　　　　　图 1-3-2-18　梅花扳手　　　　　图 1-3-2-19　两用扳手

套筒扳手，如图 1-3-2-20 所示，它是由多个带六角孔或十二角孔的套筒并配有手柄、接杆等多种附件组成，特别适用于拧转工作空间十分狭小或凹陷很深的螺栓或螺母。

图 1-3-2-20　成套的套筒扳手

钩扳手，又称月牙形扳手，钩扳手用于拧转厚度受限制的扁螺母等；专用于拆装车辆，机械设备上的圆螺母，卡槽分为长方形卡槽和圆形卡槽，形状如图 1-3-2-21 所示。

内六角扳手。内六角扳手外形成 L 形，如图 1-3-2-22 所示，专用于拧转内六角螺钉。内六角扳手的型号是按照六方的对边尺寸来说的，螺栓的尺寸有国家标准。

图 1-3-2-21　钩扳手　　　　　　　图 1-3-2-22　内六角扳手

(3) 扭力扳手：它在拧转螺栓或螺母时，能显示出所施加的扭矩；或者当施加的扭矩到达规定值后，会发出光或声响信号。扭力扳手适用于对扭矩大小有明确规定的安装。

3) 钳子

钳子是一种用于夹持、固定加工工件或者扭转、弯曲、剪断金属丝线的手工工具。钳子的外形呈 V 形，通常包括手柄、钳腮和钳嘴三个部分。钳子的种类繁多，具体有尖嘴钳，斜嘴钳，钢丝钳，弯嘴钳，扁嘴钳，针嘴钳，断线钳，大力钳，管子钳，打孔钳等，下面介绍几种常见的钳子。

(1) 钢丝钳是一种夹钳和剪切工具，如图 1-3-2-23 所示。钢丝钳由钳头和钳柄组成，钳头包括钳口、齿口、刀口和铡口。钢丝钳的各部位的作用是：齿口可用来紧固或拧松螺母；刀口可用来剖切软电线的橡皮或塑料绝缘层，也可用来剪切电线、铁钢丝、钳丝；铡口可以用来切断电线、钢丝等较硬的金属线。钳柄的绝缘塑料管耐压 500 V 以上，可以带电剪切电线。注意：使用钢丝钳过程中，切忌乱扔。

(2) 尖嘴钳，又叫修口钳，主要用来剪切线径较细的单股与多股线，以及给单股导线接头弯圈、剥塑料绝缘层等，是电工(尤其是内线电工)常用的工具之一，如图 1-3-2-24 所示。尖嘴钳由尖头、刀口和钳柄组成。电工用尖嘴钳的钳柄上套有耐压 500 V 的绝缘套管。尖嘴钳由于头部较尖，可用于狭小空间。使用尖嘴钳弯导线接头的操作方法是：先将线头左折，然后紧靠螺杆按顺时针方向右弯即成。

(3) 剥线钳：内线电工，电动机修理、仪器仪表电工常用的工具之一。剥线钳由刀口、压线口和钳柄组成，钳柄上套有耐压 500 V 的绝缘套管，如图 1-3-2-25 所示。剥线钳适宜用于塑料、橡胶绝缘电线、电缆芯线的剥皮。

图 1-3-2-23 钢丝钳   图 1-3-2-24 尖嘴钳   图 1-3-2-25 剥线钳

2. 电动工具

1) 电钻

电钻是利用电做动力的钻孔机具，是电动工具中的常规产品，也是需求量最大的电动工具类产品。电钻可分为三类：手电钻、冲击电钻、锤钻。

手电钻，功率最小，使用范围仅限于钻木或当成电动螺丝刀使用，部分手电钻可以根据用途改成专门工具，用途及型号较多，如图 1-3-2-26 所示。

冲击电钻的冲击机构有犬牙式和滚珠式两种。滚珠式冲击电钻由动盘、定盘、钢球等组成。动盘通过螺纹与主轴相连，并带有 12 个钢球；定盘利用销钉固定在机壳上，并带有 4 个钢球，在推力作用下，12 个钢球沿 4 个钢球滚动，使硬质合金钻头产生旋转冲击运动，能在砖、砌块、混凝土等脆性材料上钻孔，如图 1-3-2-27 所示。脱开销钉，使定盘随动盘一起转动，不产生冲击，可作为普通电钻用。

图 1-3-2-26 手电钻   图 1-3-2-27 冲击电钻

锤钻(电锤)，可在任何材料上钻洞，使用范围最广。

使用电钻钻孔时，不同的钻孔直径应该尽可能选用相应规格的电钻，以充分发挥各种规格电钻的钻削性能及结构特点，达到良好的切削效率。避免用小规格电钻钻大孔造成灼伤钻头，电钻过热，甚至烧毁钻头和电钻；用大规格电钻钻小孔造成钻孔效率低，且增加劳动强度。

使用电钻时，钻头必须锋利。钻孔中发现转速突然下降时，应立即降低压力；若突然制动，必须立即切断电源；当钻削的孔即将钻通时，施加的轴向压力应适当减小。使用电钻时，轴承温升不能过高，钻孔时轴承和齿轮运转声音应均匀且无撞击声。当发现轴承温升过高或齿轮、轴承有异常杂声时，应立即停钻检查。如果发现轴承、齿轮有损坏现象，应立即换掉。

2) 电动扳手

电动扳手是以电源或电池为动力的扳手，是一种拧紧高强度螺栓的工具，又叫高强螺栓枪，如图 1-3-2-28 所示。电动扳手主要分为冲击扳手、扭剪扳手、定扭矩扳手、转角扳手、角向扳手。

图 1-3-2-28　电动扳手

 任务实施

(1) 小组为单位，介绍几种常见的工具，最好是课本中未介绍的，比如游标卡尺等，说出其使用方法及使用和保养中的注意事项，填写在表 1-3-2-1 中。

表 1-3-2-1　常见工具使用注意事项

名称	所属种类	主要用途	注意事项

(2) 调查机电五金城，找出几种不常见的工具，说出其使用用途及使用方法，填写表 1-3-2-2。

表 1-3-2-2　工具使用注意事项

名称	所属种类	主要用途	注意事项

(3) 选择几种工具，示范给同学。

 任务评价

完成上述任务后，认真填写表 1-3-2-3 所示的"机电设备安装调试工具及使用评价表"。

表 1-3-2-3　机电设备安装调试工具及使用评价表

组　　别			小组负责人	
成员姓名			班　　级	
课题名称			实施时间	
评价指标	配分	自评	互评	教师评
课前准备，收集资料	5			
课堂学习情况	20			
任务实施 1 完成情况	15			
任务实施 2 完成情况	15			
任务实施 3 完成情况	15			
课堂学习纪律、安全文明	15			
能实现前后知识的迁移，主动性强，团结协作	15			
总　　计	100			
教师总评 (成绩、不足及注意事项)				
综合评定等级(个人 30%，小组 30%，教师 40%)				

 练习与实践

(1) 简述百分表和千分表的使用方法。

(2) 如何运用框式水平仪检测设备的直线度。

(3) 简述勾头扳手的用途。

阅读材料

电动液压油泵

图 1-3-2-29 所示为电动液压油泵。

图 1-3-2-29　电动液压油泵

1. 用途

(1) 电动液压油泵可以作为各种液压器械的液压泵。

(2) 电动液压油泵与其他液压工具配合后，能进行起重、压型、弯管、弯排、校直、剪切、装配、拆卸等多项工作，可减轻劳动强度，提高工作效率。

2. 使用方法

使用电动液压油泵时应打开放气螺母，打开集油块上开关，插上电源，并将快速接头套在配用液压器械上的快速头上。打开电源开关，待电机转动 1～2 分钟，关闭开关使其置于增压状态，输出液压油随负载的增加而自行增压，进行各项工作直至压力达 63 MPa。

工作结束后，打开开关卸荷，待液压油回油结束后，卸下快速接头套，旋好放气螺母，拔取电源，关闭开关。

3. 保养事项

(1) 油泵使用 20 号机油。

(2) 贮油容量必须在油窗以上范围内。

(3) 每次加油及换油时，必须用 80 目以上滤油网过滤，更换时需洗净油箱。换油期为六个月。

(4) 工作油温 10℃～50℃。

(5) 启动电动泵前需打开放气螺母，打开开关置于卸荷位置。

(6) 使用过程中发现电机温度过高，应停止使用，自行冷却后再行使用。

(7) 该泵出厂前已调整好，不得随意调高，需重新调整时，必需借助压力表进行。

(8) 高压油管出厂前，已通过 105 MPa 试验。但由于胶管容易老化，故用户需经常检查，检查周期一般为六个月，频繁使用为三个月，检查时 87.5 MPa 试压，如有破损、凸起、渗漏现象，则不能使用。

(9) 轴承一般为六个月清洗一次，装配时需添加润滑脂。

模块二

机电设备典型机械部件调试技术

项目一　综合实训装置装调技术

任务一　认识 THMDZT-1 型机械装调技术综合实训装置

THMDZT-1 型实训装置是依据国家职业标准及行业标准，结合各职业学校、技工院校"数控技术及其应用"、"机械制造技术"、"机电设备安装与维修"、"机械装配"、"机械设备装配与自动控制"等专业的培养目标而研制。该实训装置主要培养学生识读与绘制装配图和零件图、钳工基本操作、零部件和机构装配工艺与调整、装配质量检验等技能，旨在提高学生在机械制造企业及相关行业工艺装配与实施、机电设备安装调试和维护修理、机械加工质量分析与控制、基层生产管理等岗位的能力。

002_模块二任务一
ppt_512px.png

 任务目标

- 掌握该实训装置的结构组成及其作用；
- 了解该实训装置的技术性能；
- 掌握该实训装置的各个装调对象。

 任务描述

了解 THMDZT-1 型机械装调技术综合实训装置的结构组成、技术性能以及装调对象。

 知识链接

THMDZT-1 型机械装调技术综合实训装置的外观结构，如图 2-1-1-1 所示。

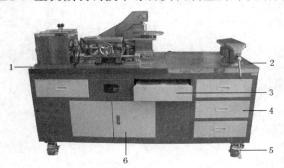

1—机械装调区域；

2—钳工操作区域；

3—电源控制箱；

4—抽屉；

5—万向轮；

6—地柜

图 2-1-1-1　实训装置外观结构

结构组成

1. 电气控制部分

1) 电源控制箱

电源控制箱控制板面板如图 2-1-1-2 所示。

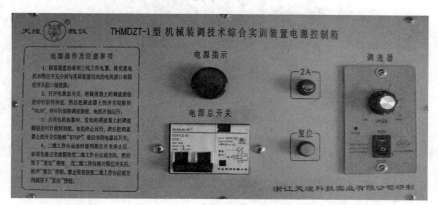

图 2-1-1-2　电源控制箱面板

电源总开关：带电流型漏电保护，控制实训装置总电源。

电源指示：当接通装置的工作电源，且打开电源总开关时，指示灯亮。

调速器：为交流减速电机提供可调电源。

"复位"按钮：在二维工作台运动时触发限位开关，工作台停止运动，由此按钮结合变速箱换挡，使其恢复正常运行。

2) 电源控制接口

电源控制接口面板装在实训工作台后面，为电源控制箱的输入输出接口，如图 2-1-1-3 所示。

图 2-1-1-3　电源控制接口面板

限位开关接口：接二维工作台两行程末端的限位开关。

电源接口：接专用电源线，为实训装置引入电源。

电机接口：接交流减速电机，由调速器为其提供可调电源。

2. 机械装调区域

学生可在该区域安装和调整各种机械机构。

3. 钳工操作区域

钳工操作区域主要由实木台面、橡胶垫等组成，用于钳工基本操作。

机械装调对象

机械装调对象的布局如图 2-1-1-4 所示。

1—交流减速电机；2—变速箱；3—齿轮减速器；4—二维工作台；5—间歇回转工作台；6—自动冲床机构

图 2-1-1-4　机械装调对象

1. 交流减速电机

该电机的功率：90 W；减速比：1∶25，为机械系统提供动力源。

2. 变速箱

变速箱具有双轴三级变速输出，其中一轴输出带正反转功能，顶部用有机玻璃防护。变速箱主要由箱体、齿轮、花键轴、间隔套、键、角接触轴承、深沟球轴承、卡簧、端盖、手动换挡机构等组成，可完成多级变速箱的装配工艺实训，如图 2-1-1-5 所示。

图 2-1-1-5　变速箱

3. 齿轮减速器

齿轮减速器主要由直齿圆柱齿轮、角接触轴承、深沟球轴承、支架、轴、端盖、键等组成，可完成齿轮减速器的装配工艺实训，如图 2-1-1-6 所示。

4. 二维工作台

二维工作台主要由滚珠丝杆、直线导轨、台面、垫块、轴承、支座、端盖等组成。工作台分上下两层，上层手动控制，下层由变速箱经齿轮传动控制，可实现工作台往返运行。工作台面装有行程开关，实现限位保护功能，能完成直线导轨、滚珠丝杆、二维工作台的装配工艺及精度检测实训，如图 2-1-1-7 所示。

图 2-1-1-6 齿轮减速器

图 2-1-1-7 二维工作台

5. 间歇回转工作台

间歇回转工作台主要由四槽槽轮机构、蜗轮蜗杆、推力球轴承、角接触轴承、台面、支架等组成。间歇回转工作台由变速箱经链传动、齿轮传动、蜗轮蜗杆传动及四槽槽轮机构分度后，实现间歇回转功能，能完成蜗轮蜗杆、四槽槽轮、轴承等的装配与调整实训，如图 2-1-1-8 所示。

6. 自动冲床机构

自动冲床机构主要由曲轴、连杆、滑块、支架、轴承等组成，与间歇回转工作台配合，实现压料功能模拟。自动冲床机构可完成自动冲床机构的装配工艺实训，如图 2-1-1-9 所示。

图 2-1-1-8 间歇回转工作台

图 2-1-1-9 自动冲床机构

任务实施

认识该设备的各个组成部分以及所在位置和作用。

设备操作注意事项

(1) 实训工作台应放置平稳，注意清洁，长时间不用最好加涂防锈油。

(2) 实训时留长头发学生需戴防护帽，不准将长发露出帽外，不准穿裙子、高跟鞋、拖鞋、风衣、长大衣等。

(3) 装置运行调试时，不准戴手套、长围巾等，其他佩带饰物不得悬露。

(4) 实训完毕后，及时关闭各电源开关，整理好实训器件放入规定位置。

(5) 严格遵守安全文明操作规程。

本任务主要考核学生是否熟知 THMDZT-1 型机械装调技术综合实训装置各组成部分并熟悉其作用。完成上述任务后，认真填写表 2-1-1-1 所示的 "THMDZT-1 型机械装调技术综合实训装置评价表"。

表 2-1-1-1　THMDZT-1 型机械装调技术综合实训装置评价表

组　　别			小组负责人	
成员姓名			班　　级	
课题名称			实施时间	
评 价 指 标	配分	自 评	互 评	教师评
正确指出实训装置各部件	20			
正确说出齿轮减速器的部件组成	25			
正确说出二维工作台的各部件组成及作用	10			
正确说出间歇回转工作台的部件组成	10			
课堂学习纪律、安全文明生产	15			
着装是否符合安全规程要求	15			
能实现前后知识的迁移，团结协作	5			
总　　计	100			
教师总评 (成绩、不足及注意事项)				
综合评定等级(个人 30%，小组 30%，教师 40%)				

 练习与实践

(1) THMDZT-1 型机械装调技术综合实训装置由哪几个部分组成？

(2) THMDZT-1 型机械装调技术综合实训装置的装调对象有哪些？

(3) THMDZT-1 型机械装调技术综合实训装置操作时要注意哪些事项？

(4) 间歇回转工作台的组成是什么？其作用又是什么？

阅读材料

THMDZT-1 型机械装调技术综合实训装置外观结构与技术性能

1. 外观结构

THMDZT-1 型机械装调技术综合实训装置主要由实训台、动力源、机械装调对象(机械传动机构、变速箱、二维工作台、间歇回转工作台、冲床机构等)、钳工常用工具、量具等部分组成。

2. 技术性能

(1) 输入电源：单相三线 AC220(1+10%)V，50 Hz。

(2) 交流减速电动机 1 台：额定功率 90 W，减速比 1：25。

(3) 外形尺寸(实训台)：1800 mm × 700 mm × 825 mm。

(4) 安全保护：具有漏电流保护装置，安全符合国家相关标准。

任务二　装配与调整变速箱与齿轮减速器

THMDZT-1 型机械装调技术综合实训装置变速箱主要由箱体、齿轮、花键轴、间隔套、键、角接触轴承、深沟球轴承、卡簧、端盖、手动换挡机构等组成，可完成多级变速箱的装配工艺实训，如图 2-1-1-5 所示。

THMDZT-1 型机械装调技术综合实训装置齿轮减速器主要由直齿圆柱齿轮、角接触轴承、深沟球轴承、支架、轴、端盖、键等组成，如图 2-1-2-1 所示。

003_模块二任务二_
512px.png

图 2-1-2-1　齿轮减速器

任务目标

- 了解变速箱和齿轮减速器的组成；
- 掌握变速箱箱体和齿轮减速器的装配与调整方法；
- 能够根据机械设备的技术要求，按工艺过程进行装配，并达到技术要求；

• 通过齿轮减速器设备空运转试验，培养判断分析常见故障的能力。

 任务描述

根据"变速箱"装配图(见配套电子资源中附图二)，使用相关工具、量具，进行变速箱的组合装配与调试，并达到装配与调试要求。

 知识链接

轴是机械中的重要零件，所有旋转零件或部件都是靠轴来带动的，如齿轮、带轮、蜗轮等；一些工作零件如叶轮、活塞等也要装到轴上才能工作。轴、轴上零件与两端支承的组合称为轴组件。为了保证轴及其上面的零部件能正常运转，要求轴本身具有足够的强度和刚度，且必须满足一定的精度加工要求。

 轴

当轴的装配质量不好时，会使设备中有关零件磨损，同时加大负荷，增加润滑油料的消耗，甚至损坏零部件，造成事故。所以轴的装配质量对确保设备正常运行有很大影响，在装配过程中各因素都要考虑周密，并且格外细心。

1. 轴的装配基本要求

(1) 轴与配合件间的组装位置正确，水平度、垂直度及同轴度均应符合技术要求。

(2) 轴与支承的轴承配合应符合技术要求，旋转平稳灵活，润滑条件良好。

(3) 轴上的轴承除一端轴承定位外，其余轴承沿轴向应有活动余地，以适应轴的伸缩性。

(4) 旋转精度要求高的轴和轴承尽量采用选配法，以降低制造精度要求。

2. 轴的装配工艺

(1) 修整。用条形磨石或整形锉对轮毂和轴装配部位进行棱边倒角、去毛刺、除锈、擦伤处理等修整。

(2) 按图样检查轴的同轴度、径向圆跳动等精度。在 V 形架上或车床上检查轴的精度，如图 2-1-2-2 所示。

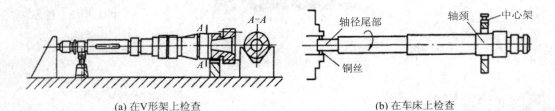

(a) 在V形架上检查　　　　　　　　　　　(b) 在车床上检查

图 2-1-2-2　轴的精度检查

(3) 用着色法修整、试装。以花键轴为例，将配合轮毂固定于台钳上，两手将轴托起，找到一方向使得轴上轮毂的修复量最小，同时在轮毂和轴上做相应标记，以免下次试装时变换方向。在轮毂的键槽上涂色，将轴用铜棒轻轻敲入，如图 2-1-2-3 所示。退出轴后，根据色斑分布来修整键槽的两肩，反复数次，直至轴能在轮毂中沿轴向滑动自如，无卡滞现象为止，且沿轴向转动轴时不应感到有间隙。

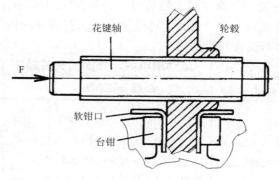

图 2-1-2-3　轴的修整与试装

（4）清洗所有装配件。

（5）正式装配：如果在轮毂上装有变速用的滑块或拨叉，要预先放置好。在装配过程中，如果阻力突然增大，应该立即停止装配，检查原因并进行相应的处理：

① 由于轴与轴承内环之间的过盈配合所造成的阻力增大，属正常情况。

② 轮毂键槽和轴上的键没对正。可用手托起轮毂，克服轮毂自重，并缓慢转动轮毂键槽对正，然后继续装配。

③ 拨叉和滑块的位置不正。用手推动或转动滑块，如果滑块不能动，则应调整滑块位置至正确，此时，扳动手柄，轮毂应滑动自如，手感受力均匀。

 滚动轴承

工作时，有滚动体在内外圈的滚道上进行滚动摩擦的轴承，叫滚动轴承。滚动轴承由外圈、内圈、滚动体和保持架四部分组成。滚动轴承具有摩擦力小，工作效率高，轴向尺寸小，装拆方便等优点，广泛地应用于各类机器设备。滚动轴承是由专业厂家大量生产的标准部件，其内径、外径和轴向宽度在出厂时已确定。

1. 滚动轴承的装配工艺

滚动轴承的安装方法应根据轴承的结构、尺寸大小及轴承部件的配合性质来确定。

（1）装配滚动轴承时，不得直接敲击滚动轴承内外圈、保持架和滚动体，如图 2-1-2-4 所示。否则，会破坏滚动轴承的精度，降低滚动轴承的使用寿命。

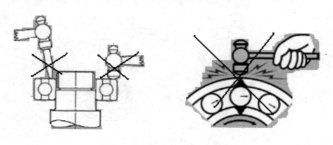

图 2-1-2-4　装配滚动轴承的错误操作

(2) 装配的压力应直接加在紧配合的套圈端面上，绝不能通过滚动体传递压力。

(3) 根据轴承类型正确选择轴承内、外圈安装顺序。不可分离型滚动轴承(如深沟球轴承等)，按内外圈配合松紧程度决定其安装顺序，如表 2-1-2-1 所示；可分离型滚动轴承(如圆锥滚子轴承)，因其外圈可分离，装配时可以分别把内圈和滚动体一起装入轴上，外圈装在轴承座孔内，然后再调整它们的游隙。

表 2-1-2-1　滚动轴承内、外圈的安装顺序

内、外圈配合松紧情况	内、外圈安装顺序	安装示意图
内圈与轴颈为配合较紧的过盈配合；外圈与轴承座孔为配合较松的过渡配合	先将滚动轴承装在轴上，然后连同轴一起装入轴承座孔中	将套筒垫在滚动轴承内圈上压装
外圈与轴承座孔为配合较紧的过盈配合；内圈与轴颈为配合较松的过渡配合	先将滚动轴承压入轴承座孔中，然后再装入轴	用外径略小于轴承座孔的套筒在内圈上压装
滚动轴承内圈与轴颈、外圈与轴承座孔都是过盈配合	把滚动轴承同时压在轴上和轴承座孔中	用端面具有同时压紧滚动轴承内外圈的圆环的套筒压装

(4) 滚动轴承内、外圈的压入。

① 敲击压入法。当配合过盈量较小时，在轴颈配合面上涂上一层润滑油，然后用手锤敲击作用于轴承内圈的铜棒、套筒等，将轴承装至轴上规定的位置，如图 2-1-2-5 所示。此法适用于小型滚动轴承。

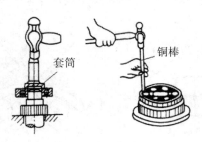

图 2-1-2-5　敲击法压入轴承

② 用螺母和扳手装配。如果轴颈上有螺纹，则可以用螺母和钩头扳手装配小型轴承，如图 2-1-2-6(a)所示。对于中等轴承的装配，可以用锁紧螺母和冲击扳手进行装配，如图 2-1-2-6(b)所示。

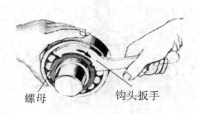
螺母　　钩头扳手
(a) 用螺母和钩头扳手装配小型轴承

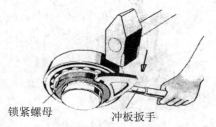
锁紧螺母　　冲板扳手
(b) 用锁紧螺母和冲击扳手装配中型轴承

图 2-1-2-6　用螺母和扳手装配滚动轴承

③ 压力机压入法。当配合过盈量较大时，可用压力机压入，如图 2-1-2-7 所示。这种方法仅适用于装配中等滚动轴承。

④ 温差法装配。将滚动轴承加热，然后与常温轴配合。一般滚动轴承加热温度为 110℃，不能将滚动轴承加热至 125℃以上，更不得利用明火对滚动轴承进行加热，以免引起材料性能的变化。安装时，应戴干净的专用防护手套搬运滚动轴承。轴承加热完成，应当立即将滚动轴承装至轴上与轴肩可靠接触，并始终按压滚动轴承直至滚动轴承与轴颈已紧密配合，防止滚动轴承冷却时套圈与轴肩分离。

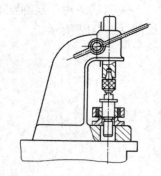
图 2-1-2-7　压力机压入轴承

2. 滚动轴承的拆卸方法

滚动轴承的拆卸方法与其结构有关。对于拆卸后还要重复使用的滚动轴承，拆卸时不能损坏滚动轴承的配合表面，不能将拆卸的作用力加在滚动体上，要将力作用于紧配合的套圈上。拆卸滚动轴承的方法有四种：机械拆卸法、液压法、压油法、温差法。

1) 机械拆卸法

机械拆卸法适用于具有过盈配合的小型和中等滚动轴承的拆卸，拆卸工具为拉马。

(1) 轴上滚动轴承的拆卸方法如图 2-1-2-8 和图 2-1-2-9 所示。

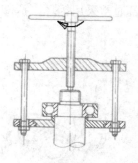

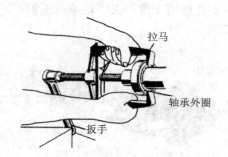
拉马
轴承外圈
扳手

图 2-1-2-8　作用于轴承内圈拆卸轴承　　　图 2-1-2-9　作用于轴承外圈拆卸轴承

(2) 孔中滚动轴承的拆卸方法如图 2-1-2-10 和图 2-1-2-11 所示。

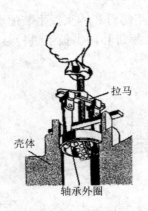

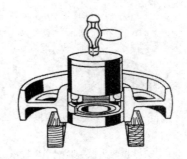

图 2-1-2-10 壳体孔中的轴承拆卸   图 2-1-2-11 用套筒拆卸轴承

2) 液压法

液压法适用于过盈配合的中等滚动轴承的拆卸。常用拆卸工具为液压拉马，拆卸方法如图 2-1-2-12 所示。

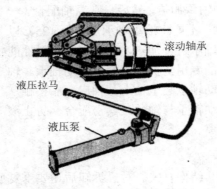

图 2-1-2-12 液压法拆卸轴承

3) 压油法

压油法适用于中等滚动轴承和大型滚动轴承的拆卸，常用的拆卸工具为油压机和自定心拉马，拆卸方法如图 2-1-2-13 所示。

4) 温差法

温差法主要适用于圆柱滚子轴承内圈的拆卸。加热设备通常采用铝环，拆卸方法如图 2-1-2-14 所示。

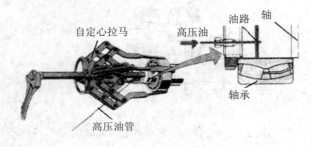

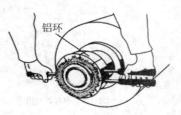

图 2-1-2-13 压油法拆卸轴承   图 2-1-2-14 温差法拆卸轴承

轴组的装配

轴组的装配是指将装配好的轴组件正确地安装在机器中，并保证其正常的工作要求。轴组装配工作主要有两端轴承固定、轴承的游隙调整、轴承预紧、轴承密封和润滑装置的装配等。

1．轴承的固定方式

轴工作时，既不允许有径向移动，也不允许有较大的轴向移动，且不因受热膨胀而卡死，所以要求轴承有合理的固定方式。轴承的径向固定是靠外圈与外壳孔的配合来解决。轴承的轴向固定有两种基本方式。

(1) 两端单向固定方式：在轴两端的支撑点，用轴承盖单向固定，分别限制两个方向的轴向移动，如图 2-1-2-15 所示。为避免轴受热伸长而使轴承卡住，在右端轴承外圈与端盖间应留有不大的间隙(0.5～1 mm)，以便游动。

(2) 一端双向固定方式：右端轴承双向轴向固定，左端轴承可随轴游动，如图 2-1-2-16 所示。此固定方式在工作时不会发生轴向窜动，受热膨胀时又能自由地向另一端伸长，不致卡死。

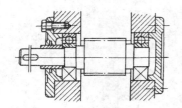

图 2-1-2-15　两端单向固定方式

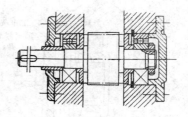

图 2-1-2-16　一端双向固定方式

为了防止轴承受到轴向载荷时产生轴向移动，轴承在轴上和轴承安装孔内都应有轴向紧固装置作为固定支撑的径向轴承，其内外圈在轴向都要固定(图 2-1-2-16 右支撑)。如安装的是不可分离型轴承，只需固定其中的一个套圈(图 2-1-2-16 左支撑)，游动的套圈不固定。

轴承内圈在轴上安装时，一般由轴肩在一面固定轴承位置，另一面用螺母、止动垫圈和开口轴用弹性挡圈等固定。

轴承外圈在箱体孔内安装时，箱体孔一般由凸肩固定轴承位置，另一方向用端盖、螺母和孔用弹性挡圈等紧固。

2．滚动轴承安装时的间隙调整

间隙调整是滚动轴承安装时一项十分重要的工作，滚动轴承的间隙分为轴向间隙 c 和径向间隙 e，如图 2-1-2-17 所示。滚动轴承间隙调整的常用方法有以下三种：

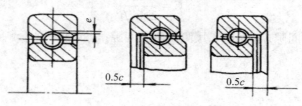

图 2-1-2-17　滚动轴承的间隙

(1) 垫片调整法，如图 2-1-2-18 所示，先将轴承端盖紧固螺钉缓慢拧紧，同时用手缓慢地转动轴，当感觉到轴转动阻滞时，停止拧紧紧固螺钉，此时轴承内已无间隙。用塞尺测量端盖与壳体间的间隙 δ，垫片的厚度应等于 δ 再加上轴承的轴向间隙 c 值(可由轴承手册查得)。

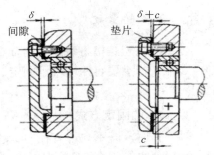

(a) 端盖与壳体间的间隙　　(b) 垫片厚度

图 2-1-2-18　轴承间隙的垫片调整法

(2) 螺钉调整法。松开调整螺钉上的锁紧螺母，然后拧紧调整螺钉，推动止推盘压紧轴承。同时，用手缓慢地转动轴，当感觉到轴转动阻滞时，停止拧紧调整螺钉。再根据轴向间隙要求，将调整螺钉回转一定的角度((轴承轴向间隙/调整螺钉的螺距)×360°)，最后将锁紧螺母拧紧，如图 2-1-2-19 所示。

(3) 止推环调整法。缓慢拧紧止推环(有外螺纹)，同时用手缓慢地转动轴，当感觉到轴转动阻滞时，停止拧紧止推环，根据轴向间隙的要求，将止推环回转一定的角度((轴承轴向间隙/止推环的螺距)×360°)，最后用止动片予以固定，如图 2-1-2-20 所示。

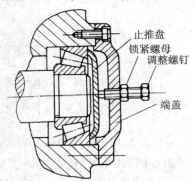

图 2-1-2-19　轴承间隙的螺钉调整法

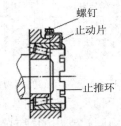

图 2-1-2-20　轴承间隙的止推环调整法

轴承间隙调整好以后，应该进一步检查调整的正确性。

百分表检查法。先用力将轴向一端推紧，在其反方向的轴肩或其他物体上，垂直于轴心线安装一只百分表，然后再用力将轴向反方向推紧，此时，百分表上的读数为滚动轴承的轴向间隙数值。

塞尺检查法，主要用于圆锥滚柱轴承轴向间隙的检查。检查时，先将轴向一端推紧，直到轴承没有任何间隙为止，然后用塞尺量出轴承滚柱斜面上的间隙尺寸，利用下列公式计算轴向间隙：

$$C = \frac{a}{2\sin\beta}$$

式中：C 为轴承轴向间隙；a 为用塞尺测得斜面间隙；β 为轴承外套斜面与轴中心线所成的角度。

 减速器

减速器是原动机和工作机之间的独立闭式传动装置，用来降低转速和增大转矩，以满足工作需要，在某些场合也用来增速，称为增速器。选用减速器时应根据工作机的选用条件，技术参数，动力机的性能，经济性等因素，比较不同类型、品种减速器的外廓尺寸，传动效率，承载能力，质量，价格等，选择最适合的减速器。

1. 减速器的结构

减速器主要由传动零件(齿轮或蜗杆)、轴、轴承、箱体及其附件所组成，如图 2-1-2-21 所示为一级圆柱齿轮减速器。

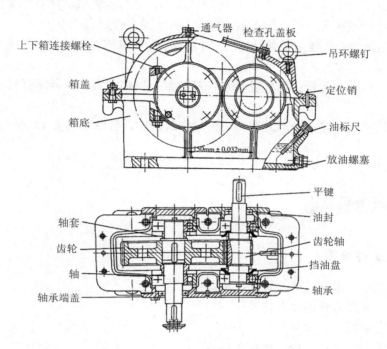

图 2-1-2-21　一级圆柱齿轮减速器

减速器中常采用滚动轴承，当轴向力很大(如采用圆锥齿轮、斜齿轮等时)，则采用圆锥滚子轴承；对于传递转矩很大的减速器(如汽车)，常采用花键轴。

箱体是减速器的重要组成部件，是传动零件的基座，用来支撑和固定轴系零件，保证传动零件的正确啮合，使箱内零件具有良好的润滑和密封。

检查孔是为检查传动零件的啮合情况及向箱内注入润滑油而设置的。平时，检查孔的盖板用螺钉固定在箱盖上。

当减速器工作时，箱体内温度升高，气体膨胀，压力增大，通气器可使箱体内热胀空气自由排出，保持箱内外压力平衡，不致使润滑油沿分箱面或轴伸密封件等其他缝隙渗漏。

轴承端盖可固定轴系部件的轴向位置并承受轴向载荷，轴承座孔两端用轴承盖封闭。

2. 减速器的类型和特点

减速器按用途可分为通用减速器和专用减速器两大类，两者的设计、制造和使用特点各不相同。20 世纪 70～80 年代，减速器技术有了很大的发展，且与新技术革命的发展紧密结合。减速器的主要类型有：齿轮减速器(包括圆柱齿轮减速器、圆锥齿轮减速器)、蜗杆减速器、齿轮—蜗杆减速器、行星齿轮减速器、斜齿轮减速器(包括平行轴斜齿轮减速器、蜗轮减速器、锥齿轮减速器等)、摆线针轮减速器、蜗轮—蜗杆减速器、行星摩擦式机械无级变速机等。

(1) 圆柱齿轮减速器：按传动级数可分为单级圆柱齿轮减速器、二级圆柱齿轮减速器、多级圆柱齿轮减速器。传动布置形式有展开式、分流式、同轴式等。圆柱齿轮减速器采用渗碳、淬火、磨齿加工工艺，具有承载能力高、寿命长、体积小、效率高、重量轻等优点，用于输入轴与输出轴呈平行方向布置的传动装置中。圆柱齿轮减速器广泛应用于冶金、矿山、起重、运输、水泥、建筑、化工、纺织、印染、制药等领域。

(2) 圆锥齿轮减速器：用于输入轴和输出轴位置成相交的场合。

(3) 蜗杆减速器：主要用于传动比 $i > 10$ 的场合，其缺点是效率低。目前广泛应用阿基米德蜗杆减速器。

(4) 齿轮—蜗杆减速器：若齿轮传动在高速级，则结构紧凑；若蜗杆传动在高速级，则效率较高。

(5) 行星齿轮减速器：传动效率高，传动比范围广，传动功率为 12 W～50 000 kW，体积、质量小。

任务实施

装配工作准备

(1) 熟悉图纸、零件清单和装配任务；

(2) 检查文件和零件的完备情况；

(3) 选择合适的工、量具；

(4) 用煤油清洗零件，棉纱擦拭干净。

装配要求

根据"变速箱"装配图(见配套电子资源中附图二)、"齿轮减速器"装配图(见配套电子资源中附图五)，使用相关工、量具，进行变速箱的组合装配与调试，并达到以下实训要求：

(1) 能够读懂变速箱、齿轮减速器的部件装配图。通过装配图，能够清楚零件之间的装配关系，机构的运动原理及功能。理解图纸中的技术要求，基本零件的结构装配方法，轴承、齿轮精度的调整方法等。

(2) 能够规范合理地写出变速箱的装配工艺过程。

(3) 轴承的装配。轴承的清洗，一般使用柴油、煤油；规范装配，不能盲目敲打，通过钢套，用锤子均匀地敲打；根据运动部位要求，加入适量润滑脂。

(4) 齿轮的装配。齿轮的定位可靠，以承担负载，移动齿轮的灵活性。圆柱啮合齿轮的啮合齿面宽度差不多超过 5%(即两个齿轮的错位)。

(5) 装配的规范化。合理的装配顺序；传动部件主次分明；运动部件的润滑；啮合部件间隙的调整。

实训工具设备

装配变速箱与齿轮减速器的工具如表 2-1-2-2 所示。

表 2-1-2-2　装配变速箱与齿轮减速器的工具

序号	名　称	型号及规格	数量	备注
1	机械装调技术综合实训装置	THMDZT-1 型	1 套	
2	内六角扳手		1 套	
3	橡胶锤		1 把	
4	长柄十字		1 把	
5	三角拉马		1 个	
6	活动扳手	250 mm	1 把	
7	圆螺母扳手	M16、M27 圆螺母用	各 1 把	
8	外用卡簧钳	直角 7 寸	1 把	
9	防锈油		若干	
10	紫铜棒		1 根	
11	轴承装配套筒		1 套	
12	普通游标卡尺	300 mm	1 把	
13	深度游标卡尺		1 把	
14	杠杆式百分表	0.8 mm，含小磁性表座	1 套	
15	大磁性表座		1 个	
16	塞尺		1 把	
17	零件盒		2 个	

 变速箱装配实训步骤

变速箱的装配按箱体装配的方法进行装配，按从下到上的装配原则进行装配。

1. 变速箱底板和变速箱箱体连接

变速箱底板和变速箱箱体如图 2-1-2-22 所示。

用内六角螺钉(M8×25)加弹簧垫圈，把变速箱底板和变速箱箱体连接。

图 2-1-2-22　变速箱底板和变速箱箱体

2. 安装固定轴

固定轴如图 2-1-2-23 所示。用冲击套筒把深沟球轴承压装到固定轴一端，固定轴的另一端从变速箱箱体的相应内孔中穿过，第一个键槽装上键，安装齿轮，齿轮套筒，第二个键槽装上键并安装齿轮，拧紧两个圆螺母(双螺母锁紧)，挤压深沟球轴承的内圈把轴承安装在轴上，最后安装两端的闷盖，闷盖与箱体之间通过测量增加青稞纸，游动端一端不用测量直接增加 0.3 mm 厚的青稞纸。

图 2-1-2-23　固定轴

3. 安装主轴

主轴如图 2-1-2-24 所示。将两个角接触轴承(按背靠背的装配方法)安装在轴上，中间加轴承内、外圈套筒。

图 2-1-2-24　主轴

安装轴承座套和轴承透盖,轴承座套和轴承透盖之间通过测量增加相应厚度的青稞纸。将轴端挡圈固定在轴上，按顺序安装四个齿轮和齿轮中间的齿轮套筒后，拧紧两个圆螺母，轴承座套固定在箱体上，挤压深沟球轴承的内圈，把轴承安装在轴上，装上轴承闷盖，闷盖与箱体之间增加 0.3 mm 厚度的青稞纸，套上轴承内圈预紧套筒，最后通过调整圆螺母来调整两角接触轴承的预紧力。

4. 安装花键导向轴

将两个角接触轴承(按背靠背的装配方法)安装在轴上，中间加轴承内、外圈套筒。安装轴承座套和轴承透盖。轴承座套与轴承透盖之间通过测量增加相应厚度的青稞纸。然后安装滑移齿轮组，轴承座套固定在箱体上，挤压轴承的内圈把深沟球轴承安装在轴上，装上轴用弹性挡圈和轴承闷盖，闷盖与箱体之间增加 0.3 mm 厚度的青稞纸。套上轴承内圈预紧套筒，最后通过调整圆螺母来调整两角接触轴承的预紧力。花键导向轴如图 2-1-2-25 所示。

图 2-1-2-25　花键导向轴

5. 滑块拨叉的安装

在滑块上安装拨叉，安装滑块滑动导向轴，装上 $\phi 8$ 的钢球，放入弹簧，盖上弹簧顶

盖，装上滑块拨杆和胶木球。调整两滑块拨杆的左右距离来调整齿轮的错位，如图 2-1-2-26
和图 2-1-2-27 所示。

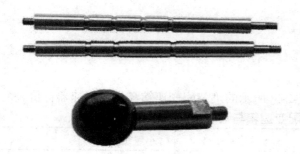

图 2-1-2-26　滑块拨杆和胶木球　　　　　　图 2-1-2-27　滑块拨叉和滑块

6. 安装上封盖

把三块有机玻璃固定到变速箱箱体顶端。

 齿轮减速器的装配步骤

1. 左右挡板的安装

将左右挡板固定在齿轮减速器底座上。

2. 输入轴的安装

将两个角接触轴承(按背靠背的装配方法)装在输入轴上，轴承中间加轴承内、外圈套
筒。安装轴承座套和轴承透盖，轴承座套与轴承透盖通过测量增加相应厚度的青稞纸。安
装好齿轮和轴套后，轴承座套固定在箱体上，挤压深沟球轴承的内圈把轴承安装在轴上，
装上轴承闷盖，闷盖与箱体之间增加 0.3 mm 厚度的青稞纸，套上轴承内圈预紧套筒。最
后通过调整圆螺母来调整两角接触轴承的预紧力。

3. 中间轴的安装

把深沟球轴承压装到固定轴一端，安装两个齿轮和齿轮中间的齿轮套筒及轴套后，挤
压深沟球轴承的内圈，把轴承安装在轴上，最后安装两端的闷盖。闷盖与箱体之间通过测
量增加青稞纸，游动端一端不用测量直接增加 0.3 mm 厚的青稞纸。

4. 输出轴的安装

将轴承座套套在输入轴上，把两个角接触轴承(按背靠背的装配方法)装在轴上，轴承
中间加轴承内、外圈套筒。装上轴承透盖，透盖与轴承套之间通过测量增加相应厚度的青
稞纸。安装好齿轮后，拧紧两个圆螺母，挤压深沟球轴承的内圈把轴承安装在轴上，装上
轴承闷盖，闷盖与箱体之间增加 0.3 mm 厚度的青稞纸，套上轴承内圈预紧套筒。最后通
过调整圆螺母来调整两角接触轴承的预紧力。

注意事项：

(1) 工、卡、量具的正确使用。

(2) 检查运转部件的轴向窜动量，主要是轴承的游隙是否符合要求。

(3) 检查轴承内外跑道有无麻点、腐蚀、凹坑、裂纹等缺陷。

(4) 根据润滑油或润滑脂的情况，及时进行更换或添加，要求润滑油添至 1/3～1/2，润滑脂为 1/3。

(5) 严格遵守安全文明操作规程。

 任务评价

完成上述任务后，认真填写表 2-1-2-3 所示的"装配变速箱与齿轮减速器评价表"。

表 2-1-2-3　装配变速箱与齿轮减速器评价表

组　别		小组负责人	
成员姓名		班　级	
课题名称		实施时间	
评价指标	配分	自评	互评	教师评
能选择适当的装配工、量具	5			
变速箱底板和箱体连接操作正确	10			
安装变速箱固定轴操作正确	5			
变速箱主轴的安装操作正确	10			
变速箱花键导向轴的安装操作正确	10			
变速箱滑块拨叉的安装操作正确	5			
变速箱上封盖的安装操作正确	5			
齿轮减速器左右挡板的安装操作正确	5			
齿轮减速器输入轴的安装操作正确	10			
齿轮减速器中间轴的安装操作正确	10			
齿轮减速器输出轴的安装操作正确	10			
课堂学习纪律、安全文明生产	5			
着装是否符合安全规程要求	5			
能实现前后知识的迁移，团结协作	5			
总　计	100			
教师总评 (成绩、不足及注意事项)				
综合评定等级(个人 30%，小组 30%，教师 40%)				

 练习与实践

(1) THMDZT-1 型机械装调技术综合实训装置变速箱由哪些部分组成？

(2) THMDZT-1 型机械装调技术综合实训装置齿轮减速器由哪些部分组成？

(3) 变速箱的滑块拨叉如何安装？

(4) 变速箱的固定轴如何安装？

(5) 变速箱的花键导向轴如何安装？

(6) 齿轮减速器的输入轴如何安装？

(7) 齿轮减速器的中间轴如何安装？

(8) 齿轮减速器的输出轴如何安装？

 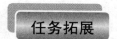 任务拓展

阅读材料

轴承安装后的润滑

为使轴承正常运转，避免套圈滚道与滚动体表面直接接触，减少轴承内部的摩擦和磨损，提高轴承性能，延长轴承的使用寿命、必须对轴承进行润滑。轴承润滑的目的主要是减少轴承内各零件之间的摩擦和磨损，在滚动面形成油膜，并为摩擦热进行导热和散热。

轴承所用的润滑剂主要是润滑脂和润滑油两种。在特殊条件下，润滑脂和润滑油的使用受到限制时可采用固体润滑方法。

轴承安装以后，对使用油脂润滑的轴承，应及时在轴承内充填润滑脂，以便轴承在正常运转中有充分的润滑。

如果轴承运转中润滑脂太少，将使套圈滚道与滚动体表面之间缺乏有效的油膜保护，轴承滚动表面很快就会因磨损而损坏。如果轴承内充填的润滑脂过多，会使轴承在运转中发热量大，很容易使轴承因发热过高而损坏。

任务三　装配与调整二维工作台

THMDZT-1 型机械装调技术综合实训装置二维工作台外观结构如图 2-1-3-1 所示。

图 2-1-3-1　二维工作台

004_模块二任务三_
512px.png

THMDZT-1 型机械装调技术综合实训装置二维工作台主要由滚珠丝杠、直线导轨、台面、垫块、轴承、支座、端盖等组成。二维工作台分上下两层，上层手动控制，下层由变速箱经齿轮传动控制，实现工作台往返运行，工作台面装有行程开关，实现限位保护功能，

能完成直线导轨、滚珠丝杠、二维工作台的装配工艺及精度检测实训。

任务目标

- 了解二维工作台的构成；
- 了解滚珠丝杠常见的支撑方式；
- 了解角接触轴承常见的安装方式；
- 掌握轴承的装配方法；
- 掌握二维工作台的装配与调整方法；
- 掌握杠杆表、游标卡尺、深度游标卡尺、塞尺和直角尺的使用方法。

任务描述

根据"二维工作台"装配图(见配套电子资源中附图三)，使用相关工、量具，按照从下至上的原则进行二维工作台的组合装配与调试，并达到装配技术要求。

知识链接

导轨是在机床上用来支承和引导部件沿着一定的轨迹准确运动或起夹紧定位作用的轨道，如车床上的大拖板就是沿着床身上的导轨进行纵向直线运动。轨道的准确度和移动精度直接影响机械的工作质量、承载能力和使用寿命。按工作原理，导轨分为滑动导轨和滚动导轨两大类。

 直线滚动导轨副

直线滚动导轨副是由一根导轨与一个或几个滑块构成的，如图2-1-3-2所示。滑块内含有滚动体(滚珠或滚柱)，随着滑块或导轨的移动，滚动体在滑块与导轨间循环滚动，使滑块与导轨之间的滑动摩擦变为滚动摩擦，并使滑块能够沿着导轨无间隙地作直线运行。二维工作台采用的是滚动体循环的直线滚动导轨。

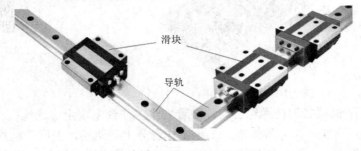

图2-1-3-2　直线滚动导轨副

直线滚动导轨副具有以下优点：阻力小，无间隙，无爬行；能实现无间隙运动，机械系统具有高的刚度，适应高速直线运动；标准化、系列化、通用化程度高、易于互换；节能环保，使用寿命长；安装、调试、维修、更换方便；定位精度和重复定位精度高。这类导轨适用于零部件需要精确定位的场合，在 CNC 机床和各类自动化装备中得到广泛使用，在高速和超高速 CNC 机床中也能得到充分发挥。

1. 直线滚动导轨的类型和特点

直线滚动导轨的类型及特点如表 2-1-3-1 所示。

表 2-1-3-1　直线滚动导轨的类型及特点

类　型	特　点	应用场合	示　意　图
球轴承直线滚动导轨副	摩擦小，速度高，使用寿命长，运动精度较高，承载能力较大	应用于激光或水射流切割机、送料机构、打印机、测量设备、机器人、医疗器械等	滑块 导轨 滚珠
滚柱轴承直线滚动导轨副	摩擦较大，速度较高，同等条件下使用寿命长，比球轴承短，承载能力大，运动精度高	应用于电火花加工机床、数控机械、注塑机等	滑块 导轨 滚柱

2. 直线滚动导轨副的安装工艺

1) 直线滚动导轨副安装注意事项

(1) 导轨副要轻拿轻放，避免磕碰影响其直线精度；检查导轨是否有合格证，是否碰伤或锈蚀，将防锈油清洗干净，清除装配表面的毛刺、撞击突起及污物等。不允许将滑块拆离导轨或超过行程又推回去。

(2) 正确区分基准导轨副与非基准导轨副。基准导轨副在产品编号标记最后一位(右端)加有字母 "J"，如图 2-1-3-3(a)所示；同时，在导轨轴和滑块座实物上的同一侧面均刻有标记槽或 "J" 字样，如图 2-1-3-3(b)所示。

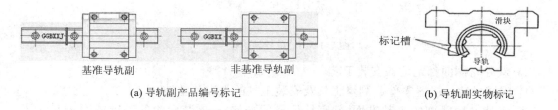

(a) 导轨副产品编号标记　　　　　　　　(b) 导轨副实物标记

图 2-1-3-3　导轨副的基准面识别

(3) 认清导轨副安装时的基准侧面。导轨副安装时所需的基准侧面的区分如图 2-1-3-4 所示。

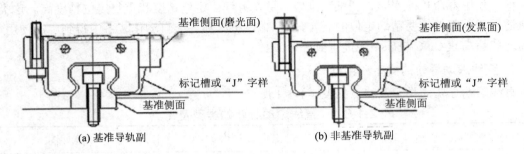

(a) 基准导轨副   (b) 非基准导轨副

图 2-1-3-4 导轨副安装时的基准侧面

2) 安装导轨

在同一平面内平行安装两根导轨时，如果振动和冲击较大，精度要求较高，则两根导轨侧面都要定位，如图 2-1-3-5 所示。否则，只需定位一根导轨侧面，如图 2-1-3-6 所示。

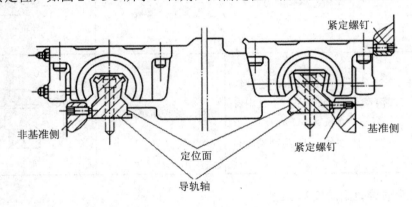

图 2-1-3-5 双导轨定位

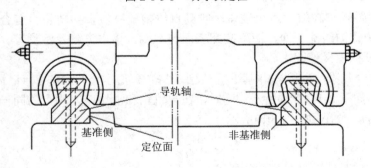

图 2-1-3-6 单导轨定位

(1) 双导轨侧面都定位的安装工艺。

① 保持导轨、机器零件、测量工具及安装工具的干净和整洁。

② 将基准导轨副的侧基准面(刻有标记槽的一侧)与安装台阶的基准侧面相对(如图 2-1-3-7(a)所示)，对准螺孔，然后在孔内插入螺栓(图 2-1-3-7(b)所示)。

(a) 基准侧面对准

(b) 插入螺栓

图 2-1-3-7　基准侧面的对准

③ 利用内六角扳手用手拧紧所有的螺栓。此处的"用手拧紧"是指拧紧后导轨仍然可以利用塑料锤轻轻敲导轨侧而微量移动。

④ 利用 U 形夹头使导轨轴的基准侧面紧紧靠贴安装台阶的基准侧面，然后在该处用固定螺栓拧紧(建议采用配攻螺纹孔)，由一端开始，依次将导轨固定，如图 2-1-3-8(a)所示。当无安装台阶时，将导轨一端固定后，按图 2-1-3-8(b)所示方法将表针靠在导轨的基准侧面，以直线块规为基准，自导轨的一端开始读取指针值校准直线度，并依次将导轨固定。

(a) 导轨校准

(b) 导轨固定

图 2-1-3-8　导轨的校准与固定

⑤ 用扭矩扳手按"从中间向两边延伸"的拧紧顺序将螺栓旋紧，如图 2-1-3-9 所示。扭矩的大小可根据螺栓的直径和等级，查阅相关手册。

⑥ 安装非基准导轨副。非基准导轨副与基准导轨副的安装顺序相同，只是侧面只需轻轻靠上，不要顶紧。另外，也可按图 2-1-3-10 所示的方法安装：将吸铁表座固定在基准导轨副的滑块上，量表的指针顶在非基准导轨副的导轨基准侧面，从导轨的一端开始读取平行度，并顺次将非基准导轨副固定好。

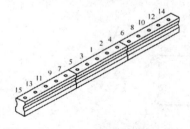
图 2-1-3-9　导轨紧固螺栓的拧紧顺序

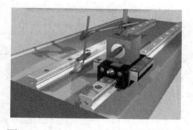
图 2-1-3-10　非基准导轨副的安装

(2) 单导轨侧面定位的安装工艺。

① 保持导轨、机器零件、测量工具及安装工具的干净和整洁。

② 将基准导轨副基准面(刻有标记槽)的一侧，与安装台阶的基准侧面相对，对准安装螺孔，然后在孔内插入螺栓。

③ 利用内六角扳手用手拧紧所有的螺栓，并用多个 U 形夹头均匀地将导轨轴的基准侧面紧紧靠贴安装台阶的基准侧面。

④ 用扭矩扳手将螺栓旋紧。

⑤ 非基准导轨轴对准安装螺孔，用手拧紧所有的螺栓。采用相应的平行度检测工具和方法，调整非基准侧导轨轴，直到达到规定平行度要求后，用扭矩扳手逐个拧紧安装螺栓。

(3) 床身上没有凸起基面时的安装工艺。

① 用手拧紧基准导轨轴的安装螺栓，使导轨轴轻轻地固定在床身装配表面上，把两块滑块座并在一起，上面固定一块安装千分表架的平板。

② 千分表测头接触低于装配表面的侧向辅助工艺基准面，如图 2-1-3-11 所示。根据千分表移动中的读数指示，边调整边紧固安装螺钉。

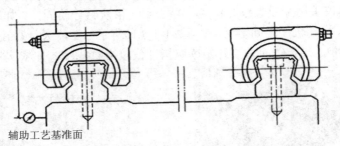

辅助工艺基准面

图 2-1-3-11　床身上没有凸起基面时的安装

③ 用手拧紧非基准侧导轨轴的安装螺栓，将导轨轴轻轻地固定在床身装配表面上。

④ 装上工作台并与基准侧导轨轴上两块滑块座和非基准侧导轨轴上一块滑块座用安装螺栓紧固，另一块滑块座则用手拧紧其安装螺栓以轻轻地固定。

⑤ 移动工作台，测定其拖动力，边测边调整非基准侧导轨轴的位置。当达到拖动力最小、全行程内拖动力波动最小时，就可用扭矩扳手逐个拧紧全部安装螺栓。

(4) 滑块座的安装。

① 将工作台置于滑块座的平面上，并对准安装螺钉孔，用手拧紧所有的螺栓。

② 拧紧基准侧滑块座侧面的压紧装置，使滑块座基准面紧紧靠贴工作台的侧基面。

③ 按对角线顺序，逐个拧紧基准侧和基准侧滑块座上的各个螺栓，如图 2-1-3-12 所示。

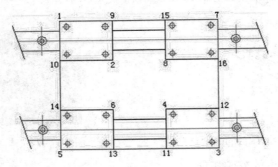

图 2-1-3-12　滑块座上的螺栓拧紧顺序

④ 检查整个行程内导轨运行是否轻便、灵活、无停顿阻滞现象。达到上述要求后，检查工作台的运行直线度、平行度是否符合要求。

3) 装配后精度的测定

(1) 不装工作台，分别对基准侧和非基准侧的导轨副进行直线度测定。

(2) 装上工作台进行直线度和平行度的测定。

 滚珠丝杠副

滚动螺旋传动又称滚珠丝杠副，如图 2-1-3-13 所示，按用途分为用于控制轴向位移量的定位滚珠丝杠副和用于传递动力的传动滚珠丝杠副。滚珠丝杠副摩擦系数小，效率高，传动精度高，运动形式的转换十分平稳，基本上不需要保养，已广泛地应用于机器人、数控机床、传送装置、飞机的零部件(如副翼)、医疗器械(如 X 光设备)和印刷机械(如胶印机)等要求高精度或高效率的场合。滚珠丝杠副的结构复杂，制造精度要求高，价格比较贵，抗冲击性能也比较差。

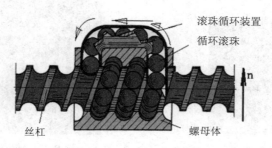

图 2-1-3-13　滚动螺旋传动

1. 滚珠丝杠副的装调基本要求

(1) 丝杠与螺母的同轴度及丝杠、螺母的轴线和与之配套导轨的轴线平行度，应控制在规定范围内。

(2) 安装螺母时，尽量靠近支撑轴承，且不可用力过大，以免螺母损坏。

(3) 滚珠丝杠安装到机床时，不要把螺母从丝杠上卸下。如必须卸下，则要使用安装辅助套筒。

(4) 安装辅助套筒的外径应小于丝杠半径 0.1～0.2 mm；在使用中必须靠紧丝杠螺纹轴肩。

(5) 滚珠丝杠螺母必须进行密封，以防止污染物进入滚珠丝杠副内。常用的密封方法如图 2-1-3-14 所示。

　　(a) 密封圈密封　　　　　　　(b) 平的盖子密封　　　　　(c) 柔性防护罩密封

图 2-1-3-14　滚珠丝杠螺母的密封方法

(6) 滚珠丝杠副必须有很好的润滑。润滑的方法与滚珠轴承相同。使用润滑油润滑时，一定要安装加油装置；使用润滑脂润滑时，不能使用含石墨或 MoS_2 润滑脂，一般每 $500\sim$ $1000\ h$ 添加一次润滑脂。

2. 滚珠丝杠副的装调工艺

1) 螺母的安装

交货时，如果螺母没有安装在丝杠上，就要先将螺母安装到丝杠上。螺母安装的步骤如下：

(1) 在丝杠的一端旋上密封圈，如图 2-1-3-15 所示。

(2) 将带空心套的螺母顶在丝杠轴端，然后慢慢地将安装辅助套筒和螺母一起滑装到丝杠轴颈上，轻轻地按压螺母直到其到达丝杠的退刀槽处，无法再向前移动为止，如图 2-1-3-16 所示。

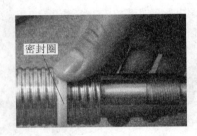

图 2-1-3-15 装一端密封圈

图 2-1-3-16 滑装安装辅助套筒和螺母至丝杠轴颈

(3) 慢慢地将螺母旋在丝杠上，并始终轻轻按压螺母，直至螺母完全与丝杠旋合为止，如图 2-1-3-17 所示。

(4) 安装另一端的密封圈，如图 2-1-3-18 所示。

图 2-1-3-17 在丝杠上旋合螺母

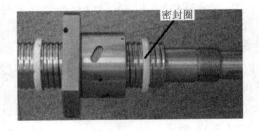

图 2-1-3-18 安装另一端密封圈

(5) 借助螺丝刀沿螺纹旋转方向将密封圈完全旋入螺母端部，在螺母外沿用六角扳手(小螺丝刀)将密封圈锁紧，如图 2-1-3-19 所示。

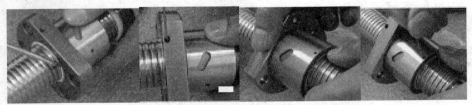

图 2-1-3-19 密封圈的锁紧

(6) 将螺母在丝杠上反复旋转移动，直至旋转顺畅，如图 2-1-3-20 所示。

图 2-1-3-20　螺母与丝杠跑合

2) 滚珠丝杠副的预紧

(1) 在丝杠上安装两个滚珠螺母和一个垫片，如图 2-1-3-21 所示。

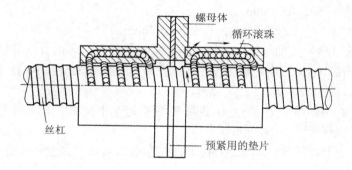

图 2-1-3-21　安装滚珠螺母及垫片

(2) 调整垫片的厚度，将两个滚珠螺母分隔开，达到预紧要求，如图 2-1-3-22 所示。

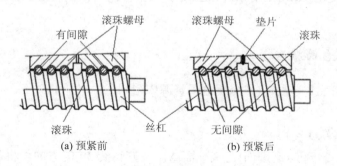

图 2-1-3-22　滚珠螺母副的预紧

3) 滚珠丝杠平行度的调整

(1) 根据设备的结构以及丝杠和导轨的安装位置，选用相应的量具分别在水平方向和垂直方向测量滚珠丝杠与导轨的平行度。

(2) 平行度达不到要求时，沿水平方向调整丝杠，垂直方向用垫片调节轴承座高度。

任务实施

装配工作准备

(1) 熟悉图纸、零件清单和装配任务；

(2) 检查文件和零件的完备情况；

(3) 选择工、量具；

(4) 用清洁布清洗零件；

(5) 准备螺钉、平垫片、弹簧垫圈等。

二维工作台装配要求

根据"二维工作台"装配图(见配套电子资源中附图三)，使用相关工、量具，进行二维工作台的组合装配与调试，并达到以下要求：

(1) 以底板(30)侧面(磨削面)为基准面 A，使靠近基准面 A 侧的直线导轨 1(2)与基准面 A 的平行度允差小于等于 0.02 mm。

(2) 两直线导轨 1 的平行度允差小于等于 0.02 mm。

(3) 调整轴承座垫片及轴承座，使丝杠 1(13)两端等高且位于两直线导轨 1 的对称中心。

(4) 调整螺母支座(10)与中滑板(50)之间的垫片，用手轮(32)转动丝杠 1，中滑板(50)移动应平稳灵活。

(5) 以中滑板(50)侧面(磨削面)为基准面 B，使靠近基准面 B 侧的直线导轨 2(44)与基准面 B 的平行度允差小于等于 0.02 mm。

(6) 中滑板(50)上直线导轨与底板(30)上直线导轨的垂直度允差小于等于 0.02 mm。

(7) 两直线导轨 2 的平行度允差小于等于 0.02 mm。

(8) 调整轴承座垫片及轴承座，使丝杠 2(34)两端等高且位于两直线导轨 2 的对称中心。

(9) 调整螺母支座(10)与上滑板(45)之间的垫片，用手轮(32)转动丝杠，上滑板(45)移动应平稳灵活。

二维工作台的装配步骤

根据"二维工作台"装配图(见配套电子资源中附图三)，使用相关工、量具，进行二维工作台的装配与调试。

1. 安装直线导轨 1

(1) 以底板(30)的侧面(磨削面)为基准面 A，调整底板(30)的方向，将基准面 A 朝向操作者，以此面为基准安装直线导轨。

(2) 将直线导轨 1(29)中的一根放到底板(30)上，使导轨的两端靠在底板(30)上导轨定位基准块(49)上，如果导轨由于固定孔位限制不能靠在定位基准块上，则在导轨与定位基准块之间增加调整垫片，用 M4×16 的内六角螺钉预紧该直线导轨(加弹垫)。

(3) 按照导轨安装孔中心到基准面 A 的距离要求(用深度游标卡尺测量)，调整直线导轨 1(29)与导轨定位基准块(49)之间的调整垫片使之达到图纸要求。

(4) 将杠杆式百分表吸在直线导轨 1 的滑块上,百分表的测量头接触在基准面 A 上,沿直线导轨 1 滑动滑块,通过橡胶锤调整导轨,同时增减调整垫片的厚度,使导轨与基准面之间的平行度符合要求,将导轨固定在底板(30)上,并压紧导轨定位装置。

后续的安装工作均以该直线导轨为安装基准(以下称该导轨为基准导轨)。

(5) 将另一根直线导轨 1(29)放到底板上,用内六角螺钉预紧此导轨,用游标卡尺测量两导轨之间的距离,通过调整导轨与导轨定位基准块之间的调整垫片,将两导轨的距离调整到所要求的距离。

(6) 以底板上安装好的导轨为基准,将杠杆式百分表吸在基准导轨的滑块上,百分表的测量头接触在另一根导轨的侧面,沿基准导轨滑动滑块,通过橡胶锤调整导轨,同时增减调整垫片的厚度,使得两导轨平行度符合要求,将导轨固定在底板(30)上,并压紧导轨定位装置。

注意: 直线导轨预紧时,螺钉的尾部应全部陷入沉孔,否则拖动滑块时螺钉尾部与滑块发生摩擦,将导致滑块损坏。

2. 安装丝杠 1

(1) 将另一根直线导轨 2(44)放到底板上,用内六角螺钉预紧此导轨,用游标卡尺测量两导轨之间的距离,通过调整导轨与导轨定位基准块之间的调整垫片,将两导轨的距离调整到所要求的距离。用 M6×20 的内六角螺钉(加ϕ6 平垫片、弹簧垫圈)将螺母支座(10)固定在丝杠 1(13)的螺母上。

(2) 利用轴承安装工具、铜棒、卡簧钳等工具,将端盖 1(3)、轴承内隔圈(52)、轴承外隔圈(51)、角接触轴承(33)、ϕ15 轴用卡簧(39)、轴承 6202(40)分别安装在丝杠 1(13)的相应位置。

注意: 为了控制两角接触轴承的预紧力,轴承及轴承内、外隔圈应经过测量。

(3) 将轴承座 1(26)和轴承座 2(14)分别安装在丝杠上,用 M4×10 内六角螺钉将端盖 1(3)、端盖 2(41)固定。

注意: 通过测量轴承座与端盖之间的间隙,选择相应的调整垫片。

(4) 用 M6×30 内六角螺钉(加ϕ6 平垫片、弹簧垫圈)将轴承座预紧在底板上。在丝杠主动端安装限位套管(53)、M14×1.5 圆螺母(2)、齿轮(1)、轴端挡圈(54)、M4×10 外六角螺钉(56)和键 4×4×16(31)。

(5) 分别将丝杠螺母移动到丝杠的两端,用杠杆表判断两轴承座的中心高是否相等。通过在轴承座下加入相应的调整垫片,使两轴承座的中心高相等。

(6) 分别将丝杠螺母移动到丝杠的两端,同时将杠杆式百分表吸在直线导轨 1(29)的滑块上,杠杆式百分表测量头接触在丝杠螺母(9)上,沿直线导轨滑动滑块,通过橡胶锤调整轴承座,使丝杠 1(13)与直线导轨 1(29)平行。

注意: 滚珠丝杠的螺母禁止旋出丝杠,否则将导致螺母损坏。轴承的安装方向必须正确。

3. 安装中滑板及直线导轨 2

(1) 将等高块(12)分别放在直线导轨滑块(11)上,将中滑板(50)放在等高块(12)上(侧面经过磨削的面朝向操作者的左边),调整滑块的位置。用 M4×70(加ϕ4 弹簧垫圈)将等高块、中滑板固定在导轨滑块上。

(2) 用 M6×20 内六角螺钉将中滑板(50)和螺母支座(10)预紧在一起。用塞尺测量丝杠螺母支座与中滑板之间的间隙大小。

(3) 将M4×70的螺钉旋松,选择相应的调整垫片加入丝杠螺母支座与中滑板之间的间隙。

(4) 将中滑板上的M4×70的螺栓预紧。用大磁性表座固定90°角尺,使角尺的一边与中滑板(50)左侧的基准面紧贴在一起。将杠杆式百分表吸附在底板上的合适位置,百分表触头打在角尺的另一边上,同时将手轮(32)装在丝杠2(34)的上面。摇动手轮使中滑板左右移动,观察百分表的示数是否发生变化。如果百分表示数不发生变化,则说明中滑板上的导轨与底板的导轨已经垂直。如果百分表示数发生了变化,则用橡胶锤轻轻击打中滑板,使上下两层的导轨保持垂直。

(5) 将直线导轨2(44)中的一根放到中滑板(50)上,使导轨的两端靠在中滑板(50)上导轨定位基准块(49)上,如果导轨由于固定孔位限制不能靠在定位基准块上,则在导轨与定位基准块之间增加调整垫片,用M4×16的内六角螺钉预紧该直线导轨(加弹垫)。

(6) 按照导轨安装孔中心到基准面B的距离要求(用深度游标卡尺测量),调整直线导轨2(44)与导轨定位基准块(49)之间的调整垫片使之达到图纸要求。

(7) 将杠杆式百分表吸在直线导轨2的滑块上,百分表的测量头接触在基准面B上,沿直线导轨2滑动滑块,通过橡胶锤调整导轨,同时增减调整垫片的厚度,使得导轨与基准面之间的平行度符合要求,将导轨固定在中滑板(50)上,并压紧导轨定位装置。

后续的安装工作均以该直线导轨为安装基准(以下称该导轨为基准导轨)。

(8) 将另一根直线导轨2(44)放到底板上,用内六角螺钉预紧此导轨,用游标卡尺测量两导轨之间的距离,通过调整导轨与导轨定位基准块之间的调整垫片,将两导轨的距离调整到所要求的距离。

(9) 以中滑板上安装好的导轨为基准,将杠杆式百分表吸在基准导轨的滑块上,百分表的测量头接触在另一根导轨的侧面,沿基准导轨滑动滑块,通过橡胶锤调整导轨,同时增减调整垫片的厚度,使得两导轨平行度符合要求,将导轨固定在中滑板(50)上,并压紧导轨定位装置。

注意: 直线导轨预紧时,螺钉的尾部应全部陷入沉孔,否则拖动滑块时螺钉尾部与滑块发生摩擦,将导致滑块损坏。

4. 安装丝杠2

(1) 用M6×20的内六角螺钉(加ϕ6平垫片、弹簧垫圈)将螺母支座(10)固定在丝杠2(34)的螺母上。

(2) 利用轴承安装工具、铜棒、卡簧钳等工具,将端盖1(3)、轴承内隔圈(52)、轴承外隔圈(51)、角接触轴承(33)、ϕ15轴用卡簧(39)、轴承6202(40)分别安装在丝杠1(13)的相应位置。

注意: 为了控制两角接触轴承的预紧力,轴承及轴承内、外隔圈应经过测量。

(3) 将轴承座1(26)和轴承座2(14)分别安装在丝杠上,用M4×10内六角螺钉将端盖1(3)、端盖2(41)固定。

注意: 通过测量轴承座与端盖之间的间隙,选择相应的调整垫片。

(4) 用M6×30内六角螺钉(加ϕ6平垫片、弹簧垫圈)将轴承座预紧在中滑板上。在丝杠主动端安装限位套管(53)、M14×1.5圆螺母(2)、手轮(32)、轴端挡圈(54)、M4×10外六角螺钉(56)和键4×4×16(31)。

(5) 分别将丝杠螺母移动到丝杠的两端,用杠杆表判断两轴承座的中心高是否相等。

通过在轴承座下加入相应的调整垫片，使两轴承座的中心高相等。

(6) 分别将丝杠螺母移动到丝杠的两端，同时将杠杆式百分表吸在直线导轨 2(44)的滑块上，杠杆式百分表测量头接触在丝杠螺母(9)上，沿直线导轨滑动滑块，通过橡胶锤调整轴承座，使丝杠 2(34)与直线导轨 2(44)平行。

注意：滚珠丝杠的螺母禁止旋出丝杠，否则将导致螺母损坏。轴承的安装方向必须正确。

5. 安装上滑板

(1) 将等高块(12)分别放在直线导轨滑块(11)上，将中滑板(45)放在等高块(12)上(侧面经过磨削的面朝向操作者)，调整滑块的位置。用 M4×70(加 φ4 弹簧垫圈)将等高块、中滑板固定在导轨滑块上。

(2) 用 M6×20 内六角螺钉将上滑板(45)和螺母支座(10)预紧在一起。用塞尺测量丝杠螺母支座与上滑板之间的间隙大小。

(3) 将 M4×70 的螺钉旋松，选择相应的调整垫片加入丝杠螺母支座与上滑板之间的间隙。

(4) 将上滑板上的 M4×70、M6×20 螺钉拧紧。

 实训工具设备

装配二维工作台工具如表 2-1-3-2 所示。

表 2-1-3-2　装配二维工作台工具

序号	名　称	型号及规格	数量	备注
1	机械装调技术综合实训装置	THMDZT-1 型	1 套	
2	内六角扳手		1 套	
3	橡胶锤		1 把	
4	长柄十字		1 把	
5	三角拉马		1 个	
6	活动扳手	250 mm	1 把	
7	圆螺母扳手	M16、M27 圆螺母用	各 1 把	
8	外用卡簧钳	直角 7 寸	1 把	
9	防锈油		若干	
10	紫铜棒		1 根	
11	轴承装配套筒		1 套	
12	普通游标卡尺	300 mm	1 把	
13	深度游标卡尺		1 把	
14	杠杆式百分表	0.8 mm，含小磁性表座	1 套	
15	大磁性表座		1 个	
16	塞尺		1 把	
17	零件盒		2 个	

 **任务评价**

完成上述任务后，认真填写表 2-1-3-3 所示的"装配二维工作台评价表"。

表 2-1-3-3　装配二维工作台评价表

组　　别			小组负责人	
成员姓名			班　级	
课题名称			实施时间	
评　价　指　标	配分	自评	互评	教师评
选择适当的装配二维工作台工、量具	10			
二维工作台直线导轨 1 安装操作正确	10			
二维工作台丝杠 1 安装	10			
二维工作台中滑板及直线导轨 2 安装	20			
二维工作台丝杠 2 安装	10			
二维工作台上滑板安装	10			
课堂学习纪律、安全文明生产	15			
着装是否符合安全规程要求	10			
能实现前后知识的迁移，团结协作	5			
总　　计	100			
教师总评 (成绩、不足及注意事项)				
综合评定等级(个人 30%，小组 30%，教师 40%)				

 练习与实践

(1) 请说出 THMDZT-1 型机械装调技术综合实训装置二维工作台的构成。

(2) 安装二维工作台直线导轨 1 的步骤是什么？

(3) 安装二维工作台丝杠 1 的步骤是什么？

(4) 安装二维工作台中滑板及直线导轨 2 的步骤是什么？

(5) 安装二维工作台丝杠 2 的步骤是什么？

(6) 安装二维工作台上滑板的步骤是什么？

任务拓展

阅读材料

（一）直线导轨的分类

导轨不仅广泛应用于机器中，同时也应用于日常生活中，如抽屉的导轨、窗帘的导轨、电梯的导轨等。导轨可以只有一根(如窗帘的导轨)，也可以有两根(如车床上的拖板导轨)。两根导轨可以使滑块变得更加稳定。选择导轨时主要考虑载荷的大小、工作温度、零部件的运行速度、所需的位置精度等因素。一般情况下，人们都使用导轨的整套装置，这些整套装置含有带导轨的导向滑块，有时还用带驱动的主轴和马达等装置。直线导轨副的分类如表 2-1-3-4 所示。

表 2-1-3-4　直线导轨副的分类

类 型		特 点	示意图
滑动导轨	普通滑动导轨	滑动面间摩擦阻力大，易产生爬行，磨损快，寿命短，结构简单，易制造，易保持精度，应用普遍	
	卸荷导轨	采用一定措施减小导轨间的接触压力，摩擦阻力较小，灵敏度较高	
	静压导轨	利用液压系统提供的液体的静压力，使两个相对运动的导轨面间处于纯液体摩擦状态，磨损小，寿命长，工作精度高，抗震性好，低速时不爬行，但结构复杂，对润滑油的洁净度要求高，一般用于重型机床及高精度机床	
	环形导轨	是回转工作台的运动轨迹。导轨接触面较宽，导轨副的刚度、精度和稳定性都较好。多用于立式车(磨)床、立式滚齿机、插床等	

类型		特 点	示 意 图
滑动导轨	塑料导轨	贴塑导轨：在与床身相配的滑动导轨上粘贴一层动、静摩擦因数基本相同，耐磨、吸震的塑料软带	塑料软带 / 粘接材料 / 滑动导轨
		注塑导轨：在调整好固定导轨与运动导轨间相对位置后注入双组分塑料，固化后将导轨分离，得到的导轨副	
滚动导轨	滚珠导轨	结构简单，制造方便，接触面积小，刚度低，一般用于载荷较小的场合，如工具磨床的工作台	1—床身；2—钢球保持器；3—钢球；4、7—镶钢导轨；5—工作台；6—调节螺钉；8、9—镶钢导轨
	滚柱导轨	承载能力和刚度均比滚珠导轨好，但对导轨的平行度要求较高，一般用于载荷较大的场合	上导轨(工作台) / 下导轨—床身 / 滚柱
	滚针导轨	滚针比滚柱直径还要细小，承载能力大，结构紧凑，但摩擦力较大，适用于尺寸受限制的场合	滚针 / 导轨
	直线导轨副	本身制造精度很高，安装、调整方便，形式、规格多样，多用于数控机床	

（二）导轨的常用类型

导轨的截面形状主要有 V 形、矩形、燕尾形、圆柱形等。常用的导轨类型如表 2-1-3-5 所示。导轨副是由运动部件(如工作台)上的运动导轨和固定部件(如床身、机架)上的支撑导轨组成的。

表 2-1-3-5　导轨的常用类型

导轨类型	主 要 特 点	使 用 场 合	示 意 图
平导轨(矩形导轨)	适用于较长的零部件；制造简单，承载能力大，但不能自动补偿磨损，需用平镶条或斜镶条来调整间隙的大小，导向精度低，摩擦力比较大，需良好的防护	主要用于载荷大的机床或组合导轨	平导轨
圆柱形导轨	制造简单，内孔可衍磨，外圆采用磨削可达配合精度，磨损不能自动调整间隙	主要用于受轴向载荷场合，如钻、镗床主轴套筒、车床尾座	圆柱形导轨
燕尾形导轨	制造较复杂，磨损不能自动补偿，用一根镶条可调整间隙，尺寸紧凑，调整方便	主要用于要求高度小的部件中，如车床刀架	燕尾形导轨
V 形导轨	导向精度高，磨损后能自动补偿。凸形有利于排屑，但不易保存润滑油，用于低速。凹形特点与凸形相反，高、低速均可采用且对称形截面制造方便	应用较广	V形导轨

任务四　装配与调整间歇回转工作台和自动冲床机构

　　THMDZT-1 型机械装调技术综合实训装置的间歇回转工作台主要由四槽槽轮机构、蜗轮蜗杆、推力球轴承、角接触轴承、台面、支架等组成。间歇回转工作台由变速箱经链传动、齿轮传动、蜗轮蜗杆传动及四槽槽轮机构分度后，实现间歇回转功能，可完成蜗轮蜗杆、四槽槽轮、轴承等的装配与调整实训。

　　THMDZT-1 型机械装调技术综合实训装置的自动冲床机构主要由曲轴、连杆、滑块、支架、轴承等组成。自动冲床机构与间歇回转工作台配合，实现压料功能模拟，可完成自动冲床机构的装配工艺实训。

005_模块二任务四_512px.png

任务目标

完成间歇回转工作台和自动冲床机构的装配与调整。

任务描述

- 了解间歇回转工作台的构成；
- 了解自动冲床机构的构成；
- 了解零件之间的装配关系；
- 了解机构的运动原理及功能；
- 了解槽轮机构的工作原理及用途；
- 了解蜗轮蜗杆、锥齿轮、圆柱齿轮传动的特点；
- 掌握轴承的装配方法和装配步骤；
- 掌握间歇工作台的装配与调整方法；
- 能进行自动冲床设备空运转试验，对常见故障进行判断分析；
- 掌握自动冲床机构的装配与调整方法；
- 能够根据机械设备的技术要求，确定装配工艺顺序。

知识链接

THMDZT-1 型机械装调技术综合实训装置的间歇回转工作台外观结构及自动冲床机构的外观结构如图 2-1-4-1 所示。

(a) 间歇回转工作台　　　　　　　　(b) 自动冲床机构

图 2-1-4-1　间歇回转工作台与自动冲床机构

 槽轮机构

1. 槽轮机构

槽轮机构具有结构简单、制作容易、工作可靠、转角准确、传动平稳性好和机械效率较高等优点，多用于不需要经常调整转动角度和转速不高的间歇分度装置中。

　　槽轮的主动拨盘的圆柱销数目和槽轮槽数可根据结构的需要进行选择，但是其动程不可调节，转角不能太小。槽轮在起、停时的加速度大，在工作时有冲击，随着转速的增加及槽数的减少而加剧，因此适用范围受到一定的限制。槽轮机构一般用于转速不高的自动机械、轻工机械和仪器仪表中，如图 2-1-4-2(a)所示的电影放片机的送片机构及图 2-1-4-2(b)所示的六角车床的刀架转位机构。

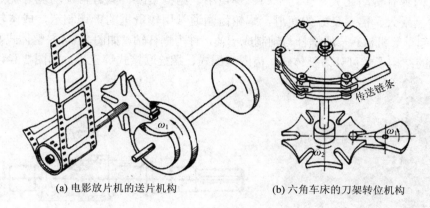

(a) 电影放片机的送片机构　　　　　　(b) 六角车床的刀架转位机构

图 2-1-4-2　槽轮机构应用场合

　　槽轮机构主要由装有圆柱销的主动拨盘和具有径向槽的从动槽轮所组成，如图 2-1-4-3 所示。当主动接盘匀速转动时，槽轮作为从动轮作间歇运动。当拨盘上的圆柱销未进入槽轮的径向槽时，槽轮由于其内凹锁止弧被拨盘的外凸圆弧锁住而静止不动。当圆柱销开始进入径向槽时，锁止弧被松开，槽轮受圆柱销的驱动作反向转动。在圆柱销脱出径向槽的同时，槽轮又因其另一内凹锁止弧被锁住而停止转动，直到圆柱销转过一周后进入槽轮的另一径向槽时，又将重复上述运动。

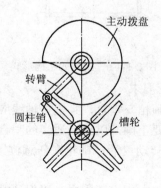

图 2-1-4-3　槽轮机构

2. 四槽槽轮的功能及特点

(1) 主动拨盘曲柄运转一周，槽轮运转 1/4 周(90°)之后停止一次。

(2) 运动时间小于间歇时间。

(3) 主动拨盘、槽轮转向相反。

蜗轮蜗杆传动

1. 蜗轮蜗杆传动简述

蜗轮蜗杆传动是用来传递空间两相互交错垂直轴之间的运动和动力的一种传动机构，两轴交错角为 90°。蜗轮蜗杆传动机构由蜗轮、蜗杆等零件组成，如图 2-1-4-4 所示。蜗轮蜗杆传动机构具有传动比大、传动平稳、噪声小、结构紧凑，具有自锁功能等优点，但其效率低、发热量大、需要良好的润滑，蜗轮齿圈通常用较贵重的青铜制造，成本较高，适用于减速、起重等机械。一般蜗杆与轴制成一体，称为蜗杆轴，如图 2-1-4-5 整体式蜗杆传动所示；蜗轮的结构形式可分为整体式、齿圈压配式、螺栓联接式等三种，如图 2-1-4-6 所示。

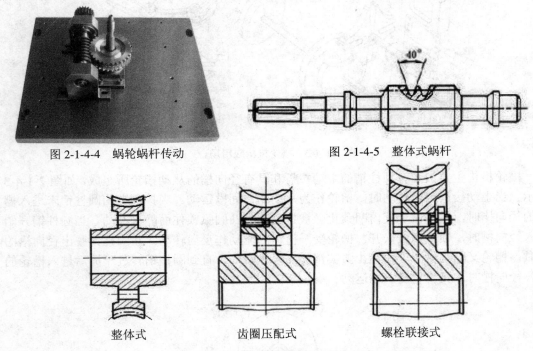

图 2-1-4-4　蜗轮蜗杆传动　　　　　图 2-1-4-5　整体式蜗杆

整体式　　　　　　　齿圈压配式　　　　　　螺栓联接式

图 2-1-4-6　蜗轮的结构形式

2. 蜗轮蜗杆传动机构的装配要求

(1) 蜗杆轴线与蜗轮轴线必须相互垂直，且蜗杆轴线应在蜗轮齿的对称平面内。

(2) 蜗轮蜗杆之间的中心距要正确，以保证适当的啮合侧隙和正常的接触斑点。

(3) 蜗杆传动机构装配后应转动灵活，蜗轮在任意位置时旋转蜗杆手感应相同，无任何卡滞现象。

(4) 蜗轮齿圈的径向圆跳动应在规定范围内，以保证蜗杆传动的运动精度。

3. 蜗轮蜗杆传动机构的装配工艺

蜗轮蜗杆传动机构的装配顺序，按其结构特点的不同，可先安装蜗轮，后装蜗杆；或可先安装蜗杆，后装蜗轮。一般是从装配蜗轮开始。

(1) 检查箱体上蜗杆轴线与蜗轮轴线的垂直度，方法如图 2-1-4-7 所示。将专用心轴 1 和 2 分别插入箱体上蜗杆和蜗轮的安装孔内，在专用心轴 1 上装上百分表装置，使百分表测头抵住专用心轴 2，转动专用心轴 1 至相距长度为 L 的专用心轴 2 的另一位置，此两位置的百分表读数差即为两轴线的垂直度误差值。

(2) 检测箱体上蜗杆轴孔与蜗轮轴孔间中心距，方法如图 2-1-4-8 所示。先将专用心轴 1、2 分别插入箱体蜗轮与蜗杆轴孔中，再用 3 只千斤顶将箱体支承在平台上，调整千斤顶，使其中 1 个心轴与平板平行，分别测出两心轴与平台之间的距离 H_1、H_2，算出中心距。

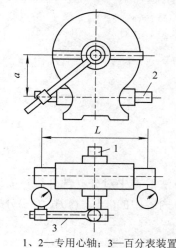

1、2—专用心轴；3—百分表装置；

图 2-1-4-7　蜗杆轴线与蜗轮轴线垂直度的检测

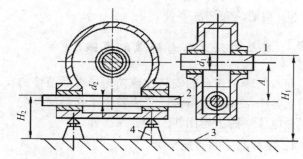

1、2—专用心轴；3—平板；4—千斤顶

图 2-1-4-8　蜗轮蜗杆轴线间中心距的检测

(3) 将蜗轮齿圈压装在轮毂上(方法与过盈配合装配相同)，并用螺钉加以紧固，如图 2-1-4-9 所示。

(4) 将蜗轮装在轴上，安装过程和检测方法与安装圆柱齿轮相同。通常装配时需加一定外力，压装时，要避免蜗轮歪斜和产生变形。若配合的过盈量较小，可用手工敲击压装，过盈量较大的，可用压力机压装。蜗轮装在轴上后应检验常见的误差，如偏心、歪斜和端面未紧贴轴肩。检测蜗轮、蜗杆的径向圆跳动和端面圆跳动也与圆柱齿轮相同。

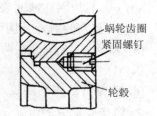

图 2-1-4-9　组合式蜗轮的装配

(5) 把蜗轮轴装入箱体，然后再装入蜗杆，并通过改变调整垫圈厚度或其他方式调整蜗轮的轴向位置，确保蜗杆轴线位于蜗轮轮齿的对称中心平面内。

间歇回转工作台、自动冲床装配要求

根据"间歇回转工作台"装配图(见配套电子资源中附图四)、"自动冲床"装配图(见配套电子资源中附图六)，进行间歇回转工作台、自动冲床的组合装配与调试，使间歇回转工作台、自动冲床运转灵活无卡阻现象。

(1) 通过装配图，清楚零件之间的装配关系和机构的运动原理及功能，理解图纸中的技术要求，熟悉基本零件结构装配方法。

(2) 掌握正确的轴承装配方法和装配步骤。

(3) 了解槽轮机构的工作原理及用途。

(4) 了解蜗轮蜗杆、锥齿轮、圆柱齿轮传动的特点。

任务实施

装配工作准备

(1) 熟悉图纸和零件清单、装配任务；

(2) 检查文件和零件的完备情况；

(3) 选择合适的工、量具；

(4) 用清洁布清洗零件。

间歇回转工作台的装配步骤

间歇回转工作台的安装应遵循先局部后整体的安装方法，首先对分立部件进行安装，然后把各个部件进行组合，完成整个工作台的装配。以下内容中的(一)、(二)、(三)分别对应配套电子资源中附图四的各分立部件。

1. 蜗杆部分的装配

(1) 用轴承装配套筒将两个蜗杆用轴承及蜗杆用轴承(45)内圈装在蜗杆(18)的两端。

注意：蜗杆用轴承内圈的方向。

(2) 用轴承装配套筒将两个蜗杆用轴承及蜗杆用轴承(45)外圈分别装在两个轴承座(三)(69)上，并把蜗杆轴轴承端盖(二)(15)和蜗杆轴轴承端盖(一)(47)分别固定在轴承座上。

注意：蜗杆用轴承外圈的方向。

(3) 将蜗杆(18)安装在两个轴承座(三)(69)上，并把两个轴承座(三)(69)固定在分度机构用底板(51)上。

(4) 在蜗杆的主动端装入相应键，并用轴端挡圈(53)将小齿轮(二)(67)固定在蜗杆上。

2. 锥齿轮部分的装配

(1) 在小锥齿轮轴(57)安装锥齿轮的部位装入相应的键，并将锥齿轮(一)(7)和轴套(58)装入。

(2) 将两个轴承座一(4)分别套在小锥齿轮轴(57)的两端，并用轴承装配套筒将四个角接触轴承以两个一组面对面的方式安装在小锥齿轮轴(46)上，然后将轴承装入轴承座。

注意：中间加间隔环(一)(12)、间隔环(二)(13)。

(3) 在小锥齿轮轴(57)的两端分别装入 $\phi 15$ 轴用弹性挡圈，将两个轴承座透盖(一)(3)固定到轴承座上。

(4) 将两个轴承座分别固定在小锥齿轮底板(52)上。

(5) 在小锥齿轮轴(57)两端各装入相应键，用轴端挡圈(53)将大齿轮(63)、链轮(56)固定在小锥齿轮轴(57)上。

3. 增速齿轮部分的装配

(1) 用轴承装配套筒将两个深沟球轴承装在齿轮增速轴(10)上，并在相应位置装入 $\phi 15$

轴用弹性挡圈。

注意：中间加间隔环(一)(12)和间隔环(二)(13)。

(2) 将安装好轴承的齿轮增速轴(10)装入轴承座(一)(4)中，并将轴承座透盖(二)(11)安装在轴承座上。

(3) 在齿轮增速轴(10)两端各装入相应的键，用轴端挡圈(53)将小齿轮(一)(65)、大齿轮(63)固定在齿轮增速轴(10)上。

4. 蜗轮部分的装配

(1) 将蜗轮蜗杆用透盖(50)装在蜗轮轴(21)上，用轴承装配套筒将圆锥滚子轴承内圈装在蜗轮轴(21)上。

(2) 用轴承装配套筒将圆锥滚子的外圈装入轴承座(二)(49)中，将圆锥滚子轴承装入轴承座(二)(49)中，并将蜗轮蜗杆用透盖(50)固定在轴承座(二)(49)上。

(3) 在蜗轮轴(21)上安装蜗轮的部分安装相应的键，并将蜗轮(19)装在蜗轮轴(21)上，然后用圆螺母(20)固定。

5. 槽轮拨叉部分的装配

(1) 用轴承装配套筒将深沟球轴承安装在槽轮轴(39)上，并装上 $\phi17$ 轴用弹性挡圈。

(2) 将槽轮轴(39)装入底板(26)中，并把底板轴承盖(二)(42)固定在底板(26)上。

(3) 在槽轮轴(39)的两端各加入相应的键，分别用轴端挡圈、紧定螺钉将四槽轮(43)和法兰盘(35)固定在槽轮轴(39)上。

(4) 用轴承装配套筒将角接触轴承安装到底板(26)的另一轴承装配孔中，并将底板轴承盖(一)(24)安装到底板(26)上。

6. 整个工作台的装配

(1) 将分度机构用底板(51)安装在铸铁平台上。

(2) 通过轴承座(二)(49)将蜗轮部分安装在分度机构用底板(51)上。

(3) 将蜗杆部分安装在分度机构用底板(51)上，通过调整蜗杆的位置，使蜗轮、蜗杆正常啮合。

(4) 将立架(70)安装在分度机构用底板(51)上。

(5) 在蜗轮轴(21)先装上圆螺母(20)，锁止弧(17)的位置装入相应键，并用圆螺母(23)将锁止弧(17)固定在蜗轮轴(21)上，再装上一个圆螺母(23)，上面套上套管(27)。

(6) 调节四槽轮的位置，将四槽轮部分安装在支架(70)上，同时使蜗轮轴(21)轴端装入相应位置的轴承孔中，用蜗轮轴端用螺母(28)将蜗轮轴锁紧在深沟球轴承上。

(7) 将推力球轴承限位块(41)安装在底板(26)上，并将推力球轴承套在推力球轴承限位块(41)上。

(8) 通过法兰盘(35)将料盘(40)固定。

(9) 将增速齿轮部分安装在分度机构用底板(51)上，调整增速齿轮部分的位置，使大齿轮(63)和小齿轮(二)(67)正常啮合。

(10) 将锥齿轮部分安装在铸铁平台上，调节小锥齿轮用底板(52)的位置，使小齿轮(一)(65)和大齿轮(63)正常啮合。

至此便完成了整个间歇回转工作台的安装与调整。

自动冲床机构的装配步骤

1. 轴承的装配与调整

首先用轴承套筒将 6002 轴承装入轴承室中(在轴承室中涂抹少许黄油),转动轴承内圈,轴承应转动灵活,无卡阻现象;观察轴承外圈是否安装到位。

2. 曲轴的装配与调整

(1) 安装轴二:将透盖用螺钉拧紧,将轴二装好,然后再装好轴承的"右传动轴挡套"。

(2) 安装曲轴:轴瓦安装在曲轴下端盖的 U 形槽中,然后装好中轴,盖上轴瓦另一半,将曲轴上端盖装在轴瓦上,将螺钉预紧,用手转动中轴,中轴应转动灵活。

(3) 将已安装好的曲轴固定在轴二上,用 M5 的外六角螺钉预紧。

(4) 安装轴一:将轴一装入轴承中(由内向外安装),将已安装好的曲轴的另一端固定在轴一上,此时可将曲轴两端的螺钉拧紧,然后将"左传动轴压盖"固定在轴一上,再将左传动轴的闷盖装上,并将螺钉预紧。

(5) 在轴二上装键,固定同步轮,然后转动同步轮,曲轴转动灵活,无卡阻现象。

3. 冲压部件的装配与调整

将"压头连接体"安装在曲轴上。

4. 冲压机构导向部件的装配与调整

(1) 首先将"滑套固定板垫块"固定在"滑块固定板上",然后再将"滑套固定板加强筋"固定,安装好"冲头导向套",螺钉为预紧状态。

(2) 将冲压机构导向部件安装在自动冲床上,转动同步轮,冲压机构运转灵活,无卡阻现象,最后将螺钉拧紧,再转动同步轮,调整到最佳状态,在滑动部分加少许润滑油。

装配完成后的效果图如图 2-1-4-10 所示。

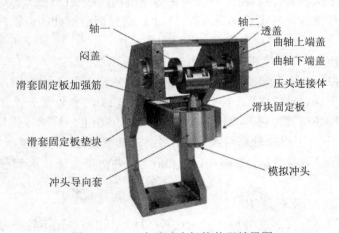

图 2-1-4-10　自动冲床机构装配效果图

 自动冲床机构的手动运行与调整

完成上述步骤,将手轮上的手柄拆下,安装在同步轮上,摇动手柄,观察"模拟冲头"

运行状态，多运转几分钟，仔细观察各个部件是否运行正常，正常后加入少许润滑油。实训步骤可根据实际安装情况更改，此步骤仅供参考。

 实训工具设备

装配回转工作台和自动冲床机构的工具如表 2-1-4-1 所示。

表 2-1-4-1　装配回转工作台和自动冲床机构所用工具

序号	名　称	型号及规格	数量	备注
1	机械装调技术综合实训装置	THMDZT-1 型	1 套	
2	内六角扳手		1 套	
3	橡胶锤		1 把	
4	长柄十字		1 把	
5	三角拉马		1 个	
6	活动扳手	250 mm	1 把	
7	圆螺母扳手	M16、M27 圆螺母用	各 1 把	
8	外用卡簧钳	直角 7 寸	1 把	
9	防锈油		若干	
10	紫铜棒		1 根	
11	轴承装配套筒		1 套	
12	普通游标卡尺	300 mm	1 把	
13	深度游标卡尺		1 把	
14	杠杆式百分表	0.8 mm，含小磁性表座	1 套	
15	大磁性表座		1 个	
16	塞尺		1 把	
17	零件盒		2 个	

 任务评价

完成上述任务后，认真填写表 2-1-4-2 所示的"装配间歇回转工作台和自动冲床机构评价表"。

表 2-1-4-2　装配间歇回转工作台和自动冲床机构评价表

组别		小组负责人	
成员姓名		班　级	
课题名称		实施时间	

评 价 指 标	配分	自评	互评	教师评
能选择适当的装配工、量具	10			
间歇回转工作台蜗杆部分的装配	5			
间歇回转工作台锥齿轮部分的装配	5			
间歇回转工作台增速齿轮部分的装配	10			
间歇回转工作台蜗轮部分的装配	5			
间歇回转工作台槽轮拨叉部分的装配	5			
间歇回转工作台整个工作台的装配	5			
自动冲床轴承的装配与调整	10			
自动冲床曲轴的装配与调整	10			
自动冲床冲压部件的装配与调整	10			
自动冲床冲压机构导向部件的装配与调整	5			
自动冲床部件的手动运行与调整	10			
着装是否符合安全规程要求	5			
能实现前后知识的迁移，团结协作	5			
总　计	100			
教师总评 (成绩、不足及注意事项)				
综合评定等级(个人 30%，小组 30%，教师 40%)				

练习与实践

(1) THMDZT-1 型机械装调技术综合实训装置的间歇回转工作台是如何构成的？

(2) THMDZT-1 型机械装调技术综合实训装置的自动冲床机构是由哪些部分组成的？

(3) 间歇回转工作台蜗杆部分是如何装配的？

(4) 间歇回转工作台锥齿轮部分是如何装配的？

(5) 间歇回转工作台增速齿轮部分是如何装配的？

(6) 间歇回转工作台蜗轮部分是如何装配的？

(7) 间歇回转工作台槽轮拨叉部分是如何装配的？

(8) 间歇回转工作台的装配步骤是什么？

(9) 自动冲床机构的轴承是如何装配与调整的？

(10) 自动冲床机构的曲轴是如何装配与调整的？

(11) 自动冲床机构的冲压机构导向部件是如何装配与调整的？

阅读材料

（一）蜗杆传动机构啮合质量的检查

1. 齿侧间隙检测

(1) 对不重要的蜗杆传动，用手转动蜗杆，根据空程量的大小判断侧隙大小。

(2) 用百分表测量侧隙，如图 2-1-4-11 所示。在蜗杆轴上固定带刻度盘的量角器，用百分表测头抵在蜗轮齿面上(或在蜗轮轴上装测量杆，用百分表测头抵住测量杆，如图 2-1-4-12 所示，用手转动蜗杆，在百分表指针(蜗轮)不动的条件下，用刻度盘相对基准指针转过最大的转角推算出侧隙大小。

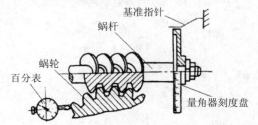

图 2-1-4-11　蜗杆传动的侧隙检测

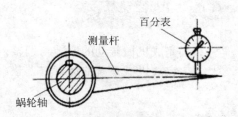

图 2-1-4-12　测量杆辅助检测

2. 涂色法检验蜗轮的接触斑点

将红丹粉涂在蜗杆的螺旋面上，给蜗轮以轻微阻力，转动蜗杆，在蜗轮轮齿上得到接触斑点。接触斑点情况反映的装配质量如图 2-1-4-13 所示。对接触斑点不正确的情况，可通过调节调整垫片的厚度对蜗轮的轴向位置进行调整，使其达到正常接触。

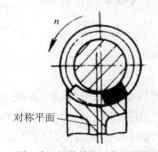

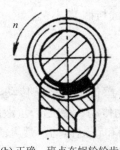

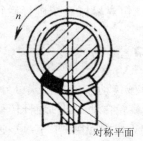

(a) 不正确，蜗轮轮齿对称平面偏左　　(b) 正确，班点在蜗轮轮齿中部　　(c) 不正确，蜗轮轮齿对称平面偏右
　　　　　　　　　　　　　　　　偏蜗杆旋出方向

图 2-1-4-13　接触斑点反映的装配质量

任务五　装配机械传动与运行机械系统

THMDZT-1 型机械装调技术综合实训装置的二维工作台外观结构如图 2-1-5-1 所示。

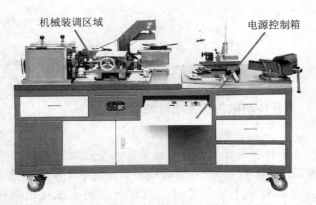

机械装调区域　　　　　　　　电源控制箱

006_模块二任务五_
512px.png

图 2-1-5-1　二维工作台外观图

任务目标

- 完成机械传动的安装与调整；
- 完成机械系统的运行与调整。

任务描述

- 了解机械传动方法；
- 能进行电机与变速箱之间、减速机与自动冲床之间同步带传动的调整；
- 可对变速箱与二维工作台之间直齿圆柱齿轮传动进行调整；
- 可对减速器与分度转盘机构之间锥齿轮进行调整；能完成链条的安装；
- 可对机械系统进行运行、调试与调整。

知识链接

机械传动按传力方式可分为：摩擦传动、链条传动、齿轮传动、皮带传动、蜗轮蜗杆传动、棘轮传动、曲轴连杆传动、气动传动、液压传动(液压刨)、万向节传动、钢丝索传动(电梯、起重机中应用最广)、联轴器传动和花键传动。常见的机械传动的安装与调试技术如下：

 带传动的安装与调试技术

1. 带传动的形式与特点

带传动是利用带与带轮之间的摩擦力或带与带轮上齿的啮合来传递运动和动力的。带传动按带的截面形状不同可分为 V 带传动、平带传动、同步齿形带传动等，如图 2-1-5-2 所示。

带传动结构简单、工作平衡，由于传动带的弹性和挠性特性，传动带具有吸振、缓冲作用，过载时的打滑能起安全保护作用，能适应两轴中心距较大的传动；但带传动的传动比不准确，传动效率较低，带的寿命较短，结构不够紧凑。

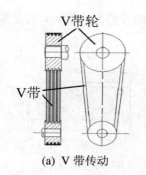
(a) V带传动

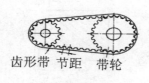
齿形带 节距 带轮

(b) 同步齿形带传动

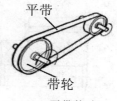
平带

带轮

(c) 平带传动

图 2-1-5-2　带传动的形式

2. 带传动机构的主要装配要求

(1) 严格控制带轮的径向跳动和轴向窜动。

(2) 轮安装在轴上，应没有歪斜和摆动。

(3) 轮宽中央平面应该在同一平面。

(4) 带在轮面上应保持在中间位置，以防止工作时脱落。

(5) 传动的张紧力要适当。

(6) 带的速度大于 5 m/s 时，应对带轮进行静平衡试验；当大于 25 m/s 时，还需要进行动平衡试验。

(7) 根传动轴应严格保持平行，其平行度极限偏差不超过 0.5/1000。

3. 带传动机构的装配

同步带传动兼有带传动和链传动的优点，传动稳定、传动比准确。目前，同步带主要应用在要求传动比准确的中小功率传动中，如计算机、录音机、高速机床(如磨床)、数控机床、汽车发动机及纺织机械等，在压缩机等大型设备上也有应用。

1) 带的结构

同步带相当于在绳芯结构平带基体的内表面沿带宽方向制成一定形状(梯形、弧形等)的等距齿，如图 2-1-5-3 所示。同步带抗拉体由金属丝绳、合成纤维线或玻璃纤维绳绕制而成，带体多由橡胶制成，也有用聚氨酯浇注而成的。为了提高橡胶同步带齿的耐磨性，通常还在其齿面上覆盖尼龙或织物层，如图 2-1-5-4(a)所示。

有的同步带还在其背面或侧边制成各种形状的突起，可以进行物料的输送、零件的整理和选别以及开关的启停等，如图 2-1-5-4(b)所示。

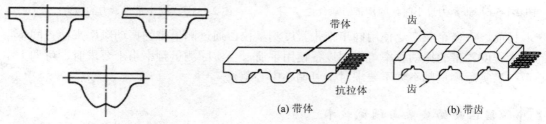

图 2-1-5-3　同步带的常见齿形

(a) 带体　　　(b) 带齿

图 2-1-5-4　同步齿形的结构

2) 带轮

同步带轮有双边挡圈带轮(图 2-1-5-5(a))、单边挡圈带轮(图 2-1-5-5(b))、无挡圈带轮(图

2-1-5-5(c))等三类。如果两轮间的中心距大于最小带轮直径的 8 倍时，那么，两个带轮应有侧边挡圈，以防带滑脱带轮。

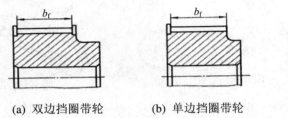

(a) 双边挡圈带轮　　　　(b) 单边挡圈带轮　　　　(c) 无挡圈带轮

图 2-1-5-5　同步带轮的类型

3) 带的装配

同步带传动机构的装配、校准和张紧与 V 带传动机构相一致。但应注意，带轮有侧边挡圈时，带在套装至带轮时不能绕经挡圈。

4) 同步带的张紧力调整

当同步带的张紧力过小时，带将被带轮齿向外压出，带与带轮齿不能良好接触，如图 2-1-5-6 所示，此时，带发生变形，使同步带传递的功率降低，甚至发生跳齿现象，这将导致带和带轮的损坏。当张紧力过大时，同步带受拉力太大，将缩短同步带、带轮、轴和轴承等的寿命。同步带的张紧采用张紧轮装置、自动张紧装置或定期调整中心距等方法。

在同步带传动中，张紧力是通过在带与带轮的切边中点处加一垂直于带边的测量载荷 F(根据带的宽度和类型，查表确定)，测量其产生挠度 y 是否达到规定的值(规定挠度 y 可通过相关公式计算得出)，并进行调整，如图 2-1-5-7 所示。

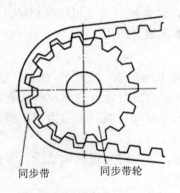

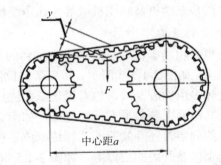

图 2-1-5-6　张紧力过小时，同步带的啮合　　　图 2-1-5-7　同步带张紧力的检查

目前，许多企业广泛使用同步带张紧度测量仪，通过测量带的振动频率来检查同步带的张紧程度。带的振动频率可查阅设备使用手册，当实际测量频率小于要求时，可调大中心距；当实际测量频率大于要求时，可调小中心距。

 链传动的安装与调试技术

1. 链传动简介

链传动是由两个(或两个以上)具有特殊齿形的链轮和链条组成的，依靠链轮和链条的啮合传递运动和动力的传动装置,如图2-1-5-8所示。链传动平均传动比准确,传动距离较远,传动功率较大,特别适合在温度变化大和灰尘较多的场合使用。常用传动链有套筒滚子链和齿形链,如图2-1-5-9所示。

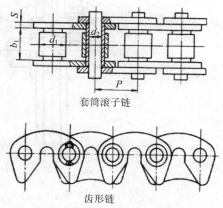

套筒滚子链

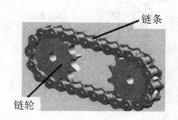

齿形链

图 2-1-5-8　链传动

图 2-1-5-9　常用的传动链

2. 链传动的装配技术要求

(1) 两链轮的布置:两轮的回转平面尽可能安排在同一铅垂平面内;紧边在上,松边在下。

(2) 两链轮轴的轴线应严格平行,其平行度偏差不超过 0.0005 mm。

(3) 两链轮应严格对中,链轮之间的轴向偏移量必须在规定的范围内。一般当中心距小于 500 mm 时,允许偏移量小于 1 mm;当中心距大于 500 mm 时,允许偏移量小于 2 mm。

(4) 保证链条和链轮的良好啮合,以减少磨损、降低噪声,如图2-1-5-10所示。

链条的正确啮合　　　　　链条的不正确啮合

图 2-1-5-10　链条与链轮的啮合

(5) 链轮在轴上固定之后,径向和端面圆跳动误差必须符合要求。

(6) 链条有正确的下垂量。

(7) 链条运行自由,严禁和其他物体(如链条罩壳)相擦碰。

(8) 能确保良好的润滑状态。

3. 链传动机构的装调

1) 链轮的安装

链轮常用的固定方法如图2-1-5-11所示。链轮的装配方法与带轮装配方法基本相同。

(1) 装配后,若两链轮轴线平行度达不到要求时,可通过调整两链轮轴两端支承件的位置进行调整。

(2) 用长钢直尺或拉线法检查两链轮的中心平面位置,使轴向偏移量控制在允许范围内。

(3) 检查链轮的径向和端面圆跳动量,控制在规定范围内。

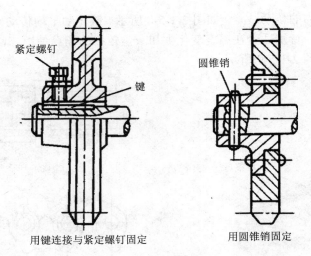

用键连接与紧定螺钉固定　　　　　用圆锥销固定

图 2-1-5-11　链轮在轴上的固定方法

2) 链条的装调

在校准链轮和装配链条张紧轮后，方可安装链条。

(1) 在链轮上装链条：

① 如果两链轮均在轴端，且两轴中心距可调节时，链条接头可预先在工作台上连接好，再套装到链轮上。

② 如果结构不允许链条预先将接头连好，则必须先将链条穿过传动轴套在链轮上，再利用专用的拉紧工具连接，如图 2-1-5-12 所示。若无专用的拉紧工具，可考虑使用铁丝或尼龙绳在接头处穿上，然后绞紧，将两接头拉近即连接。

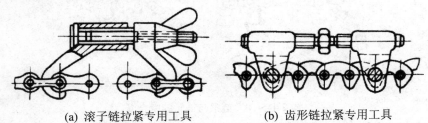

(a) 滚子链拉紧专用工具　　　　　(b) 齿形链拉紧专用工具

图 2-1-5-12　链条专用的拉紧工具

(2) 在确保链条与两端的链轮正确啮合时，用连接链片将链条的两端连接起来，如图 2-1-5-13 所示。

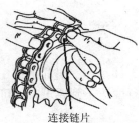

连接链片

图 2-1-5-13　安装连接链片

(3) 安装链条接头。滚子链的接头形式有开口销、弹簧夹和过渡链节等三种，如图

2-1-5-14 所示。弹簧夹的装配如图 2-1-5-15 所示，应确保弹簧夹的开口方向与链条的运动方向相反，以免运动中受到碰撞而脱落。

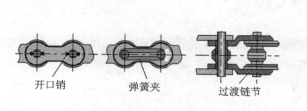

图 2-1-5-14　滚子链的接头形式　　　　图 2-1-5-15　安装链条接头

(4) 检查、调整链条的下垂度。链传动是水平或倾斜在 45°以内时，下垂度 f 应不大于两轮中心距的 2%；倾斜度增加时，要减小下垂度，一般为中心距的 1%～1.5%；在垂直放置时应小于两轮中心距的 0.2%，检查的方法如图 2-1-5-16 所示。若下垂度达不到要求时，可通过调节中心距、截短链条长度、安装张紧轮装置等方法调整。

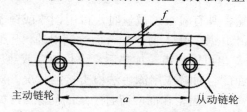

图 2-1-5-16　链条下垂度的检查

(5) 在链条的无负载部分正确安装链条张紧轮。

 齿轮传动的安装与调试技术

1. 齿轮传动机构概述

齿轮传动是最常用的传动方式之一，它依靠轮齿间的啮合传递运动和动力。齿轮传动的特点是：能保证准确的传动比，传递功率和速度范围大，传动效率高，结构紧凑，使用寿命长，但齿轮传动对制造和装配要求较高。齿轮传动的类型较多，有直齿、斜齿、人字齿轮传动、圆柱齿轮、圆锥齿轮以及齿轮齿条传动等。要保证齿轮传动平稳、准确，冲击与振动小，噪声低，除了控制齿轮本身的精度要求以外，还必须严格控制轴、轴承及箱体等有关零件的制造精度和装配精度，才能实现齿轮传动的基本要求。

2. 齿轮传动机构装配的基本要求

(1) 保证齿轮与轴的同轴度，无偏心或歪斜等现象。

(2) 严格控制齿轮的径向和端面圆跳动。

(3) 保证中心距和齿侧间隙值符合技术要求。

(4) 相互啮合的两齿轮要有足够的接触面积和正确的接触部位，接触斑点分布均匀。

(5) 对转速高的大齿轮，装配后要进行平衡试验。

(6) 滑动齿轮不应有咬死和阻滞现象，变换机构应保证准确的定位，齿轮的错位量不超过规定值；空套齿轮在轴上不得有晃动现象。

（7）封闭箱体式齿轮传动机构，应密封严密，不得有漏油现象，箱体结合面的间隙不得大于 0.1 mm，或涂以密封胶密封。

（8）齿轮传动机构组装完毕后，应进行跑合试车。

3. 齿轮传动机构的装配步骤

（1）装配前对零件进行清洗、去毛刺，检查装配零件的粗糙度、尺寸精度及形位误差等是否符合图纸要求；装配表面，必要时涂上润滑油。

（2）将齿轮装于轴上，并装配好轴承。

（3）齿轮轴安装到箱体相应位置。

（4）检查、调整安装后齿轮接触质量。

4. 圆柱齿轮传动的装调

1）齿轮与轴的装配

（1）在轴上空套或滑移的齿轮，直接将齿轮套装到轴上相应位置。装配后，齿轮在轴上不得有晃动现象。

（2）在轴上固定的齿轮，具有较小过盈量时，可用铜棒或锤子轻轻敲击装入；具有较大过盈量时，可在压力机上压装。压入前，配合面涂润滑油，压装时要尽量避免齿轮偏斜和端面不到位等装配误差，也可以将齿轮加热后，进行热套或热压。

（3）齿轮与轴为锥形面配合时，应用涂色法检查接触状况，对接触不良处进行刮削，使之达到要求。装配后，轴端与齿轮端面应留有一定的间隙 Δ，如图 2-1-5-17 所示。

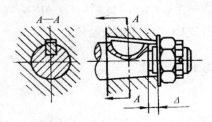

图 2-1-5-17 齿轮与轴为锥面结合

（4）齿轮端面圆跳动与径向圆跳动的检查。

齿轮端面圆跳动误差的检测方法如图 2-1-5-18 所示，齿轮旋转一圈，百分表的最大读数与最小读数的差值为齿轮端面圆跳动误差。

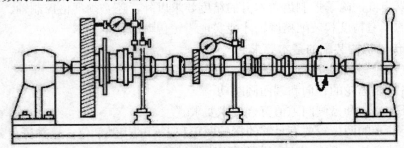

图 2-1-5-18　齿轮端面圆跳动误差的检测方法

齿轮径向圆跳动的检测方法如图 2-1-5-19 所示，用百分表测量圆柱规，齿轮每转动 3~4 个齿重复测量一次，测得百分表的最大与最小读数之差为径向圆跳动误差。

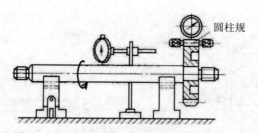

图 2-1-5-19　齿轮径向圆跳动误差的检测方法

2) 检查箱体的主要部件是否符合技术要求

(1) 检查孔和平面的尺寸、形状精度、表面粗糙度。

(2) 孔的中心距及轴线平行度的检查。在齿轮未装入箱体前，用游标卡尺，或用专用检验心轴与内径千分尺进行孔中心距的检查，如图 2-1-5-20 所示。

孔轴线平行度的检查，如图 2-1-5-20、图 2-1-5-21 所示。图 2-1-5-20 中，测出轴两端尺寸 L_1、L_2，其差值为两孔轴线平行度误差；图 2-1-5-21 中，测出轴两端尺寸 h_1、h_2，其差值为两孔轴线与基面的平行度误差。

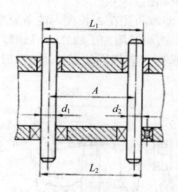

图 2-1-5-20　啮合齿轮的中心距检查

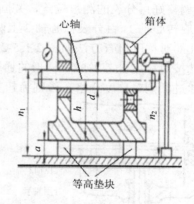

图 2-1-5-21　孔轴线平行度

(3) 检查孔的同轴度。多孔的同轴度检查如图 2-1-5-22 所示。图 2-1-5-22(a)中，若心轴能自由推入几个孔中，表明孔的同轴度符合要求；图 2-1-5-22(b)中，心轴转动 1 圈，百分表的最大与最小读数的差值为同轴度误差。

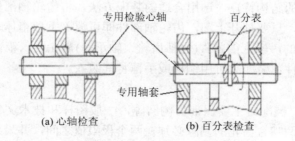

(a) 心轴检查　　　　　　　　(b) 百分表检查

图 2-1-5-22　孔同轴度的检查方法

(4) 检查孔的垂直度。孔轴线与孔端面垂直度的检查方法如图 2-1-5-23 所示，图 2-1-5-23(a)用带有检验圆盘的心轴进行检查，用塞尺测量间隙 Δ 或在圆盘上涂色检查孔的垂直度；图 2-1-5-23(b)用心轴与百分表配合检查，心轴转一圈，百分表最大与最小读数的差值为孔垂直度误差。

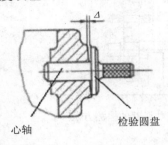

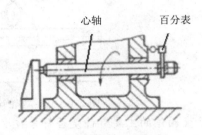

(a) 用带有检验圆盘的心轴检查　　　　　　　(b) 用百分表与心轴检查

图 2-1-5-23　孔的垂直度检查方法

(5) 检查孔系垂直度及孔对称度。两孔间垂直度的检查方法如图 2-1-5-24 所示，具体操作如下：

① 在心轴 1 上装上百分表，在垂直孔中装入专用轴套，并将心轴 1 装入；

② 在水平孔中装入专用轴套，并将心轴 2 装入；

③ 调整好百分表的测量位置，并固定好心轴 1 的位置；

④ 旋转心轴 1，百分表在心轴 2 上两点的读数差，即为两孔在 L 长度内的垂直度误差。

两孔间对称度检查方法如图 2-1-5-25 所示。心轴 1 的测量端加工成"U"形槽，心轴 2 的测量端按对称度公差做成阶梯形的通端和止端，检验时，若通端能通过"U"形槽而止端不能通过，则对称度合格，否则为超差。

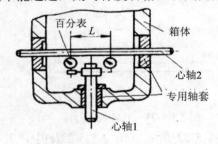

图 2-1-5-24　两孔间垂直度的检查方法

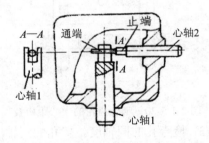

图 2-1-5-25　两孔间对称度的检查方法

3) 齿轮轴部件装入箱体

根据轴在箱体中的结构特点，选用合适的装配方法，将齿轮轴部件装入箱体。箱体组装轴承部位是开式的，只要打开上部，齿轮轴部件即可放入下部箱体，比如一般减速器。组装轴承部件是一体的，轴上的零件(包括齿轮、轴承等)需在装入箱体过程中同时进行，轴上有过盈量的配合件，装配时可用铜棒或手锤将其装入。

4) 装配质量的检验

(1) 侧隙的检验。装配时主要保证齿侧间隙，一般图样和技术文件都明确规定了侧隙的范围值。装配后，两啮合齿轮的侧隙必须在两个极限值之间，并最好接近最小的齿侧间隙值。常用的检测方法如下：

① 压扁软金属丝检查法：

• 取两根直径相同的铅丝(熔断丝)，直径不超过最小间隙的 4 倍，但也不能太粗；长度不得少于 4 个齿距。

• 在沿齿宽方向两端的齿面上，平行放置此两条铅丝(熔断丝)，宽齿轮应放 3～4 条，如图 2-1-5-26 所示。

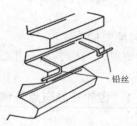

铅丝

图 2-1-5-26　压铅丝法检测齿轮副侧隙

• 转动齿轮，使齿轮副啮合滚压，将铅丝压扁。铅丝必须在一个方向上转动后压扁，齿轮不能来回转动。

• 用千分尺测量被压铅丝最薄处的厚度尺寸，即为侧隙。

压铅丝检验法测量齿侧间隙时，必须在齿轮周围的四个不同位置测量齿侧间隙，每次测量后须将齿轮旋转 90° 再测。

② 百分表检查法：测量时，将一个齿轮固定，在另一齿轮上装夹紧杆，转动装有夹紧杆的齿轮，百分表可得到一个读数 C，则齿轮啮合的侧间隙为：$C_n = C(R/L)$（R 为装夹紧杆齿轮的分度圆半径；L 为测量点到轴心的距离)。检查方法如图 2-1-5-27 所示。

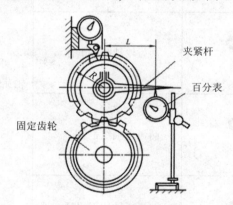

夹紧杆

百分表

固定齿轮

图 2-1-5-27　百分表测量侧隙

对于模数比较大的齿轮，也可用百分表或杠杆百分表直接抵在可动齿轮的齿面上，将接触百分表测头的齿轮从一侧啮合转到另一侧啮合，百分表上的读数差值就是侧隙数值。

③ 塞尺检查法：检测时，将小齿轮转向一侧，使两齿轮紧密接触，然后用塞尺在两齿未接触面间测量，测得值为侧隙。用塞尺检查啮合侧隙时，必须在齿轮周围的四个不同位置测量齿侧间隙，每次测量后须将齿轮旋转 90° 后再测。

侧隙与中心距偏差有关，如果齿侧间隙不合乎要求，则可通过微调中心距进行侧隙的调整。而在由滑动轴承支承的齿轮，可通过精刮轴瓦调整侧隙。

(2) 接触精度的检验。齿轮传动装配后，用涂色法进行齿轮接触斑点及分布情况的检查。

① 将红丹粉加少量机油调制成粘稠的膏状物。

② 在主齿轮上薄而均匀地时涂上红丹粉。

③ 被动轮加载使其轻微制动，转动主动轮驱动从动齿轮转 3～4 圈，在从动齿轮上观

察痕迹。轮齿上的接触痕迹的面积,一般情况下,在齿轮的高度上接触斑点应不少于30%~60%,在齿轮宽度上应不少于40%~90%(具体随齿轮精度而定),分布的位置应在齿轮节圆处上下对称。

④ 如是双向工作齿轮,正反向都要检查。

从一对齿轮啮合时的接触斑点情况,可以判断产生误差的原因,并采取相应的调整方法,具体如表2-1-5-1所示。

表 2-1-5-1　齿轮接触斑点及调整方法

接 触 斑 点	原 因 分 析	调 整 方 法
	正确啮合	
	中心距太大	
	中心距太小	
 同向偏接触	两齿轮轴线不平行	可在中心距允许的范围内刮削轴瓦或调整轴承座
 异向偏接触	两齿轮轴线歪斜	
 单面偏接触	两齿轮轴线不平行,同时歪斜	
 游离接触。在整个齿圈上,接触区由一边逐渐移至另一边	齿轮端面与回转轴线不垂直	检查并校正齿轮端面与回转轴线的垂直度
不规则接触(有时齿面一个点接触,有时在端面边线上接触)	齿面上有毛刺或有碰伤隆起	去除毛刺,修准
接触较好,但不太规则	齿圈径向圆跳动太大	检验并削除齿圈的径向圆跳动

圆锥齿轮传动的安装与调试技术

圆锥齿轮传动机构的装调方法与圆柱齿轮传动机构的装配基本类似，但装配时还应做到如下几点：

(1) 应保证两个圆锥的顶点重合在一起，安装孔的交角一定要达到图样要求。

(2) 装配时要适当调整轴向位置。以圆锥齿轮的背锥作为基准，装配时使背锥面平齐，沿轴线调节和移动齿轮的位置，以保证两齿轮的正确位置，得到正确的齿侧隙，如图2-1-5-28 所示。轴向定位一般由轴承座与箱体间的垫片来调整。

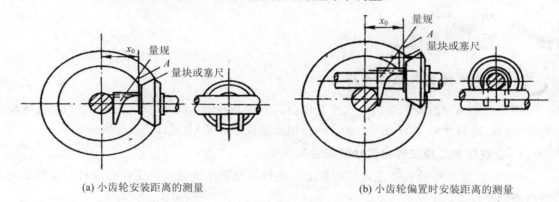

(a) 小齿轮安装距离的测量　　　　　　　　(b) 小齿轮偏置时安装距离的测量

图 2-1-5-28　小齿轮的轴向定位

(3) 圆锥齿轮接触斑点的检查。涂色后，在无载荷的情况下，齿轮的接触斑点位置，应在齿宽的中部稍偏小端；齿轮表面的接触面积，一般情况下，在齿轮的高度上接触斑点应不小于 30%～50%；在齿轮的宽度上应不小于 40%～70%(具体随齿轮的精度而定)，如图2-1-5-29 所示。如接触不正确时，可通过移动轴向的位置、轴向移动齿轮、修正齿形等办法进行调整。

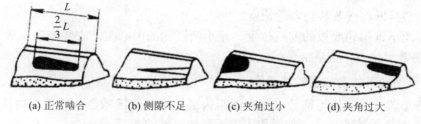

(a) 正常啮合　　　(b) 侧隙不足　　　(c) 夹角过小　　　(d) 夹角过大

图 2-1-5-29　圆锥齿轮传动接触斑点

 机械传动安装要求

通过实训培养学生对带传动的调节能力；培养学生对齿轮传动的调节能力。具体要求如下：

(1) 电机与变速箱之间、减速机与自动冲床之间同步带传动的调整。

(2) 变速箱与二维工作台之间直齿圆柱齿轮传动的调整。

(3) 减速器与分度转盘机构之间锥齿轮的调整。

(4) 链条的安装。

机械系统运行装配要求

(1) 培养学生对系统的运行与调整能力，通过系统装配总图，能够清楚每个模块之间的装配关系，以及系统各个部件的运行原理和组成功能，理解图纸中的技术要求，掌握系统运行与调整的方法。

(2) 能够根据机械系统运行的技术要求，确定装配工艺顺序的能力。

(3) 培养学生在进行系统运行与调整过程中，对常见故障的判断、分析及处理的能力。

 任务实施

 机械传动安装操作步骤

将变速箱、交流减速电机、二维工作台、齿轮减速器、间歇回转工作台、自动冲床机构分别放在铸件平台上的相应位置，并将相应底板螺钉装入(螺钉不要拧紧)。

1. 变速箱与二维工作台传动的安装与调整

(1) 把二维工作台安装在铸件底板上，通过百分表，调整二维工作台丝杠与变速箱的输出轴的平行度。

(2) 通过调整垫片，调整变速箱输出和二维工作台输入的两齿轮，齿轮错位不大于齿轮厚度的 5% 及两齿轮的啮合间隙，用轴端挡圈分别固定在相应轴上。

(3) 拧紧底板螺钉，固定底板。

2. 变速箱与小锥齿轮部分链传动的安装

(1) 首先用钢板尺，通过垫片调整两链轮端面共面，用轴端挡圈将两链轮固定在相应轴上。

(2) 用截链器将链条截到合适长度。

(3) 移动小锥齿轮底板的前后位置，减小两链轮的中心距，安装链条；通过移动小锥齿轮底板的前后位置，调整链条的张紧度。

3. 间歇回转工作台与齿轮减速器

(1) 首先调节小锥齿轮部分，使得两直齿圆柱齿轮正常啮合，通过加调整垫片(铜片)调整两直齿圆柱齿轮的错位，使错位不大于齿轮厚度的 5%。

(2) 调节齿轮减速器的位置使得两锥齿轮正常啮合，通过加调整垫片(铜片)调整两锥齿轮的齿侧间隙。

(3) 拧紧底板螺钉，固定底板。

4. 齿轮减速器与自动冲床同步带传动的安装与调整

(1) 用轴端挡圈分别将同步带轮装在减速机输出端和自动冲床的输入端。

(2) 通过自动冲床上的腰形孔调节冲床的位置，来减小两带轮的中心距，将同步带装在带轮上。

(3) 调节自动冲床的位置，将同步带张紧，用一米的钢直尺测量，通过调整垫片调整两同步带端面共面，完成减速器与自动冲床同步带传动的安装与调整。

(4) 拧紧底板螺钉，固定底板。

5. 手动试运行

在变速箱的输入同步带轮上安装手柄，转动同步带轮，检查各个传动部件是否运行正常。

6. 电机与变速箱同步带传动的安装与调整(见电子资源中附图一)

(1) 将同步带轮(一)(8)固定在电机输出轴上。

(2) 用轴端挡圈将同步带轮(三)(18)固定在变速箱的输入轴上。

(3) 调节同步带轮(一)(8)在电机输出轴上的位置，将同步带轮(一)(8)和同步带轮(三)(18)调整到同一平面上。

(4) 通过电机底座上的腰形孔调整电机的位置，减小两带轮的中心距，将同步带装在带轮上。

(5) 调节电机的前后位置，将同步带张紧，完成电机与变速箱带传动的安装与调整。

(6) 拧紧底板螺钉，固定底板。

至此完成传动部分的安装与调整。

 机械系统运行装配步骤

1. 机械传动部件的安装与调整

根据任务完成机械传动部件的安装与调整，检查同步带、链条是否安装正确，并确认在手动状态下能够运行，各个部件运转正常，并且将二维工作台运行到中间位置。

2. 电气控制部分运行与调试

(1) 电源控制箱。检查电源控制箱面板上"2A"保险丝是否安装好，保险丝座内的保险丝是否和面板上标注的规格相同，不同则更换保险丝，用万用表(自备)测量保险丝是否完好，检查完毕后装好保险丝，旋紧保险丝帽，如图2-1-1-2所示。

用带三芯蓝插头的电源线接通控制屏的电源(单相三线 AC220 V ± 10% 50 Hz)，将带三芯开尔文插头的限位开关连接线接入"限位开关接口"上，旋紧连接螺母，保证连接可靠，并且将带五芯开尔文插头的电机电源线接入"电机接口"上，旋紧连接螺母，保证连接可靠。打开"电源总开关"，此时"电源指示"红灯亮，并且"调速器"的"POWER"指示灯也同时点亮。此时通电完毕。经指导教师确认后方可进行下一步操作。

(2) 电源控制接口，如图2-1-1-3所示：主要分为限位开关接口、电源接口、电机接口。

注意：在连接上述三个接线插头时，请注意插头的小缺口方向要与插座凸出部分对应。

在指导教师确认后，将"调速器"的小黑开关打在"RUN"的状态，顺时针旋转调速旋钮，电机转速逐渐增加，调到一定转速时，观察机械系统运行情况。(转速可根据教师自行指导安排或根据实际情况定)

禁止没有改变二维工作台运动方向就按下面板上"复位"按钮。

3. 机械系统运行与调试

电气系统接入并通电完毕后，根据实训指导教师要求对机械系统运行进行相关调整。(箭头指向为系统运行时的旋转方向，如图2-1-1-4所示)。

4. 机械系统的调整

(1) 电机转速的调整：通过调节电源控制箱上的"调速器"，顺时针旋转，转速增加，逆时针旋转，转速降低，指导教师可根据教学需求调节电机的输出转速。

(2) 变速箱输出轴一的转速调整，如图 2-1-1-5 所示。

输出轴一的转速调整分别为(从左至右)中速、低速、高速，即当拨动滑块一的滑移齿轮组分别和输入轴的齿轮啮合时。

变速箱输出轴二的转速调整：输出轴二的转速调整分别为(从左至右)中速横向移动(右行)、向左方横向移动、低速横向移动(右行)、高速横向移动(右行)，即当拨动滑块二的滑移齿轮组分别和输入轴的齿轮啮合时。

5. 机械系统运行与调整流程图

指导教师可根据实际情况指导学生完成系统运行。本实训装置机械系统部分，提供多种运行方式，可选择整机运行，也可实现不同的模块之间的运行，希望学生能够独立自主的完成设计流程图，自行完成系统运行。

 实训工具设备

装配机械传动与运行系统的工具如表 2-1-5-1 所示。

表 2-1-5-1　装配机械传动与运行系统所用工具

序号	名　　称	型号及规格	数量	备注
1	机械装调技术综合实训装置	THMDZT-1 型	1 套	
2	内六角扳手		1 套	
3	橡胶锤		1 把	
4	长柄十字		1 把	
5	三角拉马		1 个	
6	活动扳手	250 mm	1 把	
7	圆螺母扳手	M16、M27 圆螺母用	各 1 把	
8	外用卡簧钳	直角 7 寸	1 把	
9	防锈油		若干	
10	紫铜棒		1 根	
11	轴承装配套筒		1 套	
12	普通游标卡尺	300 mm	1 把	
13	深度游标卡尺		1 把	
14	杠杆式百分表	0.8 mm，含小磁性表座	1 套	
15	大磁性表座		1 个	
16	塞尺		1 把	
17	零件盒		2 个	

任务评价

完成上述任务后,认真填写表 2-1-5-2 所示的"装配机械传动与运行机械系统评价表"。

表 2-1-5-2　装配机械传动与运行机械系统评价表

组　　别			小组负责人	
成员姓名			班　级	
课题名称			实施时间	
评 价 指 标	配分	自　评	互　评	教师评
能选择适当的工、量具	10			
变速箱与二维工作台传动的安装与调整	10			
变速箱与小锥齿轮部分链传动的安装	10			
间歇回转工作台与齿轮减速器的安装	10			
齿轮减速器与自动冲床同步带传动的安装与调整	10			
手动试运行	5			
电机与变速箱同步带传动的安装与调整	10			
会检查机械传动部件安装与调整是否到位	10			
电气控制部分运行与调试是否正确	5			
机械系统运行与调试是否正确	5			
机械系统的调整操作是否正确	5			
着装是否符合安全规程要求	5			
能实现前后知识的迁移,团结协作	5			
总　　计	100			
教师总评 (成绩、不足及注意事项)				
综合评定等级(个人 30%,小组 30%,教师 40%)				

练习与实践

(1) 机械传动按传力方式分有哪几种?

(2) 变速箱与二维工作台传动如何安装与调整?

(3) 变速箱与小锥齿轮部分链传动如何安装?

(4) 间歇回转工作台与齿轮减速器如何调整?

(5) 齿轮减速器与自动冲床同步带传动如何安装与调整?

(6) 电机与变速箱同步带传动如何安装与调整?

(7) 电气控制部分如何运行与调试?

(8) 机械系统如何运行与调试?

(9) 电机转速如何调整?

(10) 变速箱输出轴一的转速如何调整?

(11) 变速箱输出轴二的转速如何调整?

阅读材料

机械系统运行工作原理

机械传动利用机械方式传递动力和运动,在机械工程中应用非常广泛。THMDZT-1 型机械装调设备传动系统简图如图 2-1-5-30 所示。

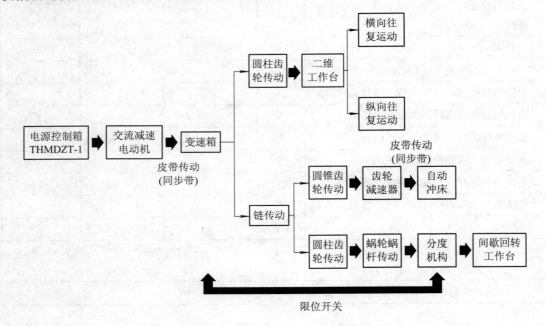

图 2-1-5-30　机械装调设备传动系统简图

007_模块二附图 pdf_512px.png

模块三

典型机电设备装调技术

项目一　普通车床的安装调试与维护技术

任务一　车床的就位与组装

车床的主轴转速和进给量的调整范围大，加工对象广，能加工工件的内外表面、端面和内外螺纹。但车床主要由工人手工操作，生产效率低，适用于单件、小批生产和修配车间。使用车床前必须要安装正确，保证其安装精度，才能确保其生产加工精度及功能正常使用。

任务目标

- 了解车床的组成结构及工作原理；
- 了解车床的各部分名称；
- 掌握车床安装调试的工作步骤；
- 掌握车床的吊装、就位及组装。

任务描述

通过组装调试车床，了解车床安装的基本要求和重要性，掌握车床安装的基本方法并能就位和组装机床。常见车床如图 3-1-1-1 所示。

图 3-1-1-1　常见车床

知识链接

任何设备的安装都必须按照一定的规章制度和工艺流程进行，这是保证安装精度的前提。作为加工设备之一的车床同样要按照总装顺序进行。

 卧式车床总装顺序

1. 装配顺序的确定原则

车床零件经过补充加工，装配成组件、部件(如主轴箱、进给箱、溜板箱)后即进入总装配。其装配顺序，一般可按以下原则进行。

(1) 首先选择正确的装配基面。装配基面就是床身的导轨面，因为床身是车床的基准支轴承件，上面安装着车床的各主要部件，且床身导轨面是检验机床各项精度的检验基准。因此，机床的装配应从装配床身并取得所选基准面的直线度误差、平行度误差及垂直度误差等着手。

(2) 在解决没有相互影响的装配精度时，其装配顺序先后以简单方便来定。一般可按先下后上、先内后外的原则进行。在装配车床时，先解决车床的主轴箱和尾座两顶尖的等高度误差，或者先解决丝杠与床身导轨的平行度误差，在装配顺序的先后上没有多大关系的，问题在于是否能简单方便地顺利进行装配。

(3) 在解决有相互影响的装配精度时，应先装配一个公共的装配基准，然后再按此达到其余精度。

2. 控制装配精度时应注意的几个因素

为了保证机床装配后达到各项装配要求，在装配时必须注意以下几个因素的影响，并在工艺上采取必要的补偿措施。

(1) 零件刚度对装配精度的影响。由于零件的刚度不够，装配后受到机件的重力和紧固力而产生变形。例如在车床装配时，将进给箱、溜板箱等装到床身后，床身导轨的精度会受到重力影响而变形。因此，必须再次校正其精度，才能继续进行其他的装配工序。

(2) 工作温度变化对装配精度的影响。机床主轴与轴承的间隙，将随温度的变化而变化，一般都应调整到使主轴部件达到热平衡时具有合理的最小间隙为宜。机床精度一般都是指机床在冷车或热车(达到机床热平衡的状态)状态下都能满足的精度。由于机床各部位受热温度不同，则机床在冷车的几何精度与热车的几何精度有所不同。这也证明，机床的热变形状态主要决定于机床本身的温度场情况。对车床受热变形影响最大的是主轴轴心线的抬高和在垂直面内的向上倾斜，其次是由于机床床身略有扭曲变形规律，对其公差带进行不同的压缩。

(3) 磨损的影响。在装配某些组成环的作用面时，其公差带中心坐标，应适当偏向有利于抵偿磨损的一面，这样可以延长机床精度的使用期限。例如车床主轴顶尖和尾座顶尖对溜板移动方向的等高度，就只许尾座高。车床床身导轨在垂直平面内的直线度误差，就只许凸。

卧式车床总装工艺要点

1. 床腿上装置床身

(1) 将床身装到床腿上时，必须先做好结合面的去毛刺倒角工作，以保证两零件的平整结合，避免在紧固时产生床身变形的可能，同时在整个结合面上垫纸垫防漏。

(2) 床身已由磨削来达到精度，将床身置于可调的机床垫铁上(垫铁应安放在机床地脚螺孔附近)，用水平仪指示读数来调整各垫铁，使床身处于自然水平位置，并使溜板用导轨的扭曲误差达到最小值。各垫铁应均匀受力，使整个床身搁置稳定。

(3) 装配过程中一律不允许用地脚螺钉对导轨进行精度调整。

2. 床身导轨的精度要求

床身导轨是确立车床主要部件位置和刀架运动的基准，也是总装配的基准部件，应予重视。

(1) 溜板用导轨的直线度允差，在垂直平面内，全长为 0.02 mm，在任意 250 mm 测量长度上的局部允差为 0.0075 mm，只许凸。

(2) 溜板用横向导轨应在同一平面内，水平仪的变化允差，全长为 0.04 mm/1000 mm。

(3) 尾座移动对溜板移动的平行度允差，在垂直和水平面内全长均为 0.03 mm，在任意 500 mm 测量长度上的局部允差均为 0.02 mm。

(4) 床身导轨在水平面内的直线度允差，全长为 0.02 mm。

(5) 溜板用导轨与下滑面的平行度允差，全长为 0.03 mm，在任意 500 mm 测量长度上的局部允差为 0.02 mm，只许车头处厚。

(6) 导轨面的表面粗糙度值，磨削时高于 $Ra1.6 \mu m$。

3. 溜板的配制和安装前后压板

溜板部件是保证刀架直线运动的关键。溜板上、下导轨面分别与床身导轨和刀架下滑座配刮完成。溜板配刮步骤如下：

(1) 将溜板放在床身导轨上，以刀架下滑座的表面 2、3 为基准，配刮溜板横向燕尾导轨表面 5、6，如图 3-1-1-2 所示。

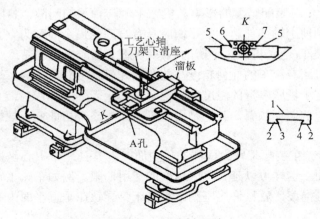

图 3-1-1-2　溜板配刮

表面 5、6 配刮后应满足对横向导轨与丝杠孔 A 的平行,其误差在全长上不大于 0.02 mm。测量方法是在 A 孔中插入检验心轴,百分表吸附在角度平尺上,分别在心轴上母线及侧母线测量其平行度误差。

(2) 修刮燕尾导轨面 7,保证其与表面 6 的平行度要求,以保证刀架横向移动的顺利,可以用角度平尺或下滑座为研具的刮研。用下列方法检查:将测量圆柱放在燕尾导轨两端,用千分尺分别在两端测量,两次测得读数差就是平行度误差,在全长上不大于 0.02 mm,如图 3-1-1-3 所示。

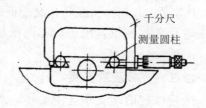

图 3-1-1-3　平行度检测

(3) 配镶条的目的是使刀架横向进给有准确间隙,并在使用过程中,可不断调整间隙,保证足够寿命。镶条按导轨和下滑座配刮,使刀架下滑座在溜板燕尾导轨全长上移动时无轻重或松紧不均匀的现象,并保证大端有 10～15 mm 调整余量。燕尾导轨与刀架下滑座配合表面之间用 0.03 mm 塞尺检查,插入深度不大于 20 mm。

(4) 配刮溜板下导轨时,以床身导轨为基准刮研溜板,与床身配合的表面至接触点 10～12 点/(25×25),并检查溜板上、下导轨的垂直度误差。测量时,先纵向移动溜板,校正床头放的三角形直尺的一个边与溜板移动方向平行。然后将百分表移放在刀架下滑座上,沿燕尾导轨全长上向后方移动,要求百分表读数由小到大,即在 300 mm 长度上允许差为 0.02 mm。超过公差时,刮研溜板与床身结合的下导轨面,直至合格。

刮研溜板下导轨面达到垂直度要求的同时,还要保证溜板箱安装面在横向与进给箱、托架安装面垂直,要求公差为每 100 mm 长度上为 0.03 mm。在纵向与床身导轨平行,要求在溜板箱安装面全长上百分表最大读数差不得超过 0.06 mm。

溜板与床身的拼装,主要是刮研床身的下导轨面及配刮溜板两侧压板。保证床身上、导轨面的平行度要求,以达到溜板与床身导轨在全长上能均匀结合,平稳地移动,加工时能达到合格的表面粗糙度,如图 3-1-1-4 所示。

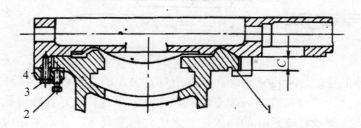

图 3-1-1-4　溜板与床身的拼装

如图 3-1-1-4 所示,安装并调整两侧压板,推开溜板,根据接触情况刮研两侧压板,要求接触点为 6～8 点/(25×25)。全部螺钉调整紧固后，用 200～300N 推动溜板在导轨全长上移动无阻滞现象。用 0.03 mm 塞尺检查密合程度，插入深度不大于 10 mm。

4. 齿条

用夹具把溜板箱试装在装配位置，塞入齿条，用小齿轮与齿条的啮合侧隙大小来检验溜板箱纵向进给。正常的啮合侧隙应在 0.08 mm。在侧隙大小符合要求后，即可将齿条用夹具夹持在床身上、钻、攻床身螺纹和钻、铰定位销孔，对齿条进行固定。此时要注意两点：齿条在床身上的左右位置，应保证溜板箱在全部行程上能与齿条啮合。由于齿条加工工艺的限制，车床整个齿条大多数是由几根短齿条拼接装配而成。为保证相邻齿条接合处的齿距精度，必须用标准齿条进行跨接校正。校正后在两根相接齿条的接合端面处应有 0.1 mm 左右的间隙。

5. 安装进给箱、溜板箱、丝杠、光杠及后支架

按装配的相对位置要求，应使丝杠两端支承孔中心线，对床身导轨的等距误差小于 0.15 mm。用丝杠直接装配校正，初装方法：首先用装配夹具初装溜板箱，并使溜板箱移至进给箱附近，插入丝杠，闭合开合螺母，以丝杠中心线为基准来确定进给箱初装位置的高低。然后使溜板箱移至后支架附近，以后支架位置来确定溜板箱进出的初装位置。进给箱的丝杠支承中心线和开合螺母中心线，与床身导轨面的平行度误差，可校正各自的工艺基面与床身导轨面的平行度误差来取得。溜板箱左右位置的确定，应保证溜板箱齿轮，横丝杠齿轮具有正确的啮合侧隙，其最大侧隙量应使横向进给手柄的空装量不超过 1/3 转为宜。同时，纵向进给手柄空转量也不超过 1/3 转为宜。安装丝杠、光杠时，起左端必须与进给箱轴套端面紧贴，右端与支架端面露出轴的倒角部位紧贴。当用手旋转光杠时，能灵活转动且无忽轻忽重现象，然后再开始用百分表检验调整。装配精度的检验如图 3-1-1-5 所示，使用专用检具和百分表，将开合螺母放在丝杠中间位置，闭合螺母，在 I、II、III 位置(近丝杠支承和开合螺母处)的上母线 B 和侧母线 A 上检验。为消除丝杠弯曲误差对检验的影响，可旋转丝杠 180 度再检验一次，各位置两次读数代数和之半就是该位置对导轨的相对距离。三个位置中任意两位置对导轨相对距离的最大值，就是等距的误差值。

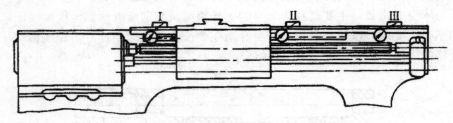

图 3-1-1-5　装配精度的检验

装配时公差的控制，应尽量压缩在精度所规定公差的 2/3 以内，即最大等距误差应控制在 0.1 mm 之内。取得精度的装配方法，在垂直平面内是以开合螺母孔中心线为基准，调整进给箱和后支架丝杠支承孔的高低位置来达到精度要求。在水平面内是以进给箱的丝杠支承孔中心线为基准，前后调整溜板箱的进出位置来达到精度要求。检验装配精度合格后即可进行钻孔、攻螺纹，并用螺钉作联接固定，然后对其各项精度再复校一次，最后即可钻铰定位销孔，用锥销定位。

6. 安装操纵杆前支架、操纵杆及操纵手柄

安装时要保证操纵杆对床身导轨在两垂直平面内的平行度要求。保证平行度的要求，是以溜板箱中的操纵杆支承孔为基准，通过调整前支架的高低位置和修刮前支架与床身结合的平面来取得。至于在后支架中操纵杆中心位置的误差变化，是以增大后支架操纵杆支承孔与操纵杆直径的间隙来补偿。

7. 安装主轴箱

安装时要保证主轴轴线对溜板移动方向在两垂直平面内的平行度要求。平行度要求为：在垂直平面内为 0.02/300；在水平面内为 0.015/300；且只许向上偏和偏向刀架。主轴轴线与尾座中心等高，只准主轴中心低于尾座中心。

8. 尾座的安装

尾座的安装主要通过刮研尾座底板，使其达到精度要求。

9. 安装刀架

小滑板部件装配在刀架下滑座上，在小滑板移动时，用如图 3-1-1-6 所示方法测量小滑板对主轴中心线的平行度。

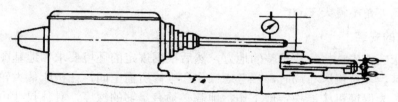

图 3-1-1-6　平行度的测量

测量时，先横向移动滑板，使百分表触及主轴锥孔中插入检验心轴上母线最高点。再纵向移动小滑板测量，误差在 300 mm 测量长度上为 0.04 mm。若超差，通过刮削小滑板与刀架下滑座的结合面来调整。

10. 润滑系统的安装

车床的润滑系统包括油泵、油箱、滤油器、油管路及附件等。润滑系统用于保障机械设备运动摩擦副保持良好运行状态，要求清洁、严密、畅通、供油稳定。润滑系统用压缩空气清扫。

11. 安装电动机

安装电动机时调整好两带轮中心平面的位置精度及 V 带的预紧程度。

12. 安装交换齿轮架及其安全防护装置

略。

13. 完成操纵杆与主轴箱的传动联接系统

略。

14. 车床的整机安装

设备开箱检查、验收；清理导轨和各滑动面、接触面上的防锈涂料；检查地基及预埋地脚螺栓；设备就位，用水平仪调整水平；地脚螺栓孔和设备地座灌浆；最后设备精平。

 任务实施

 C46140 机床搬运、安装、清洗与试车

1. 机床的搬运

吊运带包装箱的机床，应按箱外的标志安装钢丝绳，在移动及放下时，不应使箱底及侧面受到冲击或过大的震动，在任何情况下不得使包装箱过渡倾斜，以免影响机床的精度。

开箱后，即应检查机床外部状况，并按产品的《装箱单》清点附件、随机工具、随机资料，如果有问题，请与代理商或直接与厂家联系。

用起重机吊运已开箱的机床时，3000 规格及以下的机床用 $\phi 50 \times 1000$ 规格的钢棒，4000～6000 规格的机床用 $\phi 80 \times 1000$ 规格的钢棒分别穿入床身两端的吊孔内，钢丝绳套在钢棒的两端。注意要确保钢丝绳不会滑脱。在钢丝绳可能接触机床的部位，应垫以木板或棉纱，防止机床被擦伤和损坏。吊起时可移动床鞍的位置保证机床的平衡。

注意： 只有在确保钢丝绳不会滑脱，机床处于平衡状态，方可吊运升高机床和移动。调运时钢丝绳夹角不得大于 60°。

2. 机床的安装

安装机床应首先选择一块平整的地方，然后根据规定的环境要求和地基图决定安装空间并做好地基。多台机床布局时，应考虑操作和维修所需空间，在机床最大轮廓外留有至少 1 米空间。为保证机床能稳定地工作，地基必须有足够的深度，具体尺寸由用户按当地的土质确定。

机床出厂前已通过检查和试验，为保证机床工作精度和使用寿命，必须正确安装。安装前在地脚螺钉附近放置调整用的楔铁或可调垫铁。其中楔铁需用户自备，如零件图 3-1-1-8 所示，可调垫铁为特殊订货配置。

机床用多组楔铁支承在预先分别按图 3-1-1-9～图 3-1-1-13 规定做好的混凝土地基上。安装前用放置在地脚螺钉附近调整用的楔铁或方头螺钉调平床身，用混凝土将地脚螺钉固定在地脚螺钉孔内，充分干涸。如图 3-1-1-7 所示，将水平仪分别纵、横向放置在床鞍上，以机床床身两端任意一端为起始点，移动溜板箱，每隔 500 mm 进行一次水平测量，综合测量机床水平精度完全达到《合格证》中的要求后，用水泥固定楔铁，填封床腿与地基间的间隙，填封床腿周边，修整地面。

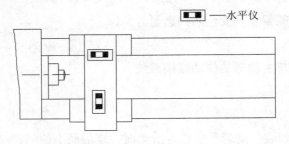

图 3-1-1-7　测量水平精度

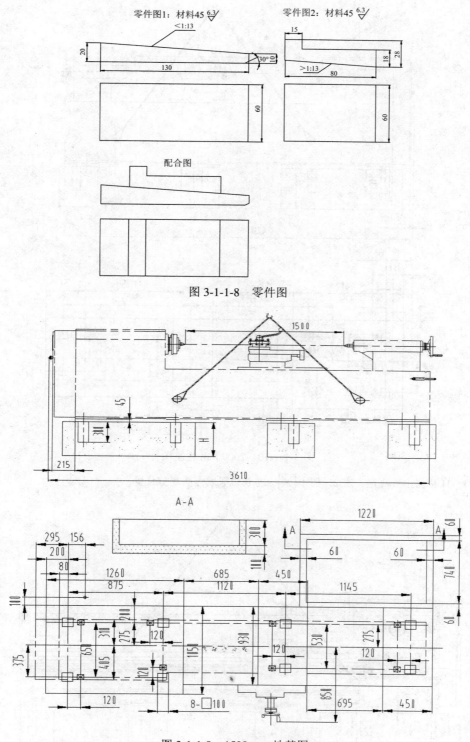

零件图1：材料45 $\frac{6.3}{\sqrt{}}$

零件图2：材料45 $\frac{6.3}{\sqrt{}}$

配合图

图 3-1-1-8　零件图

A-A

图 3-1-1-9　1500 mm 地基图

注 1：H 根据土质决定。注 2：图中 ⊠ 为垫铁位置或方头螺钉位置。

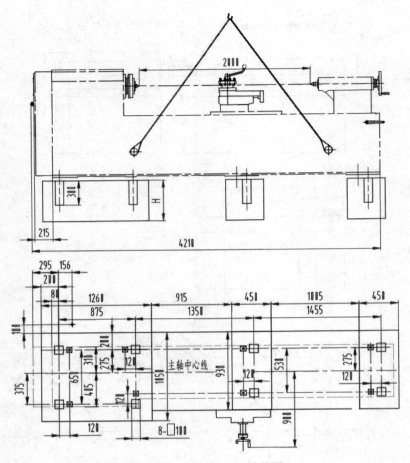

图 3-1-1-10   2000 mm 地基图

注 1：H 根据土质决定。注 2：图中 ⊠ 为垫铁位置或方头螺钉位置。

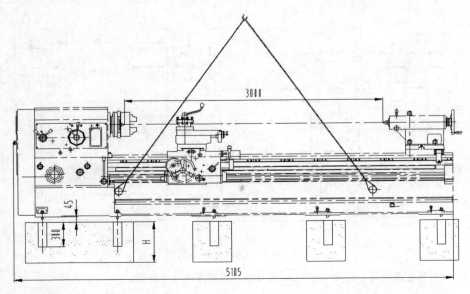

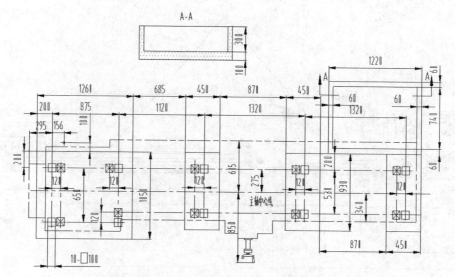

图 3-1-1-11　3000 mm 地基图

注 1：H 根据土质决定。注 2：图中 ☒ 为垫铁位置或方头螺钉位置。

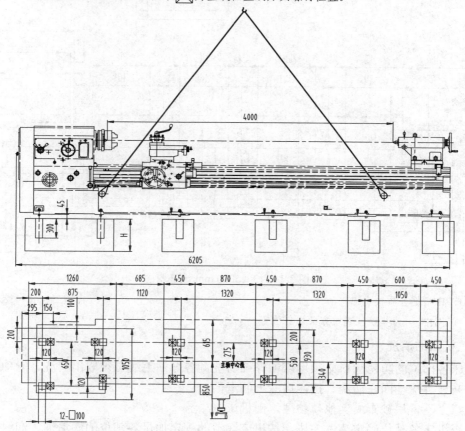

图 3-1-1-12　4000 mm 地基图

注 1：H 根据土质决定。注 2：图中 ☒ 为垫铁位置或方头螺钉位置。

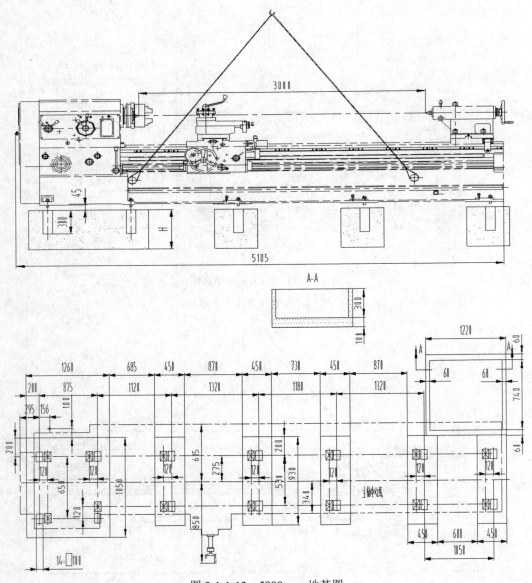

图 3-1-1-13　5000 mm 地基图

注 1: H 根据土质决定。

注 2: 图中 为垫铁位置或方头螺钉位置。

3．机床的清洗

机床各部位的防锈涂料必须用煤油仔细清洗，各导油毛线必须取出清洗。滑动导轨、丝杠、光杠等滑动面在清洗、擦净后涂上润滑油。

注意：不得用砂布或其他硬物磨、刮机床。

检查机床各部位确定清洗完毕，按机床润滑的规定加足各部位的润滑油、润滑脂。

4．机床的试车

在进行试车前一定要仔细阅读《使用说明书》，试车操作者必须了解机床的结构，熟悉各操纵部位及使用方法。

试车前必须按说明书要求逐一检查各润滑点的加油情况，手动检查机床各部分的工作情况。接通电源之前，必须检查电源与机床电气的数据标牌所示数据是否一致，机床电器是否完好，电机是否受潮，接通后电机旋转方向应是逆时针旋转。

检查无碍后，便可作空运转试验。试验从最低速开始，运转一段时间后，再逐渐提高。在试验中检查机床运动、操纵、电气、冷却、润滑等各部位的工作运行情况。

注意：在检查快速电机的运转方向时，必须使进给箱与光杠脱离，以免损坏零件。在检查溜板正常运动方向时(不是快速运动)，光杠必须向上方旋转(人站在主轴箱部位观察为逆时针旋转)，否则不能进行正常的工作进给运动。

C46140 机床的调整

1. 主轴轴承的调整

各型号机床的主轴系统均采用前、后轴承作为主要支承，中轴承作为辅助支承的三支承结构的高强度型结构。

主轴轴承游隙的调整，直接影响机床的加工精度和切削性能，因此必须仔细调整，使主轴的径向跳动和轴向跳动都达到机床精度标准所规定的要求。具体要求可见机床《合格证》所列数据。机床出厂前，已调整好轴承的游隙，并经严格检验达到要求。当用户由于维护等拆卸主轴或机床主轴精度达不到要求时，可按以下调整方法仔细调整轴承游隙。

如图 3-1-1-14 所示用螺母(1)调整双锥滚动轴承和双列滚柱轴承的轴向、径向间隙；用螺母(2)调整主轴后支承双列滚柱轴承的滚动间隙；当用螺母(1)调整好主轴的精度后，将螺母(3)拧紧，予以保持精度。若因紧固螺母(3)改变了精度，则应重调螺母(1)，直至两个螺母均拧紧后，主轴精度合格为止。螺母(3)还起承担轴向负荷的传递作用以及卸下或松动轴承的功能。

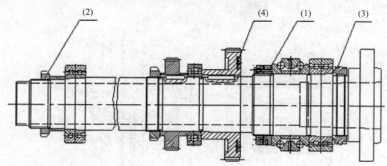

图 3-1-1-14　主轴轴承的调整

注意：经过重新调整的主轴，必须经过两个小时以上的高速空运转试验，达到稳定温升后，检测主轴轴承温度，最高温度不得超过 70℃，温升不得超过 40℃，否则需重新调整。

图中，螺钉(4)用来紧固齿轮上回转槽内的平衡块。所有机床在出厂前均已经过平衡校正并检验合格，用户不要随意拆动平衡块，否则将引起主轴振动和机床精度下降。

2. 溜板箱保险装置的调整

溜板左端装有单向超越离合器，其作用是避免快速系统和进给系统两运动的相互干涉及防止光杠在快速运动时高速旋转，如图 3-1-1-15 所示的 E-E。在蜗杆轴上装有超负荷保险装置，它是由螺旋双爪式端面离合器与圆柱式弹簧组成。正常工作时，光杠的运动可通过离合器传给蜗杆，当进给系统超负荷时，该离合器的右半边(2)即向右脱开，通过套(3)的端面及滚子、杠杆推动操纵杆，把接通纵向进给运动的离合器打开(即十字多位手柄复位)，溜板箱停止运动。

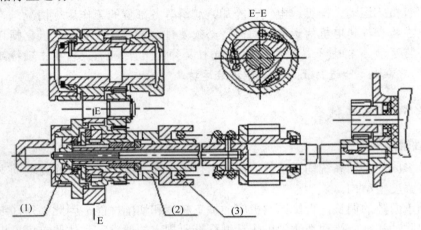

图 3-1-1-15　调整溜板箱保险装置

　　机床出厂前，弹簧张力已调好，不应随意乱调，以免失去保险作用，如在使用中离合器传动的扭矩确实太小，可通过调整螺母(1)来改变弹簧对离合器的压力。

3. 开合螺母的调整

　　开合螺母上下部咬合间隙由螺母体下端的螺钉(2)、长杆(1)来调整，用螺帽(3)固定。

　　开合螺母体与溜板箱体导轨的间隙，由箱体右侧的四个螺钉(4)，顶紧镶条(5)来调整，用螺帽(6)来固定，如图 3-1-1-16 所示。

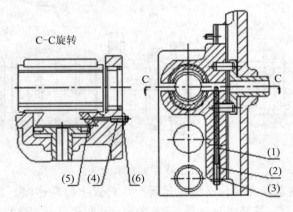

图 3-1-1-16　调整开合螺母

4. 尾座主轴中心的对零与横向移动

　　尾座主轴中心线对于床头主轴中心线的横向对零，在机床出厂时已调好，在右下方尾座体与底座间凸起平面处，有零线标志。

　　尾座体横向可调位移量为 ±15 mm，由前后两个调整螺钉(3)相对互调，共同旋入底上的螺母(2)内，最后拧紧螺钉(1)，使其固定，如图 3-1-1-17 所示。

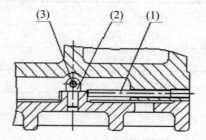

图 3-1-1-17　尾座体横向移动

5. 刀架上滑板与横滑板导轨侧隙的调整

在刀架上滑板的前边，床鞍横滑板的右边，均有斜镶条(1)，其沿导轨移动，靠两端的大头螺钉(2)相互调整，改变导轨的滑动间隙，如图 3-1-1-18 所示。

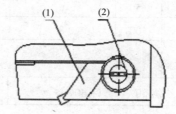

图 3-1-1-18　调整侧隙

6. 横向丝杆与螺母间隙的调整

横向丝杆螺母是开口式的，当此杆与螺母磨损而发生窜动时，可用调整螺钉拉紧螺母，使它产生弹性变形，以保持适当的间隙，如图 3-1-1-19 所示。

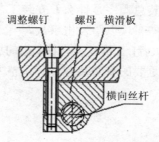

图 3-1-1-19　调整横向丝杆与螺母间隙

7. 三角皮带的调整

主电机的三角皮带，若上下带轮不齐，可在底座上移动电机来调整。长皮带的松紧可通过上、下移动电机底座来调整；短皮带的松紧可通过上、下移动油泵调整。

任务评价

完成上述任务后，认真填写表 3-1-1-1 所示的"车床就位与组装评价表"。

表 3-1-1-1　车床就位与组装评价表

组　　别			小组负责人	
成员姓名			班　级	
课题名称			实施时间	
评价指标	配分	自评	互评	教师评
掌握车床总装顺序	10			
车床清洗正确	10			
车床试车正确	20			
车床调整正确	25			
课堂学习纪律、安全文明生产	15			
着装是否符合安全规程要求	15			
能实现前后知识的迁移，团结协作	5			
总　　计	100			
教师总评 (成绩、不足及注意事项)				
综合评定等级(个人 30%，小组 30%，教师 40%)				

练习与实践

(1) 基础加工设备车床的安装总顺序是什么？安装工艺要点是什么？

(2) 车床在试车时要注意哪些事项以防发生事故？

(3) 车床主轴作为切削力提供者，其精度影响着车床的加工精度，精度调整方法是什么？

(4) 车床溜板箱保险装置是重要的安装装置，其调整方法是什么？

任务拓展

阅读材料

（一）机床冷却系统

车床的润滑系统包括油泵、油箱、滤油器、油管路及附件等。润滑系统用于保障机械设备运动摩擦副保持良好运行状态，要求清洁、严密、畅通、供油稳定。润滑系统用压缩空气清扫。

CW61100 机床的冷却液，均由专用冷却泵输送，经过橡胶管到床鞍后部直立的金属管，中间经手动阀门由金属软管喷出，如图 3-1-1-20 所示。

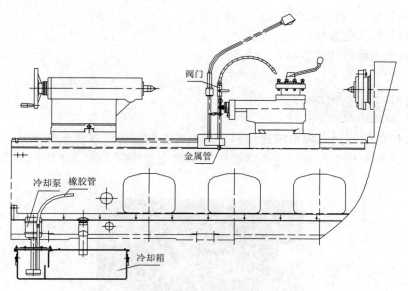

图 3-1-1-20　机床冷却系统

（二）机床型号说明

机床型号说明如下：

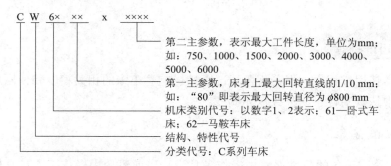

	第二主参数，表示最大工件长度，单位为mm；如：750、1000、1500、2000、3000、4000、5000、6000
	第一主参数，床身上最大回转直线的1/10 mm；如："80"即表示最大回转直径为 $\phi800$ mm
	机床类别代号：以数字1、2表示；61—卧式车床；62—马鞍车床
	结构、特性代号
	分类代号：C系列车床

任务二　车床的维修保养

　　车床是企业加工中最为常用的设备之一，其结构成熟稳定，适用于多种常规加工。因此，车床在企业中保有量比较大。为了保证加工精度和提高使用寿命，降低企业产品成本，对其进行正确合理的维修保养是非常必要的。在维修保养中包括车床的润滑、车床的三级保养等。

任务目标

- 了解车床的三级保养；
- 掌握车床保养要求；

- 掌握车床常用润滑方式；
- 掌握车床安全操作；
- 掌握车床维修注意事项。

任务描述

通过本任务学习及掌握车床的保养要求以及三级保养，掌握车床润滑方式以及车床的安全操作，并在排查故障过程中掌握车床维修注意事项。图 3-1-2-1 所示在为车床进行保养。

图 3-1-2-1　车床保养

知识链接

车床在日常使用过程中，保养规范情况直接影响着车床的相关精度和使用寿命，因此要在使用过程中认真实行车床三级保养制度。

车床三级保养

(1) 日常保养：设备的日常保养由操作者负责，班前班后由操作工人认真检查。擦拭设备各处或注油保养，设备经常保持润滑、清洁。班中设备发生简单故障，要及时排除，并认真做好交接班记录。

(2) 一级保养：以操作工人为主，维护工人参加，对设备进行局部解体和检查修理，清洗所规定的部位，疏通油路，更换油线油毡。调整设备各部位，配合间隙，紧固设备各个部位，设备运转 1000 小时要进行一次一级保养。

(3) 二级保养：班组长填写《设备维修申请单》，签字确认后交由采购部联系外部的维修单位，以维修工人为主，操作工人参加，对设备进行局部解体，检查修理，更换和修复磨损件，局部恢复精度，润滑系统清洗，换油，电气系统检查修理，设备运转 3000 小时要进行一次二级保养。

车床保养的要求

为保证车床正常工作，减少零件磨损，必须注意车床的润滑。

(1) 车床润滑必须按润滑图规定要求执行，只能使用推荐的(或许可等效的)润滑剂；应定期清洗油箱及滤油器，保证所使用的润滑剂清洁。

(2) 因车床零件初磨损较大，故主轴箱和溜板箱的第一次和第二次更换油的时间应分别为 160 小时和 320 小时，以便及时清除污物。废油排出后，箱内应用煤油冲洗。

(3) 不开车床时油箱中的油面位于上油标中线，开车床时位于下油标中线。

(4) 车床导轨应保持光洁，各导轨的刮屑板应经常保持清洁，发现磨损及时更换。

(5) 每次使用后应对车床进行全部清扫和润滑，清理切屑及冷却液，并在车床的各导轨面上涂上一层机油；定期加油换油，定期清除冷却箱中的污垢。

(6) 保持车床运转中的清洁卫生，去除切屑结瘤，以便机床始终运转灵活、轻便。

(7) 维修前必须切断电源。

(8) 定期检查皮带的松紧程度，及时调整电机底盘调整螺钉，使皮带松紧合适。

(9) 较长时间不使用的车床重新使用时，必须在主电机起动一分钟后再转动其他部分，使润滑散布到各处。

(10) 在顶尖及床身导轨上不准校直工件，以免损坏机床。

(11) 从主轴上取下顶尖时，需用带铜头的圆棒敲打，不许用无铜头的钢棒。

(12) 用顶尖装夹工件进行加工时要向顶尖处注油，不许用损坏的顶尖工作，如顶尖过热，必须立即停机更换。

(13) 不许在车床的精加工面和滑动面上放置工件及其他易损伤车床的物品。

 常用车床的润滑方式

车床的润滑目的是减少磨损，常采用的润滑方式有：

(1) 浇油润滑：常用于外露的滑动表面，如床身导轨面和滑动导轨面等。

(2) 飞溅润滑：常用于密闭的箱体中。如车床主轴箱中的转动齿轮将箱底的润滑油溅射到箱体上部的油槽中，然后经槽内油孔流到各润滑点进行润滑。

(3) 油绳润滑：常用于进给箱和溜板箱的油池中。利用毛线的毛细管作用，通过毛线把油引入润滑点，间断地滴油润滑。

(4) 弹子油杯注油润滑：常用于尾座、中滑板摇手柄及三杠(丝杠、光杠、开关杠)支架的轴承处。润滑时用油枪端头油嘴压下油杯上的弹子，将油注入，油嘴撤去，弹子又回原位，封住注油口，以防尘屑入内。

(5) 黄油杯润滑：常用于交换齿轮箱挂轮架的中间轴或不便经常润滑处。事先在黄油杯中加满钙基润滑脂，需要润滑时，拧紧油杯盖，则杯中的油脂就被挤压到润滑点中去。

(6) 涂脂润滑：车床交换齿轮箱内的齿轮，可在齿上涂润滑脂进行润滑。

(7) 油泵输油润滑：常用于转速高、需要大量润滑油连续强制润滑的机构，如主轴箱内许多润滑点就是采用这种方式。

 车床的安全操作

为保证操作者安全及车床性能可靠，操作车床必须注意以下几点：

(1) 操作者应严格遵守部门制定的各项安全生产操作规程，穿戴劳保鞋帽、护目镜等。

(2) 主电机启动后应首先观察主轴箱油窗内是否已有润滑油流动。有油流动证明润滑油泵工作正常，方能启动主轴。

(3) 主电机启动后必须检查并使各变速手柄、手轮处于正确位置以保证传动齿轮的正常啮合。

(4) 主轴高速运转时，在任何情况下均不得扳动任何变速手柄(包括进给箱变挡手柄)。主轴变速及进给箱变速只允许在停车时进行。

(5) 不准将操纵手柄从正车位置直接打到反车位置，或从反车位置打到正车位置。

(6) 车削前需保证转阀处压力表指示的压力在 0.98～1.47 MPa 范围内，并保持稳定。

(7) 十字手柄应在打好方向后再按动按钮，不得先按按钮再打方向，以防打齿。

(8) 制动器失灵时应及时调整，不得使用摩擦离合器快速反向转动实现"制动"。

(9) 使用主轴启停操纵手柄控制主轴正反转和停止时，必须操作到位，不得利用"不到位"进行"离合器打滑减速"切削加工。

(10) 利用尾座套筒锥孔安装工具进行切削加工时应选择带扁尾的 5 号莫氏工具锥(或带 5 号莫氏工具锥的变径套)，并将扁尾水平插入，利用锥孔内止动块防止工具转动以保持锥孔精度。

(11) 丝杠只应在车制螺纹时使用，不得作其他进给传动，以减少丝杠副磨损，保持丝杠精度。

(12) 螺纹加工时溜板箱将直接由丝杠、螺母带动，进给运动无过载保护。为避免机床零部件损坏应注意选择适当的吃刀深度使刀架进给力不致于过大。

(13) 使用中心架和跟刀架等各种附件时应对各滑动工作面进行认真加油润滑，不致使工件表面和支承零件表面产生胶合及其他损伤。

(14) 严禁把手伸入机床运转部分。

(15) 主轴运转前一定要把工件完全可靠地夹紧，并将扳手从卡盘上取下。

(16) 装卸工件及操作者离开机床时必须切断主电机电源。

车床维修注意事项

普通车床维修时应注意的问题如下：

(1) 普通车床询问调查。在接到车床现场出现故障要求排除的信息时，首先应要求操作者尽量保持现场故障状态，不做任何处理，这样有利于快速精确地分析故障原因，同时仔细询问故障指示情况、故障表象及故障产生的背景情况，依此做出初步判断，以便确定现场排故所应携带的工具、仪表、图纸资料、备件等，减少往返时间。

(2) 现场检查。到达现场后，首先要验证操作者提供的各种情况的准确性、完整性，从而核实初步判断的准确度。由于操作者的水平，对故障状况描述不清甚至完全不准确的情况不乏其例，因此到现场后仍然不要急于动手处理，重新仔细调查各种情况，以免破坏现场，使排故增加难度。

(3) 故障分析。根据已知的故障状况按故障分类办法分析故障类型，从而确定排故原则。普通车床由于大多数故障是有指示的，所以一般情况下，对照车床配套的数控系统诊断手册和使用说明书，可以列出产生该故障的多种可能的原因。

(4) 确定原因。对多种可能的原因进行排查从中找出本次故障的真正原因，这是对维修人员对该机床熟悉程度、知识水平、实践经验和分析判断能力的综合考验。

(5) 排故准备。有的故障的排除方法可能很简单，有些故障则往往较复杂，需要做一系列的准备工作，例如工具仪表的准备、局部的拆卸、零部件的修理，元器件的采购甚至排故计划步骤的制定等。

 车床一级保养

设备的保养工作，关系到设备精度、使用寿命、零件加工质量和生产效率。保养采用多级保养制，通常当车床运行 1000 h 后，需进行一级保养。一级保养工作以操作者为主，在维修人员的配合下进行。保养时，必须先切断电源，然后按下列顺序和要求进行。

1．主轴箱的保养

(1) 清洗滤油器，使其无杂物；

(2) 检查主轴锁紧螺母有无松动，紧定螺钉是否拧紧；

(3) 调整制动器及离合器摩擦片间隙。

2．滑板和刀架的保养

拆洗刀架和中、小滑板，洗净擦干后重新组装，并调整中、小滑板与镶条的间隙。

3．交换齿轮箱的保养

(1) 清洗齿轮、轴套，并在油杯中注入新油脂；

(2) 调整齿轮啮齿间隙；

(3) 检查轴套有无松动现象。

4．尾座的保养

摇出尾座套筒，并擦净涂油，以保持内外清洁。

5．冷却、润滑系统的保养

(1) 清洗冷却泵、滤油器和盛液盘和箱；

(2) 保证油路畅通，油孔、油绳、油毡清洁无铁屑；

(3) 检查油质，保持良好，油杯齐全，油标清晰。

6．电器的保养

(1) 清扫电动机、电器箱上的尘屑；

(2) 检查电气装置有无松动；

(3) 检查三角带的松紧情况。

7．外表的保养

(1) 清洗车床表面及各罩盖，保持其内外清洁，无锈蚀、无油污；

(2) 清洗三杠；

(3) 检查并补齐各螺钉、手柄球、手柄；

(4) 清洗擦净后，对各部件应进行必要的润滑。

 车床二级保养

机床运行 3000 h，需进行二级保养，以维修工人为主，操作工人参加，除执行一级保养内容及要求外，应做好保养工作，并测绘易损件，提出备品配件。首先切断电源，然后进行保养工作：

1．车头箱的保养

(1) 清洗主轴箱；
(2) 检查传动系统，修复或更换磨损零件；
(3) 调整主轴轴向间隙；
(4) 清除主轴锥孔毛刺，以符合精度要求。

2．走刀箱及挂轮架的保养

检查、修复或更换磨损零件。

3．刀架及拖板的保养

(1) 拆洗刀架及拖板；
(2) 检查、修复或更换磨损零件。

4．溜板箱的保养

(1) 清洗溜板箱；
(2) 调整开合螺母间隙；
(3) 检查、修复或更换磨损零件。

5．尾架的保养

(1) 检查、修复尾架套筒维度；
(2) 检查、修复或更换磨损零件。

6．润滑

清洗油池，更换润滑油。

7．电器的保养

(1) 拆洗电动机轴承；
(2) 检修、整理电器箱，应符合设备完好标准要求。

8．调整精度

(1) 校正机床水平，检查、调整、修复精度；
(2) 精度符合设备完好标准要求。

 故障排除

1．安装试车时主轴箱主轴不转

问题分析：一般是用户在安装试车时将三相电源线接线端接错或油箱未加入机械油。

排除方法：调整三相电源线的接线端，使主电机符合使用说明书规定的转向或加入机械油达到油箱所标示的油位。

2．安装试车时溜板纵横向换向手柄无快速移动

问题分析：用户在安装调试过程中将三相电源线接错，使溜板箱的快速电机反转。

排除方法：调整三相电源线的接线端，使快速电机正转。

3．安装试车时切削工作精度超差不符合规定要求

问题分析：一般是用户未按使用说明书规定进行安装调试，使车床安装水平精度超差，影响切削工作精度。

排除方法：重新调整车床的安装水平精度，达到使用说明书中合格证上要求的范围。

4．安装试车切削时纵横向无自动走刀

问题分析：一般是操作者未按使用说明书操作，将主轴箱左、右旋换向手柄位置扳错位，使光杠旋转方向错导致无纵横向自动走刀。

排除方法：将主轴箱左右旋换向手柄搬在正确位置。

5．安装试车时进刀箱基本螺距手柄处漏油

问题分析：

(1) 由于加入的机械油不符合使用说明书规定要求，标号过高，浓度过大导致进刀箱回油不畅，油面升高造成漏油；

(2) 进刀箱内是否有其他异物导致回油不畅，油面升高造成漏油。

排除方法：更换机械油，清理异物使回油畅通。

6．使用中车床切削无力

问题分析：

(1) 油箱内机械油是否符合使用说明书所规定的机械油标号？

(2) 油箱内的机械油是否清洁，是否按使用说明书定期清洗油箱内的滤油器，更换机械油？机械油不清洁或标号不对将造成油箱内的滤油器堵塞导致机床液压系统不能正常工作，切削无力。

排除方法：清洗油箱内的滤油器、更换机械油。

7．使用中主轴箱Ⅰ轴漏油

问题分析：

(1) 油箱内的机械油是否符合使用说明书所规定的机械油标号。

(2) 油箱内的机械油是否清洁，是否按使用说明书定期更换机械油和滤油器？油不清洁将造成主轴箱Ⅰ轴分油环研烧导致漏油。

排除方法：更换油箱内的机械油和清洁滤油器，并拆卸主轴箱Ⅰ轴，更换分油环。

8．使用中主轴箱运转时噪音特别大

问题分析：

(1) 油箱内的机械油是否符合使用说明书所规定的机械油标号？

(2) 油箱内的机械油是否清洁，是否按使用说明书定期更换机械油和清洗滤油器？油不清洁将造成主轴箱Ⅰ轴上的106、109、208轴承或Ⅲ轴上的209轴承损坏导致主轴箱运

转时噪音特大。

排除方法：更换油箱内的机械油和清洁滤油器，并且拆卸主轴箱Ⅰ轴或Ⅲ轴，更换所损坏的轴承。

9．使用中主轴箱运转时冒烟

问题分析：

(1) 油箱内的机械油是否符合使用说明书所规定的机械油标号？

(2) 油箱内的机械油是否油质差：如柴机油、再生油。

(3) 操作者是否按使用须知进行正确操作？如利用反车制动主轴箱主轴。上述三种清况都会将Ⅰ轴(皮带轮轴)离合器摩擦片烧坏导致主轴箱运转时冒烟。

排除方法：更换油箱内的机械油，并且拆卸Ⅰ轴(皮带轮轴)离合器，更换摩擦片，装配时要调整适当，并按使用须知进行正确操作。

更换摩擦片方法如下：

如图 3-1-2-2 所示，卸下螺帽(1)，用拔轮器拆下皮带轮，卸下法兰盘紧固螺钉(2)，拆去油管接头，用拔轴器拔出Ⅰ轴(Ⅰ轴端部有工艺孔 M10)，更换摩擦片。装配时要调整适当，手转Ⅰ轴转动灵活，方可装上皮带轮。

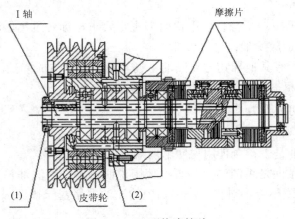

图 3-1-2-2　更换摩擦片

10．使用中主轴箱主轴转向，变速手柄打不动

问题分析：一般是操作者利用反车刹车，使主轴箱Ⅲ轴(刹车轴)花键出现微量扭转变形导致三联滑移齿轮受到阻滞。

排除方法：拆卸主轴箱Ⅲ轴(刹车轴)，修整花键和三联滑移齿轮花键孔，使Ⅲ轴与三联滑移齿轮配合滑移自如、灵活，并按使用须知正确操作。

11．使用中切削时纵横向走刀联锁

问题分析：一般是溜板箱右处位置的纵横向手柄座内垫片松动。

排除方法：拆开纵横向手柄座，将 M6×16 的螺丝加弹簧垫圈拧紧，紧固松动的垫片。

12．使用中切削时纵向或横向走刀不灵

问题分析：一般是操作不当导致溜板箱内的纵向拨叉或横向拨叉断。

排除方法：拆卸溜板箱更换拨叉，拨叉调整到原位，并按使用须知正确操作。

13．使用中挂轮的胶木齿轮打齿损坏

问题分析：一般是操作不当或三杠支架缺润滑油，使床身尾端的三杠支架孔与丝杠、光杠轴头配合处研烧抱死，增大运转负荷。

排除方法：操作者要按使用说明书规定操作车床，修磨丝杠或光杠与支架孔达到规定的配合间隙。

 **任务评价**

完成上述任务后，认真填写表 3-1-2-1 所示的"组装机床评价表"。

表 3-1-2-1　组装机床评价表

组　　别			小组负责人	
成员姓名			班　　级	
课题名称			实施时间	
评价指标	配分	自评	互评	教师评
开箱验收记录正确与否(15)	20			
水平仪操作正确与否(15)	25			
检查机床部件组装前应做好的事情(20)	10			
检查连接气路和油路是否符合要求(20)	10			
课堂学习纪律、安全文明生产	15			
着装是否符合安全规程要求	15			
能实现前后知识的迁移，团结协作	5			
总　　计	100			
教师总评 (成绩、不足及注意事项)				
综合评定等级(个人 30%，小组 30%，教师 40%)				

 练习与实践

(1) 主轴部件是如何装配调整的？

(2) 床身导轨的精度要求有哪些？

(3) 卧式车床总装配一般需要准备哪些量具？

(4) 控制装配精度时应注意哪几个因素？

(5) 常用车床的润滑方式有哪些？

(6) 车床主轴箱如何保养？

(7) 车床一级保养的内容是什么？

阅读材料

(一) CW6180 机床的润滑

CW6180 机床系列的主轴箱、进给箱共同由操作油泵供油，循环润滑箱内轴承、齿轮等部位，油最后流回前床腿内的油箱中储存。床鞍及溜板箱内的润滑油，存于溜板箱内，由手拉泵加油。油标(1)指示供油系统油的流动情况；油标(2)指示油箱中油面最高最低限位，以其中心红点为标记；油标(3)为溜板箱内油面最高位置，以红点标记。

床鞍前后导轨的润滑，由手拉泵送油，经管道注入各导轨油孔中。其他加油点如图 3-1-2-3 所示。

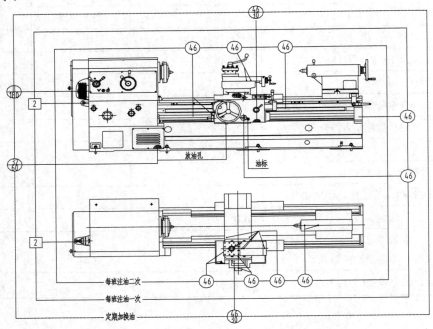

32	全损耗系统用油: L-AN32 GB443-1989		操作者加油部位
46	全损耗系统用油: L-AN46 GB443-1989		
2	2# 钙基润滑脂，每班旋1/2转	——————	润滑工加油部位
46⁄30 32⁄60	分子表示油类，分母为两班时的换油期限（天）		
‖	4# 二硫化钼		半年换一次

图 3-1-2-3　机床润滑图

(二) CW6180 机床的液压系统

1. 机床液压部件

机床的液压部分用于控制主轴正、反转及制动，并润滑床头箱和进给箱，其组成包括

下列组件:

(1) 齿轮泵: CB-B6 型反转泵,压力 2.45 MPa,流量 6 L/min。

(2) 专用转阀: (仅用于中心距 3000 mm 及以下机床)由床身前面的手柄操纵,分别控制正、反转及刹车,动作阀本身带有压力调整阀、压力表及开关。调整调压手柄,压力可由压力表反映出来,压力调整范围为 0.98 ~ 1.47 MPa。压力阀的溢油用于润滑主轴箱和进给箱,如图 3-1-2-4 所示。

(3) 滤油器: 为防止脏物进入系统,滤油器由专用网式滤油器和线隙式滤油器 WU-63 × 100-J 组成以提高滤油精度。

(4) 油箱: 放在前床腿内,油箱外形尺寸为 545 × 330 × 240,装入 20#(新标准油号为 L-AN 32 GB443-89 全损耗系统用油)机油约 35 升。在系统流量不足时一定要清洗油箱和滤油器。

(5) 压力表: 位置在床头箱下边床身后的腔体内,由玻璃盖板覆盖,可供由外观察。而油箱的油位上下限,可掀开通风窗外盖板观察。

中心距 4000 mm 及以上机床用 34D-10BY 型与 23D-10B 型电磁换向阀,压力阀为 Y-10B型,代替专用转阀的工作,如图 3-1-2-5 所示。

压力阀 Y-10B 型用来调整系统压力,由压力表来反映出压力值,溢油润滑主轴箱及进给箱。

正车: 34D-10BY 型电磁铁 2DT 通电;

反车: 34D-10BY 型电磁铁 3DT 通电;

制动: 23D-10B、1DT 通电而 34D-10BY 都不通电,阀处于中间位置。

2. 液压原理图

液压原理图如图 3-1-2-4 及图 3-1-2-5 所示。

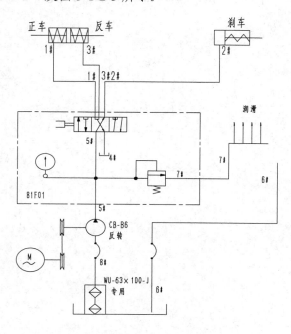

图 3-1-2-4　液压原理图(一)

CW6180（4000、5000、6000）

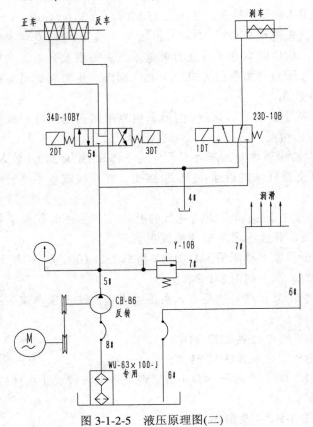

图 3-1-2-5　液压原理图(二)

项目二 数控机床的安装调试与维护技术

任务一 数控机床就位和组装

数控机床是利用数控技术，准确地按照事先编制好的程序，自动加工出所需要工件的机电一体化设备。数控机床是非常精密的加工机床，除了其自身精度影响加工精度外，外部因素也会影响其加工精度，如安装精度、数控机床安装位置、数控机床周边使用环境等。因此，数控机床组装与就位是保证数控机床加工精度非常重要的一步。

因此，为了保证数控机床加工精度，必须要保证其在组装与就位过程中按照操作要求进行，把不稳定因素控制在要求范围之内。

任务目标

- 了解数控机床基础的重要性；
- 掌握数控机床安装的工作步骤；
- 掌握数控机床的吊装、就位及组装注意事项。

任务描述

通过本次任务能够让学生了解数控机床安装基础的要求和重要性，掌握机床安装的基本要求以及机床安装的基本方法，并让学生能够在以后的工作中完成机床就位和安装。如图 3-2-1-1 所示为工人在安装调试机床。

图 3-2-1-1 安装调试机床

知识链接

机床基础是机床稳定工作的基础，只有把机床安装在合适的基础上，才能有效屏蔽振动等不良影响因素，保证机床的加工精度。

 机床基础

机床基础是指介于机床与地层(称为地基)之间的混凝土结构。基础的作用是支承机床，承受机床和工件的重量，并吸收振动，消振和隔离外界振动对机床的影响。因此，机床基础必须有足够的强度、刚度和稳定性，并能满足隔振、消振的要求，以保证机床自身及邻近设备、仪器的正常工作。

1. 对机床安装基础的要求

(1) 中、小型机床安装在混凝土地面上的界限及地面的厚度，应按工业建筑设计规范的国家标准规定执行。

(2) 基础厚度指机床底座下承重部分的厚度，当坑、槽深于基础底面时，仅需局部加深。

(3) 重型机床、精密机床应安装在单独的基础上，重型机床防振基础如图 3-2-1-2 所示。

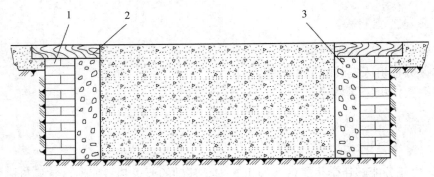

1—隔墙；2—木板；3—炉渣等防振材料

图 3-2-1-2　重型机床防振基础

(4) 机床安装在单独基础上时，基础平面尺寸应不小于机床支承面积的外廓尺寸，应考虑安装、调整和维修时所需要的尺寸。

2. 机床基础设计的主要步骤

(1) 收集设计基础的有关资料；

(2) 根据机床类别、工艺要求及地质条件，选择基础形式并确定基础设计方案以及机床的安装方式；

(3) 确定基础的平面尺寸、基础厚度、埋置深度与安装平面的标高；

(4) 确定基础的其他结构与尺寸，如地脚螺栓预留孔、槽、坑及隔振沟等结构尺寸；

(5) 选择混凝土标号，决定基础是否配筋以及是否进行配筋计算；

(6) 进行地基承载力验算(必要时进行动力计算);

(7) 绘制基础图。

3. 位置要求

(1) 机床应安装在牢固的基础上;

(2) 位置应远离振源;

(3) 避免阳光照射和热辐射;

(4) 放置在干燥的地方,避免潮湿和气流的影响;

(5) 机床附近若有振源,在基础四周必须设置防振沟。

4. 机床的隔振

(1) 位置隔振:利用振动随距离的增大而衰减的原理来确定机床合理安全装置的方式。

(2) 障碍隔振:利用振波不能通过固体和孔隙分界面的原理而设置波障(隔振沟)的隔振方式。如图 3-2-1-3 所示为隔振沟。

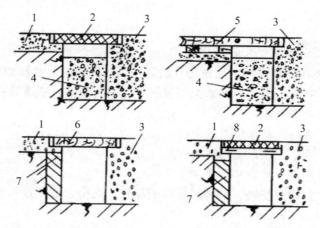

1—混凝土地坪; 2—塑料盖板; 3—机床基础; 4—炉渣或其他隔振材料; 5—地板或盖板;

6—木质盖板; 7—砖砌外壁; 8—橡胶垫

图 3-2-1-3　隔振沟

(3) 基础隔振:在机床混凝土基础下铺设防振垫层或隔振材料,或将隔振元件置于基础下部,以形成低频隔振系统的隔振方式。这种隔振基础称为浮动基础或浮悬式基础。浮动基础适用于高精度机床和重型精密机床的消极隔振。基础隔振如图 3-2-1-4 所示。

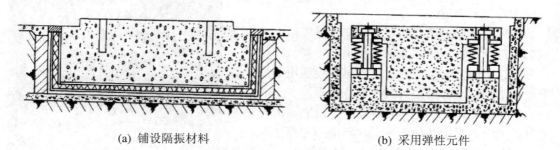

(a) 铺设隔振材料　　　　　　　　　　(b) 采用弹性元件

图 3-2-1-4　基础隔振

(4) 支承隔振：在机床下采用弹性隔振元件或隔振材料支承机床，利用其阻尼与变形吸振来减小振动的输入或输出的隔振方式。支承减振如图 3-2-1-5 所示。

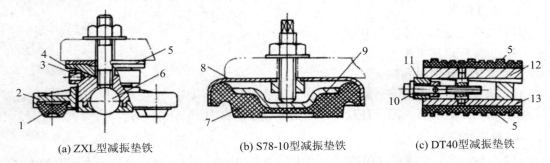

(a) ZXL型减振垫铁　　　　　(b) S78-10型减振垫铁　　　　　(c) DT40型减振垫铁

1—橡胶圈；2—底盘；3—升降座；4—球面座；5—橡胶垫；6—大钢球；7—碗形橡胶座；

8—支承座；9—上盖板；10—螺杆；11—楔铁；12、13—上、下垫铁

图 3-2-1-5　支承减振

 检查机床配件

接收到设备后要按照装箱单对设备进行清点，以防有遗漏，过程如下：

(1) 包装箱是否完好，机床外观有无明显损坏，是否锈蚀、脱漆等；

(2) 技术资料是否齐全；

(3) 附件品种、规格、数量是否齐全；

(4) 备件品种、规格、数量是否齐全；

(5) 工具品种、规格、数量是否齐全；

(6) 安装附件，如调整垫铁、地脚螺栓等的品种、规格、数量是否齐全；

(7) 其他物品等。

 吊装

机床在到达目的地之后第一个程序就是吊装设备从车辆上吊装下来，为后面机床就位做好准备。通常是由厂商的服务人员进行，用户配合来完成这项工作。

将机床放置在减振热铁或固定热铁上，如果需要固定，则将地脚螺钉穿入机床底座上的各支承指定位置，然后在螺钉地孔中灌入水泥，等待水泥完全干透。

机床与减振热铁或固定热铁安装好以后，可以对机床进行清洗，清除油封。如果是小型机床或没有分解包装的机床，可对机床主机在没通电的情况下粗找水平，这样做是为防止机床变形。

(1) 机床吊装：应使用制造商提供的专用起吊工具，不允许采用其他方法。如不需要专用工具，应采用钢丝绳按照说明书中规定部位吊装，如图3-2-1-6 所示。

图 3-2-1-6　吊装机床

(2) 机床就位：确定床身的位置，对应机床床身安装孔位置，通过调整垫铁及地脚螺栓将机床安装在准备好的地基上。

 机床的连接

首先组织有关技术人员阅读和消化有关机床安装方面的资料，然后进行机床安装。

机床部分的连接主要做以下几项工作：

(1) 拆卸为防止在吊装和运输过程当中发生位移、碰撞等而安装的固定板、隔板、压板等。

(2) 去除安装连接面、导轨、主轴内锥面和端面、工作台表面及各运动面和金属外露表面的防锈油，并做好机床控制柜、电器柜、操作面板、CRT 显示器及各部件、附件的外表清洁工作。

(3) 对于大型或较大型数控机床，按照装配图将各部件，如立性、长床分、工作台、机械手及刀库等组装成整机，其中包括数控柜、电器柜的安装。

注：一定要让机床使用原用的各类销子、螺钉、定位块及连接板等，以免出现差错。

(4) 连接液压系统、气动系统、冷却液系统和排屑装置上的各外部管路。

注：注意各输入和输出管路不要接错，同时要注意在连接过程中的清洁工作和管接头的紧固。

(5) 安装各防护罩和防护板。

(6) 固定好操作台，如果是能移动的操作台，在连接时要保证移动自如、可靠。

 机床的安装

机床放置于安装基础上，应在自由状态下找平，然后将地脚螺栓均匀地锁紧。对于普通机床，水平仪读数不超过 0.04/1000 mm；对于高精度的机床，水平仪读数不超过 0.02/1000 mm。在测量安装精度时，应在恒定温度下进行，测量工具需经一段定温时间后再使用。机床安装时应竭力避免使机床产生强迫变形的安装方法。机床安装时不应随便拆下机床的某些部件，部件的拆卸可能导致机床内应力的重新分配，从而影响机床精度。

 任务实施

本任务通过对 CKA6140 数控车床就位和组装，让学生掌握安装准备、机床开箱、机床外观检查、随机物品检查以及安装注意事项，提高学生在就位安装方面的知识储备。

 CKA6140 安装准备

1. 安装位置准备

(1) 在数控设备车间，数控车床设备和其他设备之间的距离足够 1～1.5 m；

(2) 远离振源；

(3) 选择远离窗户的位置，避免阳光照射和热辐射的影响；

(4) 避免潮湿；

(5) 环境洁净。

2. 安装地基准备

(1) 安装机床地基必须是坚固的混凝土；

(2) 准备好与机床连接的电缆、管道的位置及尺寸；

(3) 预留地脚螺栓、预埋件的位置；

(4) 要留有安装、调试和维修时所需的空间。

 CKA6140 开箱

CKA6140 机床外包装箱采用木质包装箱，安装前，必须将包装箱拆除，按如下步骤进行：

(1) 卸去包装箱上所有的螺钉，并将木板移开；

(2) 卸去包装底板与框架连接的所有螺钉；

(3) 将包装箱框架移开；

(4) 卸下机床床脚两侧的面板；

(5) 卸掉机床底部的四颗连接螺母；

(6) 将机床吊起，移开包装底板即可。

注意：

(1) 在拆卸包装箱时，一定注意不要让包装箱板碰坏机床，特别是机床的电机、电器柜、CRT 显示器和操作面板等。

(2) 在开箱之前，要将包装箱运至所要安装机床的附近，以避免在拆箱后搬运较长的距离而引起较长时间振动和灰尘、污物的侵入。当室外温度与室内温度相差较大时，应当使机床温度逐步过渡到室温，避免由于温度的突变造成空气中的水汽凝聚在数控机床的内部零部件或电路板引起腐蚀。

(3) 开箱要取得生产厂商的同意，最好厂商在现场更好，一旦发现运输过程的问题可及时解决。

 检查外观

机床包装箱及包装密封均被打开以后，要认真、彻底地检查数控机床的全部外观，包括以下内容：

(1) 检查 CKA6140 数控机床主体外观有无损坏或锈蚀，若有应及时与厂家联系进行协商处理。

(2) 检查 CKA6140 数控机床刀架上零部件外观有无破损，若有应及时与厂家联系协商处理。

(3) 检查 CKA6140 数控机床尾座零部件有无破损，若有应及时与厂家联系协商处理。

(4) 检查 CKA6140 数控机床冷却管外观有无破损，若有应及时与厂家联系协商处理。

(5) 检查 CKA6140 数控机床电器柜内部有无破损元器件和脱落线头，若有应及时与厂家联系协商处理。

(6) 检查 CKA6140 数控机床外观壳体有无掉漆和破损变形，若有应及时与厂家联系协商处理。

(7) 检查 CKA6140 数控机床数控系统外观有无缺失和损伤，若有应及时与厂家联系协商处理。

(8) 检查 CKA6140 数控机床附件外观有无破损，若有应及时与厂商或有关部门联系。

 按装箱单查对机床附件、备件、工具及资料说明书

拿到 CKA6140 设备装箱单之后，按照清单认真查对各附件、备件、工具、刀具、有关资料和说明书等。通常在核对装箱单时，厂商要有代表在场。如果是进口设备，厂商代表、商检部门人员都要在场，以便出现问题及时登记、处理、解决。

对装箱单和物品逐一进行核对检查，并做记录。CKA6140 机床装箱清单如表 3-2-1-1、表 3-2-1-2、表 3-2-1-3 所示。

表 3-2-1-1　CKA6140 数控机床装箱单(一)

序号	品名及配置	数量	单位	备注
主机及装在主机上的附件				
1	CKA6140 数控机床	1	台	
2	CNC 系统及电柜	1	套	
3	冷却装置	1	套	
4	润滑装置	1	套	
5	主传动 V 带	1	套	
6	三爪卡盘	1	个	
7	可调减振垫铁	6	个	

表 3-2-1-2　CKA6140 数控机床装箱单(二)

分开放置的工具				
1	14～17 mm 开口扳手	1	把	
2	一字头螺丝刀(5 寸)	1	把	
3	十字头螺丝刀(5 寸)	1	把	
4	4 mm 内六角扳手	1	把	
5	6 mm 内六角扳手	1	把	
6	8 mm 内六角扳手	1	把	
7	顶尖(MT4)	1	个	
8	三爪扳手	1	把	
9	反爪	1	套	

表 3-2-1-3　CKA6140 数控机床装箱单(三)

	随机技术文件			
1	装箱单	1	份	
2	合格证书(含精度检验单)	1	份	
3	使用说明书	1	份	
4	FAMUC 系统使用说明书	1	份	
5	电动刀架使用说明书	1	份	
6	变频器说明书	1	份	
7	主轴电机说明书	1	份	
8	FANUC 驱动器说明书	1	份	

 机床吊装与就位

机床吊装步骤如下：
(1) 打开机床包装箱柜；
(2) 用叉车插入机床床身底部；
(3) 叉车抬起机床并向目标地点驶入；
(4) 到达目标地点把机床平稳放置在安装位置上。
注意：
(1) 在叉车运输过程中要保持平衡；
(2) 在叉车运输过程中要避免机床受到冲击。

 机床初步安装

CKA6140 数控机床初装步骤如下：
(1) 当基础固化后，借助于叉车运输数控机床到达目的地；
(2) 从附件箱中取出防振垫脚，并分别将防振垫脚旋入床体安装螺孔内；
(3) 将机床慢慢地放下，使机床防振垫脚接触安装地基，初调防振垫脚即可。

 任务评价

完成上述任务后，认真填写表 3-2-1-4 所示的"组装数控机床评价表"。

表 3-2-1-4　组装数控机床评价表

组　　别		小组负责人	
成员姓名		班　　级	
课题名称		实施时间	

评价指标	配分	自评	互评	教师评
开箱验收记录	10			
工具使用操作正确	25			
随机物品检验正确	10			
吊装步骤正确	20			
课堂学习纪律、安全文明生产	15			
着装是否符合安全规程要求	15			
能实现前后知识的迁移,团结协作	5			
总　计	100			
教师总评 (成绩、不足及注意事项)				
综合评定等级(个人 30%,小组 30%,教师 40%)				

练习与实践

(1) 数控机床作为工业母机,是现代加工的表现,那么数控机床安装的基础要求是什么呢?

(2) 数控机床是比较复杂的机电一体化产品,是机电一体化的典型代表,数控机床安装的基本要求是什么?

(3) 数控机床是由各个功能模块组装联合而成,那么数控机床组装和连接的注意事项是什么?

(4) 数控机床的机床部分作为整个机床其他部件的载体,其各个部件组装前应做哪些准备工作?

任务拓展

阅读材料

数控机床防振铁简介

垫铁分为机床调整垫铁、机床减振垫铁、机床防振垫铁,形式如图 3-2-1-7 所示。

1. 机床垫铁的使用方法及作用

(1) 将所需垫铁放入机床地脚孔下,穿入螺栓,旋至于承重盘接触实,然后进行机床水平调节(螺栓顺时针旋转,机床升起);

(2) 调好机床水平后,旋紧螺母,固定水平状态。

注意:橡胶有蠕变现象,在垫铁第一次使用时,两星期以后调节一次机床水平。

图 3-2-1-7 机床垫铁

2. 机床防振垫铁特点

(1) 减振垫铁可有效地衰减机器自身的振动，减少振动力外传，阻止振动力的传入，保证加工尺寸精度及质量。

(2) 控制建筑结构谐振传播振动力和噪音，可使粗、精加工各类机床组成生产单元，适应物流技术的发展。

(3) 安装机床使用机床调整垫铁可以不用设置地脚螺栓与地面固定，良好的减振和垂直挠度可使机床稳定于地面，节省安装费用，缩短安装周期。

(4) 可根据生产随时调换机床位置，消除二次安装费用。

(5) 防振垫铁可以调节机床水平，调节范围大、方便、快捷。防振垫铁胶垫采用合成橡胶，耐油脂和冷却剂。

机床防振垫铁适用范围：金属加工机床、锻压机床、纺织、印刷机械、食品加工机、橡胶机械、电线、电缆机械、包装机械、发电机及重型设备。

任务二 连接调试数控系统和试车

数控系统是数控机床核心部件之一，是数控机床的大脑，其通过各种连接线路与机床各部件之间进行信息交流，控制机床在正确的轨迹上工作，保证精确生产产品。因而数控系统连接调试显得尤为重要，连接和调试好数控系统是精确控制的前提。

因此，掌握数控系统的连接调试过程和注意事项可保证高效率、高质量地完成数控系统的调试。

任务目标

- 了解数控系统连接调试的要求；
- 掌握数控系统的连接步骤；
- 掌握数控系统调试步骤；
- 掌握数控机床试车注意事项。

任务描述

数控系统的连接调试以及开机调试是机床正常运转的保证，可保证数控机床在正式投产之前达到数控功能的进一步完善。通过学习本任务可以掌握数控系统的连接调试、试车等过程和步骤。数控系统连接示意图如图 3-2-2-1 所示。

图 3-2-2-1　数控系统连接

知识链接

数控系统只有通过连接相关线路才能够与数控机床其他部分建立通信，从而进一步进行相关调试工作，为数控机床正常工作提供可靠有力的保障。

数控系统的连接与调试

数控系统为数字控制系统(Numerical Control System 的简称，早期是与计算机并行发展演化的，用于控制自动化加工设备，由电子管和继电器等硬件构成具有计算能力的专用控制器的称为硬件数控(Hard NC)。20 世纪 70 年代以后，分离的硬件电子元件逐步由集成度更高的计算机处理器代替，称为计算机数控系统。然而，计算机数控系统同样须进行正确的硬件电路连接与参数设置调试才能正常使用。下面介绍连接与调试工作的主要内容。

1．信号电缆的连接

数控系统信号电缆的连接包括数控装置与 MDI/CRT 单元、电气柜、机床操作面板、进给伺服单元、主轴伺服单元、检测装置反馈信号线的连接等，这些连接必须符合随机提供的连接手册的规定。

连接数控机床地线，通电前还应进行电气检查。

2．电源线的连接

数控系统电源线的连接是指数控系统电源变压器输入电缆的连接和伺服变压器绕组抽头的连接，包括输入电源电压的确认、输入电源频率的确认、电源电压波动范围的确认、输入电源相序的确认、内部直流电压波动范围的确认。

3. 系统参数的设定

(1) 有关轴和设定单位的参数，如设定数控机床的坐标轴数、坐标轴名及规定运动的方向；

(2) 各轴的限位参数；

(3) 进给运动误差补偿参数，如直线运动反向间隙误差补偿参数、螺距误差补偿参数等；

(4) 有关伺服的参数，如设定检测元件的种类、回路增益及各种报警的参数；

(5) 有关进给速度的参数，如参考点速度、切削过程中的速度控制参数；

(6) 有关机床坐标系、工件坐标系设定的参数；

(7) 有关编程的参数。

4. 确认数控系统与机床间的接口

现代的数控系统一般都具有自诊断功能，在 CRT 画面上可以显示出数控系统与机床接口以及数控系统内部的状态，可反映出 NC 到 PLC、PLC 到 MT 以及 MT 到 PLC、PLC 到 NC 的各种信号状态。用户可根据机床生产厂家提供的梯形图说明书、信号地址表，通过自诊断画面确认数控系统与机床之间的接口信号状态是否正确。

注意：

(1) 不要用湿手操作开关，否则可能导致触电事故；

(2) 不要弯折、损坏电缆，或对电缆施加压力，放置重物，否则可能导致触电事故；

(3) 不要接入本说明书所示以外的电压，否则会导致设备损坏或出现事故；

(4) 将电缆按指定插头进行连接，不正当的连接会损坏设备；

(5) 在通电状态下，不要拔插各单元间的连接电缆；

(6) 机床及电柜配线时，将信号线与动力线/电力线分开；

(7) 不要将操作面板安装在有冷却液能喷射到的位置；

(8) 产品安装、使用应注意通风良好，避免可燃气体、研磨液、油雾和铁粉等腐蚀性物质的侵袭，避免让金属、机油等导电性物质进入其中；

(9) CNC 要远离产生干扰的设备(如变频器、交流接触器、静电发生器、高压发生器以及动力线路的分段装置等)，否则可能会影响数控系统的性能和寿命；

(10) 机床必须配置可靠的接地装置，应当把所有金属部件接通于一点，并从此点接地，不良的接地会对数控系统造成干扰；

(11) 对于控制箱的钥匙以及系统访问密码必须严格管理，严禁无关人员操作机床；

(12) 数控系统是精密的计算机数字控制设备，不正确的操作可能会引发事故，对人员和机床造成伤害，只有经过专门培训且具有相应合格证书的电工、操作工才可以对机床进行操作和维护；

(13) 各进给驱动电机、主轴驱动电机的动力线和反馈线直接接入驱动单元，不经过端子转接。

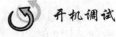 开机调试

数控机床是一种技术含量很高的机电一体化的机床，开机调试的正确与否在很大程度

上决定了这台数控机床的使用寿命及能否发挥正常的经济效益，这对数控机床的生产厂家和用户都是事关重大的课题。数控机床开机调试应按下列步骤进行。

1. 通电前的外观检查

1) 机床电器检查

打开机床电控箱，检查继电器、接触器、熔断器、伺服电机速度单元插座、控制单元插座、主轴电机速度控制单元插座等有无松动，如有松动应恢复正常状态，有锁紧机构的接插件一定要锁紧，有转接盒的机床一定要检查转接盒上的插座，接线有无松动。

2) CNC 电箱检查

打开 CNC 电箱门，检查各类接口插座、伺服电机反馈线插座、主轴脉冲发生器插座、手摇脉冲发生器插座、CRT 插座等，如有松动要重新插好，有锁紧机构的一定要锁紧。按照说明书检查各个印制线路板上的短路端子的设置情况，一定要符合机床生产厂家设定的状态，确实有误的应重新设置，一般情况下无需重新设置，但用户一定要对短路端子的设置状态做好原始记录。

3) 接线质量检查

检查所有的接线端子，包括强弱电部分在装配时机床生产厂家自行接线的端子及各电机电源线的接线端子，每个端子都要用旋具紧固一次，直到用旋具拧不动为止，各电机插座一定要拧紧。

4) 电磁阀检查

所有电磁阀都要用手推动数次，以防止长时间不通电造成的动作不良，如发现异常，应做好记录，以备通电后确认修理或更换。

5) 限位开关检查

检查所有限位开关动作的灵活及固定性是否牢固，发现动作不良或固定不牢的应立即处理。

6) 操作面板上按钮及开关检查

检查操作面板上所有按钮、开关、指示灯的接线，发现有误应立即处理；检查 CRT 单元上的插座及接线。

7) 地线检查

要求有良好的地线，测量机床地线，接地电阻不能大于 $1\,\Omega$。

8) 电源相序检查

用相序表检查输入电源的相序，确认输入电源的相序与机床上各处标定的电源相序绝对一致。有二次接线的设备，如电源变压器等，必须确认二次接线的相序一致性。要保证各处相序的绝对正确。此时应测量电源电压，做好记录。

2. 机床总电压的接通

(1) 接通机床总电源，检查 CNC 电箱，主轴电机冷却风扇，机床电器箱冷却风扇的转向是否正确，润滑，液压等处的油标指示以及机床照明灯是否正常，各熔断器有无损坏，如有异常应立即停电检修，无异常可以继续进行。

(2) 测量强电各部分的电压，特别是供 CNC 及伺服单元用的电源变压器的初次级电压，并做好记录。

(3) 观察有无漏油，特别是供转塔转位、卡紧，主轴换挡以及卡盘卡紧等处的液压缸和电磁阀。如有漏油应立即停电修理或更换。

3. CNC 电箱通电

(1) 按 CNC 电源通电按扭，接通 CNC 电源，观察 CRT 显示，直到出现正常画面为止。如果出现 ALARM 显示，应该寻找故障并排除，此时应重新送电检查。

(2) 打开 CNC 电源，根据有关资料上给出的测试端子的位置测量各级电压，有偏差的应调整到给定值，并做好记录。

(3) 将状态开关置于适当的位置，如日本 FANUC 系统应放置在 MDI 状态，选择到参数页面。逐条逐位地核对参数，这些参数应与随机所带参数表符合。如发现有不一致的参数，应搞清各个参数的意义后再决定是否修改，如齿隙补偿的数值可能与参数表不一致，这在进行实际加工后可随时进行修改。

(4) 将状态选择开关放置在 JOG 位置，将点动速度放在最低挡，分别进行各坐标正反方向的点动操作，同时用手按与点动方向相对应的超程保护开关，验证其保护作用的可靠性，然后，再进行慢速的超程试验，验证超程撞块安装的正确性。

(5) 将状态开关置于回零位置，完成回零操作，参考点返回的动作不完成就不能进行其他操作。因此遇此情况应首先进行本项操作，然后再进行第(4)项操作。

(6) 将状态开关置于 JOG 位置或 MDI 位置，进行手动变挡试验，验证后将主轴调速开关放在最低位置，进行各挡的主轴正反转试验，观察主轴运转的情况和速度显示的正确性，然后再逐渐升速到最高转速，观察主轴运转的稳定性。

(7) 进行手动导轨润滑试验，使导轨有良好的润滑。

(8) 逐渐变化快移超调开关和进给倍率开关，随意点动刀架，观察速度变化的正确性。

4. MDI 试验

(1) 测量主轴实际转速。将机床锁住开关放在接通位置，用手动数据输入指令，进行主轴任意变挡，变速试验，测量主轴实际转速，并观察主轴速度显示值，调整其误差应限定在 5% 之内。

(2) 进行转塔或刀座的选刀试验，其目的是检查刀座或正、反转和定位精度的正确性。

(3) 功能试验。根据机床的情况不同，功能也不同，可根据具体情况对各个功能进行试验。为防止意外情况发生，最好先将机床锁住进行试验，然后再放开机床进行试验。

(4) EDIT 功能试验。将状态选择开关置于 EDIT 位置，自行编制一简单程序，尽可能多地包括各种功能指令和辅助功能指令，移动尺寸以机床最大行程为限，同时进行程序的增加、删除和修改。

(5) 自动状态试验。将机床锁住，用编制的程序进行空运转试验，验证程序的正确性，然后放开机床，分别将进给倍率开关、快速超调开关、主轴速度超调开关进行多种变化，使机床在上述各开关的多种变化的情况下进行充分运行，最后将各超调开关置于 100% 处，使机床充分运行，观察整机的工作情况是否正常。

至此，一台数控机床才算开机调试完毕。

任务实施

通过对 CKA6140 数控机床数控系统连接调试，让学生掌握发那科 0i MD 系统的接线连接注意事项，掌握该系统的基本参数以及基本参数设置调试步骤和过程。

数控机床数控系统的连接与调试

1. 硬件安装和连接简介

(1) 在机床不通电的情况下，按照电气设计图纸将 CRT/MDI 单元、CNC 主机箱、伺服放大器、I/O 板、机床操作面板、伺服电机安装到正确位置。

(2) 基本电缆连接。数控系统电缆连接示意图如图 3-2-2-2、图 3-2-2-3、图 3-2-2-4 所示。

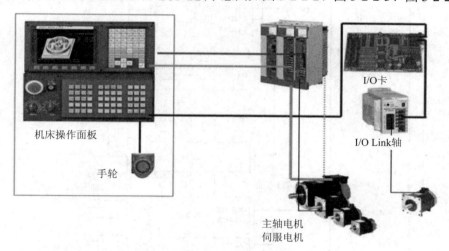

图 3-2-2-2　数控系统电缆连接(一)

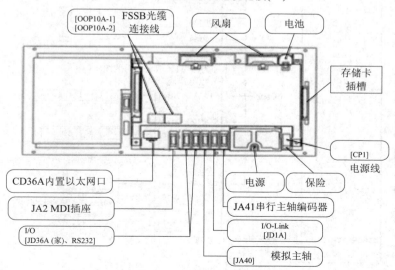

图 3-2-2-3　数控系统电缆连接(二)

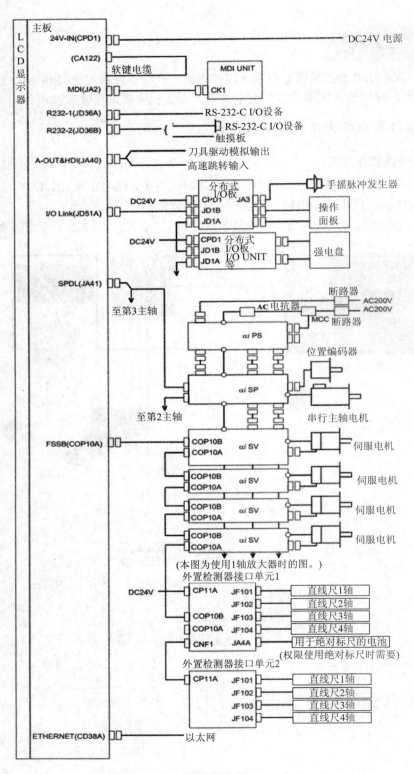

図 3-2-2-4　数控系统电缆连接(三)

2. 伺服放大器的连接

数控系统伺服放大器的连接示意图如图 3-2-2-5 所示。

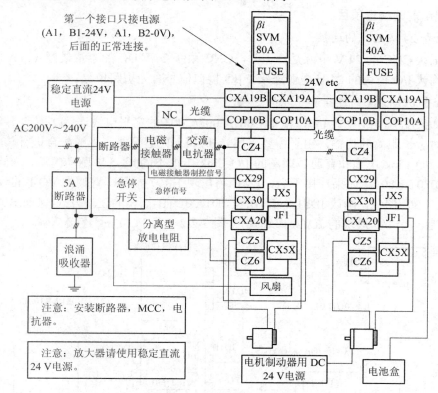

图 3-2-2-5　伺服放大器连接

(1) 连接 FSSB 光纤：从 CNC 接口 COP10A 接上光纤，连接至 X 轴伺服放大器 COP10B，从 X 轴 COP10A 连接至 Z 轴的 COP10A 即完成。

(2) 连接编码器信号接口：将 X 轴电机编码器线缆连接至 X 轴放大器 JF1 接口即可，Z 轴以同样步骤完成。

(3) 连接 24 V 电源：从开关电源引出 24 V，并连接至 X 轴 CXA19B 接口，再从 X 轴 CXA19A 连接至 Z 轴 CXA19B 即可完成。

(4) 连接急停信号：从急停开关引出导线至 X 轴放大器 CX30 接口即完成，Z 轴以同样步骤完成。

(5) 连接主电路电源：从电抗器引出 3 根 AC 200～240 V 电源线至 X 轴伺服放大器即可完成，Z 轴以同样步骤完成。

3. 模拟主轴的连接

选择模拟主轴接口 JA40，系统向外部提供 0～10 V 模拟电压，接线比较简单，注意极性不要接错，否则变频器不能调速。该接口示意图如图 3-2-2-6 所示。注：图中 ENB1、ENB2 用于外部控制用，一般不使用。

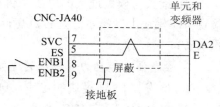

图 3-2-2-6　模拟主轴接口示意图

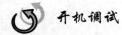

1. 通电前的检查项目

1) 检查 24 V 电源的连接

(1) 确认 CNC 的 24 V 电源是否正常，CNC 系统 24 V DC 的容量最好在 5 A 以上。

(2) 确认 I/O 模块的 24 V 电源连接、I/O 接口信号有无短路现象。

2) 检查 I/O-Link 的连接和手轮的连接

(1) 如果配有分线盘式 I/O，检查 C001/C002/C003 的扁平电缆连接，方向不要搞错。

(2) 对于长距离的传输，由于需要采用光 I/O-Link 适配器和光缆配合进行传输，故两端采用的 I/O-Link 电缆和普通短距离的 I/O-Link 电缆不同(含 5 V 驱动电源)，确认其型号为 A03B-0807-K803。如果连接不当，PMC 将出现 ER97 报警。普通的 I/O-Link 电缆型号为 A02B-0120-K842)，确认 JD51A-JD1B(或 JD1A-JD1B)插座的连接方式(保证 B 进 A 出的原则，最后一个 I/O 模块的 JD1A 口空置)。图 3-2-2-7 为 I/O-Link 连接范例。

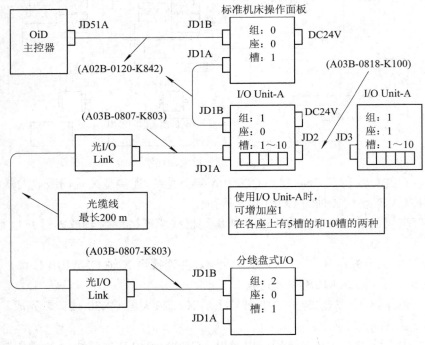

图 3-2-2-7　I/O-Link 连接范例

(3) 检查与模块连接的电源是否有短路，注意公共端的连接是否正确。通电完毕之后，检查 I/O 模块上的指示灯是否点亮，检查手轮接口的连接位置(JA3 或则 JA58 口可连接手轮设备)。

3) 检查强电柜动力电源线的连接

(1) 检查与 PSM 模块的接线，包括空气开关、接触器、电抗器；

(2) 检查 CX3 与 MCC 接线；

(3) 检查急停开关 CX4 的接线；

(4) 检查电柜内各动力线端子、螺钉是否有松动、接线是否与设计一样；

(5) 通电前，要确认总空气开关处于断开状态。

4) 检查主轴电机、伺服电机动力线及其反馈线的连接

(1) 对于伺服电机，要着重检查动力线的相序(U/V/W 相)是否正确、反馈线的插头与放大器的动力线是否一致。检查电机带制动抱闸接口的连线。

(2) 对于主轴电机，检查电机动力线的相序(U/V/W 相)是否正确，连接是否可靠，电机反馈的插头连接是否正确。

5) 检查伺服放大器(SVM)模块的连接

对于 0i-mate-D 系统，如果使用 BiSV40 的放大器，且不使用外置放电电阻的情况下，则务必将接口 CZ6(A1，A2)、CXA20(1，2)管脚分别短接，避免出现 SV440 报警。

2. 通电检查

系统通电遵循先弱电、后强电逐步通电的顺序，并在通电过程中要注意电柜的电器元件，如有异响异味，需要迅速切断总电源。

1) 根据设计电气图，逐一检查各个节点电源是否正常

(1) 按下急停按钮，断开主要节点开关，逐一闭合各节点开关，并检查各个节点的输入是否正常。

(2) 检查包括 24 V 供电回路、主轴和伺服的 380 V 或者 220 V 电源供电回路。

(3) 如发生异常，及时断电后排除故障，查清原因；原因不清，不应再次盲目通电。

2) 按照顺序，逐一通电

按照先系统、后接口 I/O，先伺服和主轴、后强电的通电顺序逐一通电，发现异常后，立即检查断电，检查分析，排除故障，直至系统、I/O、伺服和主轴的供电正常为止。

3) 24 V 驱动电源的连接确认

(1) 确认系统，I/O 设备的电源灯是否点亮。

(2) 所有的 I/O 是否都被系统识别，可通过下列操作确认：【SYSTEM】→右扩展 2 次，【PMC 维修】→【I/O LINK】，如图 3-2-2-8 所示，有几组 I/O 设备就在 I/O LINK 画面显示几行。

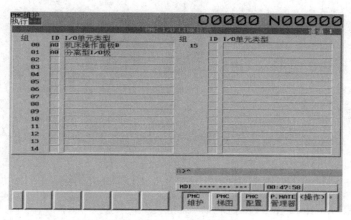

图 3-2-2-8　I/O 设备检查

3. 梯形图的导入

1) 准备工作

在导入梯形图之前，必须先进行相关的 PMC 参数设定，使用左右光标操作将"编辑器功能有效"置为"是"状态，否则无法导入梯形图，操作如下：【SYSTEM】→右扩展 2 次→【PMC 配置】→【设定】，如图 3-2-2-9 所示。

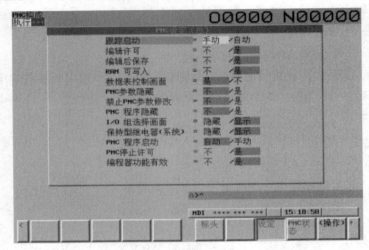

图 3-2-2-9　梯形图导入准备工作

2) 梯形图的导入

(1) 对于梯形图的创建和编辑，建议使用计算机进行；将编好的梯形图(注意梯形图的类型和系统的匹配)编译后转换为卡格式，通过存储卡装入系统。操作如下：【SYSTEM】→右扩展 2 次→【PMC 维修】→【I/O 操作】→【列表】→【选择文件】→【执行】，如图 3-2-2-10 所示。

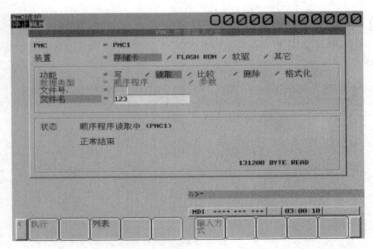

图 3-2-2-10　梯形图导入

(2) PMC 维护界面同时也可以进行梯形图参数的传输，如本例中，此时如果单击"执行"，则表示从"存储卡"读取文件"123"，系统会自动识别是 PMC 或者是 PMC 参数。

(3) 在系统提示传输完成之后，不得马上断电，而是继续以下操作：执行之后，梯形图已经被载入系统，但未写入 FALSH ROM，由于系统再次上电时是从 FLASH ROM 中读取梯形图来执行扫描，因此此时需要将梯形图写入 FLASH ROM 进行保存，在 PMC 维护界面，使用光标操作，将各项选择为图 3-2-2-11 所示，单击"执行"即可。

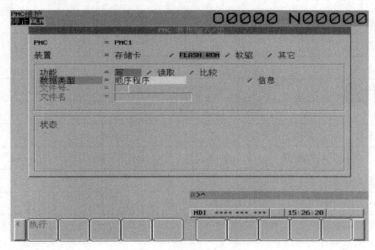

图 3-2-2-11　梯形图写入保存

(4) 导入梯形图并保存后，梯形图会处在停止状态，需要手动启动梯形图扫描，具体操作如下：【SYSTEM】→右扩展 2 次→【PMC 配置】→【PMC 状态】→【操作】→【启动/停止】，可以对梯形图的扫描进行启动/停止操作，如图 3-2-2-12 所示。

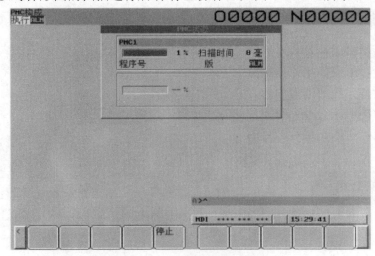

图 3-2-2-12　梯形图启动停止

注：如果 PMC 参数设定画面中"PMC 程序启动"选择为"自动"，也可直接重启系统。

　任务评价

完成上述任务后，认真填写表 3-2-2-1 所示的"系统连接调试与机床试车操作评价表"。

表 3-2-2-1　系统连接调试与机床试车操作评价表

组　　别			小组负责人	
成员姓名			班　　级	
课题名称			实施时间	
评　价　指　标	配分	自　评	互　评	教师评
信号电缆的连接	20			
电源线的连接	25			
系统参数的设定	10			
开机调试	10			
课堂学习纪律、安全文明生产	15			
着装是否符合安全规程要求	15			
能实现前后知识的迁移，团结协作	5			
总　　计	100			
教师总评 (成绩、不足及注意事项)				
综合评定等级(个人 30%，小组 30%，教师 40%)				

练习与实践

(1) 说出数控机床的结构组成。
(2) 指出数控机床的工作原理。
(3) 指出数控系统的连接内容。
(4) 说出数控机床数控系统调试的方法步骤。
(5) 指出数控机床试运行的目的。

任务拓展

阅读材料

发那科 0iMD 基本参数介绍

基本参数设定：

(1) 系统 SRAM 全清；

(2) 基本参数的设定。

系统 SDAM 全清之后在按下急停按钮的情况下，进行参数的调整，基本步骤和主要参数如下：

- 基本坐标轴的参数：

PRM_980 = 0 或者 1：各路径隶属的机床组号(设定 0 默认为 1)；

PMR_981 = 各轴所隶属的路径号：默认 0 为第 1 路径；

PRM_982 = 各主轴所隶属的路径号：默认 0 为第 1 路径；

PRM_983 = 无需设定(系统自动设定)

PRM_1020 = 各轴名称

PRM_1022 = 各轴在基本坐标系中的顺序

PRM_1023 = 各轴伺服轴 FSSB 连接顺序号

- 存储行程限位参数：

PRM_1320 = 各轴正向软限位

PRM_1321 = 各轴负向软限位

- 设定显示相关的参数：

PRM_3105#0 = 1，3105#2 = 1 显示主轴速度和加工速度

PRM_3108#6 = 1 显示主轴负载表

PRM_3108#7 = 1 显示手动进给速度

PRM_3111#0 = 1，3111#1 = 1 显示"主轴设定"和"SV 参数"软按键

PRM_3111#6 = 1，3111#7 = 1 运行监视画面和报警切换设置

- 初步设定进给速度参数(具体按要求设定)：

PRM_1420 = 各伺服轴快速进给速度

PRM_1423 = 各伺服轴 JOG 运行速度

PRM_1424 = 各伺服轴手动快速速度

PRM_1425 = 300 各伺服轴回参考点的减速后速度

PRM_1430 = 各伺服轴最高切削速度

- 初步设定加减速参数：

PRM_1620 = 快速 G00 的加减速时间常数

PRM_1622 = 切削时的加减速时间常数

PRM_1624 = 20 JOG 或者手轮运行时，如发现有冲击，可增大

- 伺服参数的设定(伺服初始化)：

在伺服设定中，分两步进行，首先设定半闭环下的参数，确保机械的正常运行，然后再调整为全闭环的参数(全闭环的设定在后文介绍)。

按"SV 参数"键，进入伺服设定画面，进行伺服初始化操作。

编程设定半径参数 1820 即 CMR = 2；

注意：对于 0i-TD 或 0i-mate-TD 系统，进行 X 轴直径编程时，仅需设置 1006#3 = 1 即可，而无需修改参数 1820 的值。(0i-C，18i 系统则需要修改为 102)

任务三　检验数控机床精度和功能

数控机床的精度包括几何精度、传动精度、定位精度、切削精度等，不同类型的机床

对这些方面的要求是不一样的。加工精度是衡量机床性能的一项重要指标。影响机床加工精度的因素很多，有机床本身的精度影响，还有因机床工艺系统变形、加工中产生振动、机床的磨损以及刀具磨损等因素的影响。在上述各因素中，机床本身的精度是一个重要的因素。

因此，数控机床的高精度最终是要靠机床本身的精度来保证。而且，检验数控机床各项性能对初始使用的数控机床及维修调整后机床的技术指标的恢复检验是很重要的。

任务目标

- 掌握数控机床精度检验方法；
- 认识部分精度检验工具；
- 掌握数控机床部分精度的检验；
- 掌握数控机床相关功能的检验。

任务描述

通过学习本任务让学生了解机床精度的分类，认识机床精度检测的常用工具，掌握常见数控机床几何精度、切削精度检验项目和方法，了解机床性能及数控功能的检验项目，能让学生在以后工作中独立完成机床检验工作，精度检验工具如图 3-2-3-1 所示。

图 3-2-3-1　精度检验工具

知识链接

数控机床的精度是数控机床的生命线，数控机床有了精度保证才能生产出合格的产品，提高产品质量，满足现代生产生活的需要，从而体现出工业母机的作用。因此，通过检验机床精度来改善数控机床精度是非常重要的。精度检验如图 3-2-3-2 所示。

图 3-2-3-2　精度检验

 数控机床几何精度

　　数控机床的几何精度反映机床的关键机械零部件(如床身、溜板、立柱、主轴箱等)的几何形状误差及其组装后的几何形状误差，包括工作台面的平面度、各坐标方向上移动的相互垂直度、工作台面 X、Y 坐标方向上移动的平行度、主轴孔的径向圆跳动、主轴轴向的窜动、主轴箱沿 Z 坐标轴心线方向移动时的主轴线平行度、主轴在 Z 轴坐标方向移动的直线度和主轴回转轴心线对工作台面的垂直度等。

1. 几何精度检验条件

　　(1) 地基完全稳定、地脚螺栓处于拧紧状态下进行。

　　(2) 机床各坐标轴往复运动多次，主轴按中等的转速运转十多分钟后在预热状态下进行。

　　(3) 常用的检测工具有精密水平仪、精密方箱、直角尺、平尺、平行光管、千分表、测微仪及高精度主轴心棒等，如图 3-2-3-3 所示。

　　(4) 检测工具的精度必须比所测的几何精度高一个等级。

　(a) 电子数字水平仪　　　　(b) 指针式电子水平仪　　　　(c) 直角尺

图 3-2-3-3　常用检测工具

2. 检测时的注意事项

　　(1) 检测时，机床的基座应已完全固化；

　　(2) 检测时要尽量减小检测工具与检测方法的误差；

　　(3) 应按照相关的国家标准，先接通机床电源对机床进行预热，并让机床沿各坐标轴往复运动数次，使主轴以中速运行数分钟后再进行；

　　(4) 数控机床几何精度一般比普通机床高，普通机床用的检具、量具，往往因自身精度低，满足不了检测要求，且所用检测工具的精度等级要比被测的几何精度高一级；

(5) 几何精度必须在机床精调试后一次完成，不得调一项测一项，因为有些几何精度是相互联系影响的；

(6) 对大型数控机床还应实施负荷试验，以检验机床是否达到设计承载能力，在负荷状态下各机构是否正常工作，机床的工作平稳性、准确性、可靠性是否达标；

(7) 在负荷试验前后，均应检验机床的几何精度，有关工作精度的试验应于负荷试验后完成。

 数控机床定位精度

数控机床的定位精度是指所测机床运动部件在数控系统控制下运动时所能达到的位置精度。该精度与机床的几何精度一样，会对机床切削精度产生重要影响，特别会影响到孔隙加工时的孔距误差。

1. 定位精度分类

1) 直线运动定位精度

这项检测一般在空载条件下进行，对所测的每个坐标轴在全行程内，视机床规格，分每 20 mm、50 mm 或 100 mm 间距正向和反向快速移动定位，在每个位置上测出实际移动距离和理论移动距离之差。

2) 直线运动重复定位精度

重复定位精度是反映轴运动稳定性的一个基本指标。直线运动重复定位精度的测量可选择行程的中间和两端任意三个点作为目标位置，从正向和反向进行五次定位，测量出实际位置与目标位置之差。

3) 直线运动的原点复归精度

数控机床每个坐标轴都要有精确的定位起点，此点即为坐标轴的原点或参考点。每次关机之后，重新开机的原点位置精度要求一致。对每个直线运动轴，从七个不同位置进行原点复归，测量出其停止位置的数值，以测定值与理论值的最大差值为原点复归精度。

4) 直线运动的反向误差检测

直线运动的反向误差也叫失动量，它包括该坐标轴进给传动链上驱动部位(如伺服电动机、伺服液压马达和步进电动机等)的反向死区，是各机械运动传动副的反向间隙和弹性变形等误差的综合反映。误差越大，则定位精度和重复定位精度也越低。

反向误差的检测方法是在所测坐标轴的行程内，预先向正向或反向移动一个距离并以此停止位置为基准，再在同一方向给予一定移动指令值，使之移动一段距离，然后再往相反方向移动相同的距离，测量停止位置与基准位置之差。在靠近行程的中点及两端的三个位置分别进行多次测定(一般为 7 次)，求出各个位置上的平均值，以所得平均值中的最大值为反向误差值。

2. 检测方法

以上涉及精度均可用激光干涉仪法来进行检测，利用激光干涉仪的精确性来达到检测目的。

3. 检测时的注意事项

(1) 仪器在使用前应精确校正。

(2) 螺距误差补偿，应在机床几何精度调整结束后再进行，以减少几何精度对定位精度的影响。

(3) 进行螺距误差补偿时应使用高精度的检测仪器(如激光干涉仪)，以便先测量再补偿，补偿后还应再测量，并应按相应的分析标准(VDI3441、JIS6330 或 GB10931—1989)对测量数据进行分析，直到达到机床的定位精度要求。

(4) 机床的螺距误差补偿方式包括线性轴补偿和旋转轴补偿这两种方式，可对直线轴和旋转工作台的定位精度分别补偿。

 数控车床切削精度

静态精度主要是反映机床本身的精度，也可以在一定程度上反映机床的加工精度，但机床在实际工作状态下，还有一系列因素会影响加工精度。因此产生了数控机床切削精度检验，又称动态精度检验，即在切削加工条件下，对机床几何精度和定位精度的一项综合考核。一般情况下通过数控车床试切工件的圆度、切削端面的平面度及加工螺纹的精度来检验机床的切削精度。

常见影响因素有：

(1) 由于切削力、夹紧力的作用，机床的零部件会产生弹性变形；

(2) 在机床内部热源(如电动机、液压传动装置的发热，轴承、齿轮等零件的摩擦发热等)以及环境温度变化的影响下，机床零部件将产生热变形；

(3) 由于切削力和一定速度运动时，相对滑动面之间的油膜以及其他因素的影响，其运动精度也与低速下测得的精度不同。

所有这些因素都将引起机床静态精度的变化，影响工件的加工精度。机床在外载荷、温升及振动等工作状态作用下的精度，称为机床的动态精度。动态精度除与静态精度有密切关系外，还在很大程度上决定于机床的刚度、抗振性和热稳定性等。

 任务实施

通过对 CKA6140 数控车床几何精度、工作精度进行检验，以及利用激光干涉仪进行精度检验，让学生掌握精度检验的注意事项和方法。

 CKA6140 卧式数控车床几何精度检验

1. 床身导轨的直线度和平行度

(1) 纵向导轨调平后，床身导轨在垂直平面内的直线度。检验工具：精密水平仪。

检验方法：如图 3-2-3-4 所示，水平仪沿 Z 轴向放在溜板上，沿导轨全长等距离地在各位置上检验，记录水平仪的读数，并用作图法计算出床身导轨在垂直平面内的直线度误差。

(2) 横向导轨调平后，床身导轨的平行度。检验工具：精密水平仪。

检验方法：如图 3-2-3-5 所示，水平仪沿 X 轴向放在溜板上，在导轨上移动溜板，记录水平仪读数，其读数最大值即为床身导轨的平行度误差。

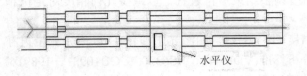

图 3-2-3-4　检验垂直度

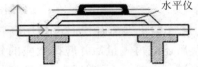

图 3-2-3-5　检验平行度

2. 溜板在水平面内移动的直线度

检验工具：指示器和检验棒、百分表和平尺

检验方法：如图 3-2-3-6 所示，将检验棒顶在主轴和尾座顶尖上；再将百分表固定在溜板上，百分表水平触及检验棒母线；全程移动溜板，调整尾座，使百分表在行程两端读数相等，检测溜板移动在水平面内的直线度误差。

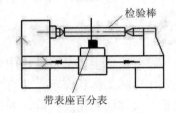

图 3-2-3-6　检验直线度

3. 主轴跳动

检验主轴的轴向窜动和主轴轴肩支承面的跳动。检验工具：百分表和专用装置。

检验方法：如图 3-2-3-7 所示，用专用装置在主轴线上加力 F(F 的值为消除轴向间隙的最小值)，把百分表安装在机床固定部件上，然后使百分表测头沿主轴轴线分别触及专用装置的钢球和主轴轴肩支承面；旋转主轴，百分表读数最大差值即为主轴的轴向窜动误差和主轴轴肩支承面的跳动误差。

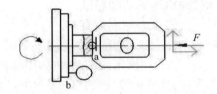

图 3-2-3-7　测量主轴窜动

4. 主轴定心轴颈的径向跳动

检验工具：百分表。

检验方法：如图 3-2-3-8 所示，把百分表安装在机床固定部件上，使百分表测头垂直于主轴定心轴颈并触及主轴定心轴颈；旋转主轴，百分表读数最大差值即为主轴定心轴颈的径向跳动误差。

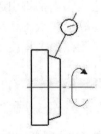

图 3-2-3-8　测量轴颈径向跳动

5. 主轴锥孔轴线的径向跳动

检验工具：百分表和检验棒。

检验方法：如图 3-2-3-9 所示，将检验棒插在主轴锥孔内，把百分表安装在机床固定部件上，使百分表测头垂直触及被测表面，旋转主轴，记录百分表的最大读数差值，在 a、b 处分别测量。标记检验棒与主轴的圆周方向的相对位置，取下检验棒，同向分别旋转检验棒 90°、180°、270° 后重新插入主轴锥孔，

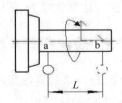

图 3-2-3-9　测量主轴锥孔轴线
径向跳动

在每个位置分别检测。取 4 次检测的平均值即为主轴锥孔轴线的径向跳动误差。

6. 主轴轴线(对溜板移动)的平行度

检验工具：百分表和检验棒。

检验方法：如图 3-2-3-10 所示，将检验棒插在主轴锥孔内，把百分表安装在溜板(或刀架)上，然后按以下步骤进行操作。

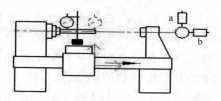

图 3-2-3-10　测量主轴轴线(对溜板移动)的平行度

(1) 使百分表测头在垂直平面内垂直触及被测表面(检验棒)，移动溜板，记录百分表的最大读数差值及方向；旋转主轴 180°，重复测量一次，取两次读数的算术平均值作为在垂直平面内主轴轴线对溜板移动的平行度误差。

(2) 使百分表测头在水平平面内垂直触及被测表面(检验棒)，按上述(1)的方法重复测量一次，即得水平平面内主轴轴线对溜板移动的平行度误差。

7. 主轴顶尖的跳动

检验工具；百分表和专用顶尖。

检验方法：如图 3-2-3-11 所示，将专用顶尖插在主轴锥孔内，把百分表安装在机床固定部件上，使百分表测头垂直触及被测表面，旋转主轴，记录百分表的最大读数差值。

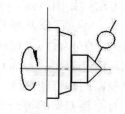

图 3-2-3-11　测量主轴顶尖的跳动

8. 尾座套筒轴线(对溜板移动)的平行度

检验工具：百分表。

检验方法：如图 3-2-3-12 所示，将尾座套筒伸出有效长度后，按正常工作状态锁紧，百分表安装在溜板(或刀架上)，然后按以下步骤进行操作。

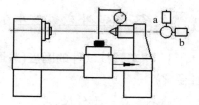

图 3-2-3-12　测量尾座套筒轴线对溜板移动的平行度

(1) 使百分表测头在垂直平面内垂直触及被测表面(尾座筒套)，移动溜板，记录百分表的最大读数差值及方向，即得在垂直平面内尾座套筒轴线对溜板移动的平行度误差。

(2) 使百分表测头在水平平面内垂直触及被测表面(尾座套筒)，按上述(1)的方法重复测量一次，即得在水平平面内尾座套筒轴线对溜板移动的平行度误差。

9. 床头和尾座两顶尖的等高度

检验工具：百分表和检验棒。

检验方法：如图 3-2-3-13 所示，将检验棒顶在床头和尾座两顶尖上，把百分表安装在溜板(或刀架)上，使百分表测头在垂直平面内垂直触及被测表面(检验棒)，然后移动溜板至行程两端，移动小拖板(X 轴)，

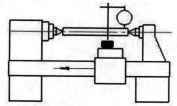

图 3-2-3-13　床头和尾座等高度

记录百分表在行程两端的最大读数值的差值，即为床头和尾座两顶尖的等高度。

注：测量时注意方向。

10. 刀架横向移动对主轴轴线的垂直度

检验工具：百分表、圆盘、平尺。

检验方法：如图 3-2-3-14 所示，将圆盘安装在主轴锥孔内，百分表安装在刀架上，使百分表测头在水平平面内垂直触及被测表面(圆盘)，再沿 X 轴向移动刀架，记录百分表的最大读数差值及方向；将圆盘旋转 180°，重新测量一次，取两次读数的算术平均值作为刀架横向移动对主轴轴线的垂直度误差。

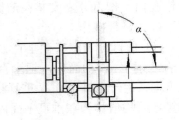

图 3-2-3-14　刀架横向移动对主轴轴线的垂直度

11. 刀架转位的重复定位精度、刀架转位 X 轴方向回转重复定位精度

检验工具：百分表和检验棒。

检验方法：如图 3-2-3-15 所示，把百分表安装在机床固定部件上，使百分表测头垂直触及被测表面(检具)，在回转刀架的中心行程处记录读数，用自动循环程序使刀架退回，转位 360°，最后返回原来的位置，记录新的读数。误差以回转刀架至少回转三周的最大和最小读数差值计。对回转刀架的每一个位置都应重复进行检验，并对每一个位置的百分表都应调到零。

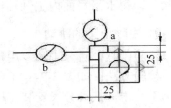

图 3-2-3-15　测量重复定位精度

⊚ CK6140 卧式数控车床工作精度检验

1. 精车圆柱试件的圆度(靠近主轴轴端，检验试件的半径变化)

检测工具：千分尺。

检验方法：精车试件(试件材料为 45 钢，退火处理，刀具材料为 YT30)外圆 D，试件如图 3-2-3-16 所示，用千分尺测量靠近主轴轴端的检验试件的半径变化，取半径变化最大值近似作为圆度误差；用千分尺测量每一个环带直径之间的变化，取最大差值作为该项误差。

切削加工直径的一致性(检验零件的每一个环带直径之间的变化)。

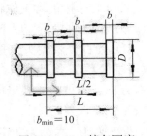

图 3-2-3-16　精车圆度

2. 精车端面的平面度

检测工具：平尺、量块。

检验方法：精车试件端面(试件材料：HT150，180～200HB，外形如图 3-2-3-17 所示；刀具材料：YG8)，试件如图 3-2-3-17 所示，使刀尖回到车削起点位置，把指示器安装

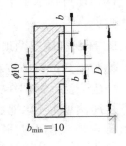

图 3-2-3-17　精车端面平面度

在刀架上，指示器测头在水平平面内垂直触及圆盘中间，负 X 轴向移动刀架，记录指示器的读数及方向；用终点时读数减起点时读数除 2 即为精车端面的平面度误差；数值为正，则平面是凹的。

3. 螺距精度

检测工具：丝杠螺距测量仪。

检验方法：可取外径为 50 mm，长度为 75 mm，螺距为 3 mm 的丝杠作为试件进行检测(加工完成后的试件应充分冷却)。工件如图 3-2-3-18 所示。

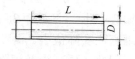

图 3-2-3-18　螺距精度检验

 CKA6140 卧式数控车床激光干涉仪精度检验方法

1. 线性测量的一般步骤

(1) 安装设置激光干涉仪。

(2) 将激光束与被测量的轴校准。

(3) 启动测量软件，并输入相关参数(如材料膨胀系数)。

(4) 在机床上输入测量程序，启动干涉仪测量并记录数据。

(5) 用测量软件分析测量数据，生成补偿文件。

2. 光束快速准直步骤

(1) 沿着运动轴将反射镜与干涉镜分开。

(2) 移动机床工作台，当光束离开光靶外圆时停止移动。

(3) 使用激光头后方的指形轮使两道光束回到相同的高度。

(4) 使用三脚架中心主轴上的高度调整轮使激光头上下旋转，直到两道光束都击中光靶中心。

(5) 用三脚架左后方的小旋钮，调整激光头的角度偏转，使两道光束彼此重叠。

(6) 用三脚架左边中间的大旋钮，调整激光头的水平位置，使两道光束击中光靶的中心。

(7) 沿着运动轴重新开始移动机床工作台。在看到光束移开光靶时再次停止。重复步骤(3)到(6)，直到完成整个轴向的光镜准直。

(8) 到达轴的末端时，将机床移回，使反光镜及线性反射镜互相靠近。

注：若其中一道光束离开光闸的光靶，是由于反光镜侧向偏移所造成的。上下左右移动反光镜，使从反光镜返回的光束与干涉镜的光束在光闸的光靶上互相重叠。

重复步骤(1)到(8)，直到两道光束在整个运动轴长度范围内都保持在光靶的中心。

(9) 保持光束和测量轴准直。将光闸旋转到其测量位置，当反光镜沿着机床的整个运动长度移动时，检查线性数据采集软件中显示的信号强度。

上面步骤(3)、(4)为垂直光束调整，步骤(5)～(9)为水平光束调整。

3. 误差补偿

(1) 机床温度偏离，将导致输入的膨胀系数与材料的实际变化不同，影响测量精度。

如果温度传感器的精度为 ±0.1℃，而膨胀系数变化 10 μm/℃，将产生 ±1.0 μm 的测量误差；若输入不正确的机器热膨胀系数，则产生的误差会更多。因此，应保证外界环境温度的稳定性，最好在恒温环境中测量。

(2) 余弦误差的影响。在激光束的校准过程中，不可能保证光束与运动轴的绝对平行，比如会产生一个夹角 θ，我们称为误差夹角，该误差与 $(1-\cos\theta)$ 成正比。该余弦误差会使测量距离比实际值小。

因此，要减少及消除余弦误差，应在校准光束时，尽可能使干涉仪检测的光束信号强度在运动轴的全程保持恒定，从而余弦误差最小。

(3) 测量元件的影响。光学元件不清洁会导致信号强度降低，从而难以达到高精度测量结果，特别是在被测量轴的运动距离比较长时。因此，在光学元件的保管和使用过程中，应尽量保证光学元件表面的清洁，若发现光学元件沾污的情况，可使用专用的透镜拭纸和无痕迹清洁液去除灰尘手印等。

完成上述任务后，认真填写表 3-2-3-1 所示的"数控车床程序编辑操作评价表"。

表 3-2-3-1　数控车床程序编辑操作评价表

组　　别				小组负责人	
成员姓名				班　级	
课题名称				实施时间	
评价指标	配分	自评	互评	教师评	
常用检测工具使用正确	10				
溜板在水平面内移动的直线度检验正确	15				
主轴定心轴颈的径向跳动检验正确	15				
主轴轴线(对溜板移动)的平行度检验正确	10				
床头和尾座两顶尖的等高度检验正确	10				
精车端面的平面度检验正确	10				
螺距精度检验正确	10				
课堂学习纪律、安全文明生产	10				
着装是否符合安全规程要求	5				
能实现前后知识的迁移、团结协作	5				
总　　计	100				
教师总评 (成绩、不足及注意事项)					
综合评定等级(个人 30%，小组 30%，教师 40%)					

(1) 数控机床几何精度的概念是什么？

(2) 数控机床在加工过程中存在哪些不稳定因素影响其加工精度？

(3) 数控机床在检验机床定位精度时除了要选择合适的测量工具之外还要注意哪些事项？

(4) 数控机床检验加工精度时要区分数控车和数控铣，同时也要区分卧式与立式，那么怎么检验卧式车床的加工精度？

任务拓展

阅读材料

常见机床各部件精度检测知识简汇

1. 对不同形状的导轨，各表面应分别控制哪些平面的直线度误差？

答：机床导轨常见形状有矩形导轨和V形导轨。矩形导轨的水平表面控制导轨在垂直平面内的直线度误差，两侧面控制导轨在水平面内的直线度误差。对V形导轨，因为组成导轨的是两个斜表面，所以两个斜表面既控制垂直平面内的直线度误差，同时也控制水平面内的直线度误差。

2. 导轨直线度误差常用检测方法有哪些？

答：导轨直线度误差常用检测方法有研点法、平尺拉表比较法、垫塞法、拉钢丝检测法和水平仪检测法、光学平直仪(自准直仪)检测法等。

3. 什么叫研点法？

答：用平尺检测导轨直线度误差时，在被检导轨表面均匀涂上一层很薄的红丹油，将平尺覆在被检导轨表面，用适当的压力作短距离的往复移动进行研点，然后取下平尺，观察被检导轨表面的研点分布情况及研点最疏处的密度。研点在导轨全长上均匀分布，则表示导轨的直线度误差已达到平尺的相应精度要求。

研点法所用平尺是一根标准平直尺，其精度等级则根据被检导轨的精度要求来选择，一般不低于6级。长度不短于被检导轨的长度(在精度要求较低的情况下，平尺长度可比导轨短1/4)。

4. 研点法适用于哪几类导轨直线度误差的检测？

答：采用刮研法修整导轨的直线度误差时，大多采用研点法。研点法常用于较短导轨的检测，因为平尺超过2000 mm时容易变形，制造困难，而且影响测量精度。刮研短导轨时，导轨的直线度误差通常由平尺的精度来保证，同时对单位面积内研点的密度也有一定的要求，可根据机床的精度要求和导轨在本机床所处地位的性质及重要程度，分别规定为每25 mm × 25 mm内研点不少于10~20点(即每刮方内点子数)。

用研点法检测导轨直线度误差时，由于它不能测量出导轨直线度的误差数值，因而当有水平仪时，一般都不用研点法作最后检测。但是，应当指出，在缺乏测量仪器(水平仪、光学平直仪等)的情况下,采用三根平尺互研法生产的检验平尺,可以较有效地满足一般机床短导轨直线度误差的检测要求。

5. 平尺拉表比较法适用于测量导轨哪些平面的直线度误差?

答:平尺拉表比较法通常用来检测短导轨在垂直面内和水平面内的直线度误差。为了提高测量读数的稳定性,在被检测导轨上移动的垫铁长度一般不超过 200 mm,且垫铁与导轨的接触面应与被检测导轨进行配刮,使其接触良好,否则就会影响测量的准确性。

(1) 垂直平面内直线度误差的检测方法。将平尺工作面放成水平,置于被检测导轨的旁边,距离愈近愈好,以减小导轨扭曲对测量精度的影响。在导轨上放一个与导轨配刮好的垫铁,将千分表座固定于垫铁上,使千分表测头先后顶在平尺两端表面,调整平尺,使千分表在平尺两端表面的读数相等,然后移动垫铁,每隔 200 mm 读千分表数值一次,千分表各读数的最大差值即为导轨全长内直线度的误差。在测量时,为了避免刮点的影响,使读数准确,最好在千分表测头下面垫一块量块。

(2) 水平面内直线度误差的检测方法。将平尺的工作面侧放在被检测导轨旁边,调整平尺,使千分表在平尺两端表面的读数相等,其测量方法和计算误差方法同上。

任务四　维护数控机床与故障检修

数控机床的应用越来越广泛,其加工柔性好,精度高,生产效率高,具有很多优点,但数控机床是复杂的大系统,涉及光、机、电、液等很多技术,使用过程中难免会发生故障。其中机械锈蚀、机械磨损、机械失效,电子元器件老化、插件接触不良、电流电压波动、温度变化、干扰、噪声,软件丢失或本身存在隐患、灰尘等原因都是造成其发生故障的根源。因此,数控机床的维护和故障诊断是非常复杂的过程。

为了更好地维护及维修数控机床,必须要掌握数控机床维护项目、原则以及数控机床故障诊断的方法与原则,做好理论准备。

任务目标

- 掌握数控机床的日常保养工作;
- 掌握典型故障的检修。

任务描述

让学生掌握数控机床日常维护的操作步骤,掌握日常维护注意事项,掌握常用故障检查方法,能够排除一些典型的数控机床故障。如图 3-2-4-1 所示为维修机床。

图 3-2-4-1　维修机床

知识链接

随着科学技术的发展，机械加工行业对产品提出了高精度、高复杂性的要求。随着产品的更新换代，不仅对机床设备提出了高精度和高效率的要求，也对其使用寿命提出了要求，而数控机床的日常维护和保养是延续其生命周期的有效手段。日常保养是指对数控系统的日常正确操作和日常保养工作。

 数控车床维护项目

1. 机械部件的维护

1) 传动链的维护

定期调整主轴驱动带的松紧程度，防止因驱动带打滑造成的丢转现象；检查主轴润滑的恒温油箱、调节温度范围，及时补充油量，并清洗过滤器。

2) 滚珠丝杠螺纹副的维护

定期检查、调整丝杠螺纹副的轴向间隙，保证反向传动精度和轴向刚度；定期检查丝杠与床身的连接是否有松动；丝杠防护装置损坏后要及时更换，以防灰尘或铁屑进入。

2. 数控系统的维护

(1) 严格遵守操作规程和日常维护制度。

(2) 应尽量少开数控柜和强电柜的门，由于在机加工车间的空气中一般都会有油雾、灰尘甚至金属粉末，一旦它们落在数控系统内的电路板或电子器件上，容易引起元器件间绝缘电阻下降，甚至导致元器件及电路板损坏。

(3) 定时清扫数控柜的散热通风系统，检查数控柜上的各个冷却风扇工作是否正常。每半年或每季度检查一次风道过滤器是否有堵塞现象，若过滤网上灰尘积聚过多，不及时清理，会引起数控柜内温度过高。

(4) 定期更换存储器电池。一般数控系统内对 RAM 存储器件设有可充电电池维护电路，以保证系统不通电期间能保持其存储的内容。在一般情况下，即使尚未失效，也应每年更换一次，以确保系统正常工作。电池的更换应在数控系统供电状态下进行，以防更换时 RAM 内信息丢失。

(5) 注重机床数据的备份。数控机床参数有几千个，还有 PLC 程序以及宏程序等，而数控机床有时会发生主板或硬盘故障或者由于外界干扰等造成数据丢失，可能造成系统瘫痪，因此要及时备份数据。

(6) 备用电路板的维护。备用的印制电路板长期不用时，应定期装到数控系统中通电运行一段时间，以防损坏。

3. 机床精度的维护

定期进行机床水平和机械精度检查并校正。机械精度的校正方法有软、硬两种。软方法主要是通过系统参数补偿，如丝杠反向间隙补偿、各坐标定位精度定点补偿、机床回参考点位置校正等；硬方法一般要在机床大修时进行，如进行导轨修刮、滚珠丝杠螺母副预紧调整反向间隙等。

4. 数控设备在长期不用时的维护

当数控设备长期闲置不用时，也应定期进行保养。首先应经常给系统通电，在机床锁住不动的情况下让其空运行，利用电器元件本身的发热驱走数控柜内潮气，以保证电子元器件的性能稳定可靠。实践证实，经常闲置不用的机床，尤其是在梅雨季节后，开机时往往会发生各种故障。假如闲置时间较长，应将直流电机电刷取出来，以免由于化学腐蚀损坏换向器。

 数控机床维护原则

数控机床是按照零件加工的技术要求和工艺要求，编写零件的加工程序，然后将加工程序输入到数控装置，通过数控装置控制机床的主轴运动、进给运动、更换刀具，工件的夹紧与松开，冷却、润滑泵的开关，使刀具、工件和其他辅助装置严格按照加工程序规定的顺序、轨迹和参数进行工作，从而加工出符合图纸要求的零件。因此数控机床是复杂的机电一体化产品，在维护时必须注意以下几个原则：

(1) 一般原则有怀疑时应先分析、验证，而不是立即动手更换和修理，并且要查找故障原因，找准故障症结，杜绝非正常故障的再发生。

(2) 对于数控机床，主要检查外围接口电路、输入信号。因主电路元件很少损坏，没有相应手段，不要轻易拆装，同时注意备份程序、断电保持功能等。

(3) 对电气维护人员的要求：

① 电气维护是一项手脑结合的工作，不但需要扎实的基础和综合技能，而且还要不断更新自己的专业知识，熟练阅读英文进口设备的技术资料是非常必要的。因此，电气维护人员必须具备较强的学习能力。

② 电气维护人员要思路清晰，逻辑性强，要能正确运用逆反、求异、发散以及跳跃性、创造性思维，克服成见和思维定势，问题解决后及时总结。

③ 电气维护人员对所出现的故障要遵循观察、分析、判断、证实、处理、再观察的规律，在认真观察、思索的基础上再动手。

④ 电气维护人员要养成仔细阅读说明书、列工作程序表、标记号、做好笔记的习惯。维护工具的放置、使用要规范、便利。

(4) 要遵守安全操作规程。对有关的安全标准和规章制度也要严格遵守，养成良好习惯，确保人身和设备安全。

 数控机床维护注意事项

1. 每天对数控机床进行检查

每天对各系统的运行情况进行全方面的检查，包括液压系统、主轴润滑系统、导轨润滑系统、冷却系统、气压系统等。

2. 提高操作人员的综合素质

数控机床是典型的机电一体化产品，它牵涉的知识面较宽，因此要求操作者应具有机、电、液、气等更宽广的专业知识。为此，必须对数控操作人员进行培训，使其对机床原理、性能、润滑部位等进行较系统的学习，为更好地使用机床奠定基础。同时在数控机床的使用与管理方面，制定一系列切合实际、行之有效的措施。

3．为数控机床创造一个良好的使用环境

由于数控机床中含有大量的电子元件，它们最怕阳光直接照射，也怕潮湿、粉尘、振动等，这些均会使电子元件受到腐蚀或造成元件间的短路，引起机床运行不正常。为此，数控机床的使用环境应保持干燥、清洁、恒温和无振动；对于电源应保持稳压，一般只允许 10%的波动。

4．严格遵循正确的操作规程

无论是什么类型的数控机床，它都有一套自己的操作规程，这既是保证操作人员人身安全的重要措施之一，也是保证设备安全、使用产品质量等的重要措施。因此，使用者必须按照操作规程正确操作，如果机床在第一次使用或长期没有使用时，应先使其空转几分钟，并要特别注意使用中开机、关机的顺序和相关的注意事项。

5．在使用中，尽可能提高数控机床的开动率

对于新购置的数控机床应尽快投入使用，设备在使用初期故障率往往大一些，用户应在保修期内充分利用机床，使其薄弱环节尽早暴露出来，在保修期内得以解决。在缺少生产任务时，也不能空闲不用，要定期通电，每次空运行 1 小时左右，利用机床运行时的发热量驱除或降低机内的湿度。

6．制定并且严格执行数控机床管理的规章制度

除了对数控机床进行日常维护外，还必须制定并且严格执行数控机床管理的规章制度，主要包括：定人、定岗和定责任的三定制度，定期检查制度，规范的交接班制度等。这也是数控机床管理、维护与保养的主要内容。

 故障检查方法

随着当今控制理论与自动化技术的高速发展，尤其是微电子技术和计算机技术的日新月异，使得数控技术也在同步飞速发展，数控系统结构形式上的多样化、复杂化、高智能化，使数控机床的故障诊断与排除需要更专业的技术和知识。数控机床的常见故障排除方法有如下几种：

1．直观检查法

直观检查法是维修人员根据故障发生时的各种光、声、味等异常现象的观察，确定故障范围，可将故障范围缩小到一个模块或一块电路板上，然后再进行排除。

2．初始化复位法

一般情况下，由于瞬时故障引起的系统报警，可用硬件复位或开、关系统电源依次来排除故障。若系统工作存储区由于掉电、拔插线路板或电池欠压造成混乱，则必须对系统进行初始化清除，清除前应注意做好数据拷贝记录，若初始化后故障仍无法排除，则进行硬件诊断。

3．自诊断法

数控系统已具备了较强的自诊断功能，并能随时监视数控系统的硬件和软件的工作状态。利用自诊断功能，能显示出系统与主机之间的接口信息的状态，从而判断出故障发生在机械部分还是数控部分，并显示出故障的大体部位(故障代码)。

4．功能程序测试法

功能程序测试法是将数控系统的功能用编程法编写一个功能试验程序，并存储在相应的介质上，如纸带和磁带等。在故障诊断时运行这个程序，可快速判定故障发生的可能原因。

功能程序测试法常应用于以下场合：机床加工造成废品而一时无法确定是编程操作不当、还是数控系统故障引起；数控系统出现随机性故障，一时难以区别是外来干扰，还是系统稳定性不好；闲置时间较长的数控机床在投入使用前或对数控机床进行定期检修时。

5．备件替换法

用好的备件替换诊断出坏的线路板，即在分析出故障大致起因的情况下，维修人员可以利用备用的印制电路板、集成电路芯片或元器件替换有疑点的部分，从而把故障范围缩小到印制线路板或芯片一级，并做相应的初始化起动，使机床迅速投入正常运转。

对于现代数控的维修，越来越多的情况采用这种方法进行诊断，然后用备件替换损坏模块，使系统正常工作，尽最大可能缩短故障停机时间。使用这种方法在操作时注意一定要在停电状态下进行，还要仔细检查线路板的版本、型号、各种标记、跨接是否相同，若不一致则不能更换。拆线时应做好标志和记录。一般不要轻易更换 CPU 板、存储器板及电地，否则有可能造成程序和机床参数的丢失，使故障扩大。

6．参数检查法

系统参数是确定系统功能的依据，参数设定错误可能造成系统的故障或某功能无效。发生故障时应及时核对系统参数，参数一般存放在磁泡存储器或存放在需由电池保持的MOSRAM 中，一旦电池电量不足或由于外界的干扰等因素，会使个别参数丢失或变化，发生混乱，使机床无法正常工作。此时，可通过核对、修正参数，将故障排除。

7．原理分析法

根据数控系统的组成原理，可从逻辑上分析各点的逻辑电平和特性参数，如电压值和波形，使用仪器仪表进行测量、分析、比较，从而确定故障部位。

除以上常用的故障检测方法之外，还可以采用拔插板法、电压拉偏法、开环检测法等。总之，根据不同的故障现象，可以同时选用几个方法灵活应用、综合分析，才能逐步缩小故障范围，较快地排除故障。

注：一定要严格地按照有关系统的操作、维修说明书的要求进行操作。

 故障排除的一般原则与步骤

在市面有好多不同品牌和厂家的数控机床，虽然在结构和性能上有所区别，但在故障诊断上有它的共性。

1．故障诊断原则

(1) 先外部后内部。现代数控系统的可靠性越来越高，数控系统本身的故障率越来越低，而大部分故障的发生则是非系统本身原因引起的。由于数控机床是集机械、液压、电气为一体的机床，其故障的发生也会由这三者综合反映出来。维修人员应先由外向内逐一进行排查，尽量避免随意地启封、拆卸，否则会扩大故障，使机床丧失精度、降低性能。系统外部的故障主要是由于检测开关、液压元件、气动元件、电气执行元件、机械装置等出现问题而引起的。

(2) 先机械后电气。一般来说，机械故障较易发觉，而数控系统及电气故障的诊断难度较大。在故障检修之前，首先注意排除机械性的故障。

(3) 先静态后动态。先在机床断电的静止状态，通过了解、观察、测试、分析，确认通电后不会造成故障扩大、发生事故后，方可给机床通电。在运行状态下，进行动态的观察、检验和测试，查找故障。而对通电后会发生破坏性故障的，必须先排除危险后，方可通电。

(4) 先简单后复杂。当出现多种故障互相交织，一时无从下手时，应先解决容易的问题，后解决难度较大的问题。往往简单问题解决后，难度大的问题也可能变得容易。

2. 数控系统出现报警时的维修过程

(1) 充分调查故障现场：从系统外观到系统内部各印制线路板都应细心地察看是否有异常之处。在确认系统通电无危险的情况下，方可通电，观察系统有何异常、CRT 显示的内容等。

(2) 认真分析产生故障的起因：无论是 CNC 系统、机床强电，还是机械、液压、气路等，只要有可能引起该故障的原因，都要尽可能全面地列出来，进行综合判断和筛选，然后通过必要的试验，达到确诊和最终排除故障的目的。

(3) 动手修复：一旦故障部位已找到，但手头却无可更换的备件时，可用移植借用办法，作为应急措施来解决。

数控机床的维护和排故过程比较复杂，通过 CKA6140 数控机床的维护学习，掌握数控机床典型故障的排除以及常见项目的维护。

 CKA6140 数控机床维护

1. 主轴系统的维护

1) 主轴三爪卡盘日常维护

(1) 松开三爪自定心卡爪，如图 3-2-4-2 所示。

(2) 向卡爪根部喷油，如图 3-2-4-3 所示。

(3) 用油刷把油刷匀，如图 3-2-4-4 所示。

图 3-2-4-2　松开三爪自定心卡爪　　　图 3-2-4-3　卡爪根喷油　　　　图 3-2-4-4　刷油

2) 齿轮箱润滑

(1) 观察齿轮箱润滑油窗口，检查润滑油液位是否正常，如图 3-2-4-5 所示。

(2) 若润滑油不足，则打开润滑油注入口，如图 3-2-4-6 所示。

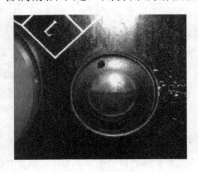

图 3-2-4-5　检查液位

图 3-2-4-6　打开注油口

(3) 加注要求标号的润滑油，如图 3-2-4-7 所示。

(4) 注意观察润滑油观察窗口，油面到达合适位置即可，如图 3-2-4-8 所示。

图 3-2-4-7　注油

图 3-2-4-8　合适液位

3) 主轴传动带维护

用手按压传动皮带，检查张紧量是否合适，若不合适则调整或更换皮带，如图 3-2-4-9 所示。

图 3-2-4-9　检查皮带

2. 数控机床导轨的维护

(1) 用毛刷清扫导轨面，保持导轨面清洁。

(2) 检查自动润滑油箱中的润滑油液面，如图 3-2-4-10 所示。

(3) 若润滑油液面低于 LOW 标线，则打开壶盖。

(4) 加注润滑油，使润滑油液面在 HIGH 和 LOW 之间即可。

图 3-2-4-10　检查导轨润滑油

3. 数控机床电气柜维护

(1) 要对配电箱进行定期的除尘，保持配电箱的清洁。

(2) 要定期检查配电箱内的接头是否牢固，保证接线的可靠性。

(3) 要检查相关的开关的动作是否正常，不正常的开关要及时更换。

(4) 对于箱体的密封情况要进行详细的检查，尤其是对于灰尘较大的环境，以免发生危险。

(5) 对排风机的风扇进行检查，检查风扇能否正常运行。

(6) 对于配电箱的接线，一定要整齐美观，对零散的线头要进行整理。

4. 定期更换存储器电池

(1) 按要求准备好锂电池。

(2) 接通 0i/0i Mate 的电源，大约 30 秒。

(3) 关掉 0i/0i Mate 的电源。

(4) 从控制单元的正面拆掉电池。首先拔掉插头，然后拔出电池盒，如图 3-2-4-11 所示。

(5) 交换电池，然后重新接上插头。

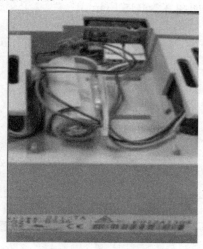

图 3-2-4-11　更换电池

5. 滚珠丝杠反向间隙补偿

(1) 设定参数 1800，如图 3-2-4-12 所示。

1800	#7	#6	#5	#4	#3	#2	#1	#0
				RBK				

#4(RBK) 0：切削/快速进给间隙补偿量不分开。
　　　　　1：切削/快速进给间隙补偿量分开。

图 3-2-4-12　设定间隙补偿

(2) 测量反向间隙值：

① 回参考点。

② 用切削进给使机床移动到测量点，指令如下：

　G01 X100.0 F300；

③ 安装百分表，将刻度对 0，如图 3-2-4-13 所示。

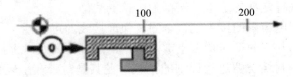

图 3-2-4-13　安装百分表

④ 用切削进给，使机床沿相同方向移动到 X200.0 处，如图 3-2-4-14 所示。

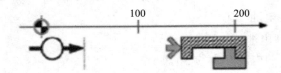

图 3-2-4-14　移动机床

⑤ 用切削进给返回测量点 X100.0 处。

⑥ 读取百分表的刻度，如图 3-2-4-15 所示。

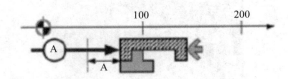

图 3-2-4-15　读取百分表刻度

⑦ 按检测单位换算切削进给方式的间隙补偿量。

(3) 设置参数 1851，如图 3-2-4-16 所示。

参数	1851	切削进给方式的间隙量	[检测单位]

设定范围：−9999～+9999

图 3-2-4-16　计算间隙量

6. 数控机床数据的备份

(1) 准备一张 CF 卡、一个 CF 转 PCMCIA CF 适配器及一个多合一读卡器，如图 3-2-4-17 所示。

图 3-2-4-17　备份工具

(2) 把 CF 插入读卡器，在电脑上格式化成 FAT 格式，然后插入 CF 适配器，再把带 CF 卡的适配器插入 CNC 左侧存储卡插槽，如图 3-2-4-18 所示。

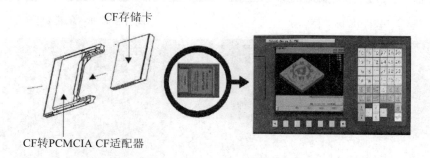

图 3-2-4-18　转换格式

(3) 选择 MDI 状态，按 [图] 键，按【设置】，如图 3-2-4-19 所示，移动光标到图中 I/O 通道，修改数据为 4。

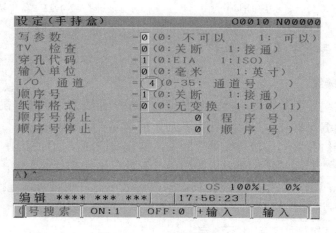

图 3-2-4-19　备份数据(一)

(4) CNC 参数备份：选择【EDIT】，按 键，如图 3-2-4-20 所示，按【参数】→【操作】→【输出】→【全部】→【执行】，备份出的文件名为【CNC-PARA，TXT】。具体备份步骤如图 3-2-4-20～图 3-2-4-23 所示。

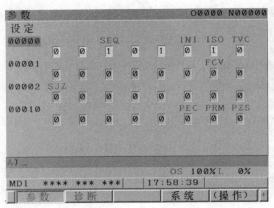

图 3-2-4-20　备份数据(二)

图 3-2-4-21　备份数据(三)

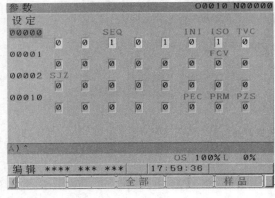

图 3-2-4-22　备份数据(四)

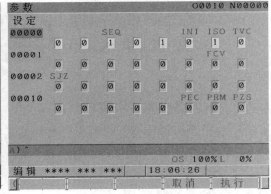

图 3-2-4-23　备份数据(五)

CK6140 数控机床典型故障分析

1. 无法切削螺纹

(1) 检查主轴编码器是否安装，同时必须确保编码器线数与系统匹配；

(2) 检查主轴编码器是否损坏，若损坏则更换新的主轴编码器；

(3) 用万用表检查编码器信号线是否断裂，检查线路连接是否错误；

(4) 若系统内部的螺纹接收信号电路故障，则返厂维修或更换主板；

(5) 若主轴编码器与系统连接线接头松动或接触不良，则将两端连接头连接处插紧，接触不良处重新焊紧。

2. 机械方面引起的加工尺寸不稳定

(1) 检查电机阻尼片是否过紧或过松，若是则调整阻尼盘，使电机处于非共振状态；

（2）电机插头进水造成绝缘性能下降，电机损坏更换电机插头，做好防护，或更换电机；

（3）加工出的工件大小头，检查刀具装夹是否合适，检查进刀量是否过大或过快造成的过负荷，检查工件装夹不应伸出卡盘太长，避免让刀；

（4）工件出现椭圆检查主轴的跳动，检修主轴，更换轴承；

（5）通过百分表检查丝杠的反向间隙，若间隙大则从系统将间隙补入，补入后再检查间隙是否过大，若还大则更换丝杠；

（6）若丝杠存在爬行或响应慢的现象，则检查机械丝杠安装是否过紧。

3. 刀架锁不紧故障原因处理方法

（1）若系统反锁时间不够长，则调整系统反锁时间参数；

（2）若机械锁紧机构故障，则拆开刀架，调整机械，检查定位销是否折断。

任务评价

完成上述任务后，认真填写表 3-2-4-1 所示的"维护数控车床与故障检修操作评价表"。

表 3-2-4-1　维护数控车床与故障检修操作评价表

组　　别		小组负责人		
成员姓名		班　　级		
课题名称		实施时间		
评价指标	配分	自评	互评	教师评
数据备份正确	10			
三爪卡盘维护正确	10			
导轨维护正确	10			
主轴维护正确	10			
电器柜维护正确	10			
无法加工螺纹故障诊断正确	10			
刀架锁不紧故障诊断正确	10			
课堂学习纪律、安全文明生产	15			
着装是否符合安全规程要求	10			
能实现前后知识的迁移，团结协作	5			
总　　计	100			
教师总评 （成绩、不足及注意事项）				
综合评定等级（个人 30%，小组 30%，教师 40%）				

练习与实践

(1) 几何精度检验的概念是什么？

(2) 数控系统通电前、后应检查的内容有哪些？

(3) 数控机床故障诊断原则是什么？

(4) 数控机床故障检查方法有哪些？

(5) 利用功能程序测试法如何检查故障？

(6) 数控机床故障排除的一般方法有哪些？

(7) 造成数控系统故障而又不易被发现的原因有哪些？

(8) 利用测量比较法如何检查故障？

(9) 利用敲击法如何检查故障？

任务拓展

阅读材料

FANUC SRAM 数据的备份

通过系统引导程序把 CNC-SRAM 数据备份到 CF 卡中，该法简便易行，恢复容易。步骤如下：

(1) 启动引导系统(BOOT SYSTEM)。

操作：同时按住软件右端两个键，并接通 NC 电源，系统就进入引导画面。

用软键[up]、[down]进行选择处理，按软键[select]，并按软键[yes]、[no]确认。

(2) 用软键[up]、[down]选择到 "SRAM DATA BACKUP" 上，进入 SRAM DATA BACKUP" 子界面上，即 SRAM 数据的备份画面。(通过此功能，可以将系统的用户数据，包括螺距误差补偿值、加工程序、宏程序、刀具补偿值、工件坐标系数据、PMC 参数等全部存储到 CF 中，或者以后恢复到 CNC 中。)

(3) 在该子界面中进行以下操作：

① 选择 "1.SRAM BACKUP"，显示确认的信息。

② 按[yes]键，就开始保存数据。

③ 如果要备份的文件已储存在卡中，系统就会提示是否覆盖原文件。

④ 在 "file name" 处显示现在正在写入的文件名。

⑤ 结束后，显示信息 "SRAM BACKUP COMPLETE。HIT SELECT KEY"。

项目三　电梯的安装调试与维护技术

010_模块三项目三
ppt_512px.png

任务一　安装电梯导轨

电梯的导轨分为轿厢导轨和对重导轨两个部分，导轨的参数尺寸与电梯的额定载重量和额定运行速度有关。导轨质量的优劣，决定着电梯运行效果的好坏。接下来我们开始对导轨的安装进行学习。

任务目标

- 了解电梯导轨的作用；
- 掌握导轨的连接与固定方法；
- 掌握电梯导轨的检验与校正方法。

任务描述

在电梯安装工地现场，梯井墙面施工完毕，其深度、宽度、垂直度均符合要求，下面就需要进行导轨的安装。通过本次安装操作了解导轨在电梯工作中的作用；掌握导轨安装的工作流程及导轨支架的固定；能够进行导轨的安装；能够进行导轨及导轨距的校正。

知识链接

电梯导轨为电梯轿厢、对重装置或梯级提供导向作用；承受轿厢、安全钳制动时的冲击力。

 导轨的作用

导轨是安装在井道的导轨支架上，确定轿厢和对重相对位置，并引导其运动的部件。

1. 导轨的分类

电梯导轨以其横截面的形状区分，常见的有五种，如图 3-3-1-1 所示。按功能可以分为导轨分轿厢导轨和对重导轨。

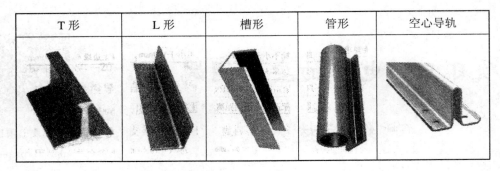

T 形	L 形	槽形	管形	空心导轨

图 3-3-1-1　电梯导轨的种类

轿厢导轨：作为轿厢在竖直方向运动的导向，限制轿厢自由度。

对重导轨：作为对重在竖直方向运动的导向，限制轿厢自由度。

2. 导轨的作用

导轨是轿厢和对重装置运行的导向部件，导轨用压导板固定在导轨支架支承面上，导轨支架牢固地安装于井道壁上。当安全钳起作用时，导轨起支承轿厢及其负载或对重装置的作用。所以导轨的安装质量对电梯运行性能有着直接关系。在安装时，严格控制导轨支架的安装和导轨安装，重视导轨安装这一重要工序，以提高电梯安装质量。

 导轨固定与连接安装

导轨的长度一般为 3～5 m，连接时是以导轨端部的榫头与榫槽契合定位，底部用接导板固定。连接时应将个别起毛的榫头、榫槽用锉刀略加修整。连接后，接头处不应存在连接缝隙。在对接处出现的台阶接头按要求进行修光。技术要求如下：

(1) 轿厢两列导轨的连接处不应在同一水平面上，如图 3-3-1-2 所示。

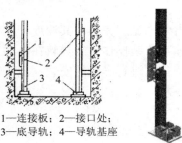

1—连接板；2—接口处；
3—底导轨；4—导轨基座

图 3-3-1-2　导轨连接

(2) 当电梯撞顶蹲底时，各导靴均应不越出导轨。

(3) 导轨工作表面应无磕碰、毛刺和弯曲，每根导轨其直线度误差不大于长度的 1/6000；单路导轨对安装基准线每 5 m 的偏差不应大于下列数值：轿厢导轨和装有对重安全钳的对重导轨为 0.6 mm；不设安全钳的对重导轨为 1.0 mm。

(4) 检查导轨的直线度不大于 1%，单根导轨全长偏差不大于 0.7 mm，不符合要求的应要求厂家更换或自行调直。

(5) 采用油润滑的导轨，应在立基础导轨前，在其下端加一个距底坑地坪高 40～60 mm

的水泥墩或钢墩，或将导轨下面的工作面部分锯掉一截，留出接油盒的位置。

(6) 导轨应用压导板固定在导轨支架上，不应焊接或用螺栓直接连接；每根导轨必须有两个导轨支架；最高端与井道顶距离 50～100 mm。

(7) 吊装导轨时应用 U 形卡固定住连接导板，吊钩应采用可旋转式，以消除导轨在提升过程中的转动，旋转式吊钩可采用推力轴承自行制作。

(8) 若采用人力吊装，尼龙绳直径应大于或等于 16 mm。

(9) 导轨的凸榫头应朝上，便于清除榫头上的灰渣，确保接头处的缝隙符合规范要求。

(10) 导轨与导轨的连接，如图 3-3-1-3 所示，轿厢导轨安装好后再安装对重导轨。

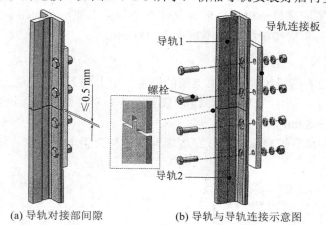

(a) 导轨对接部间隙   (b) 导轨与导轨连接示意图

图 3-3-1-3   导轨与导轨连接

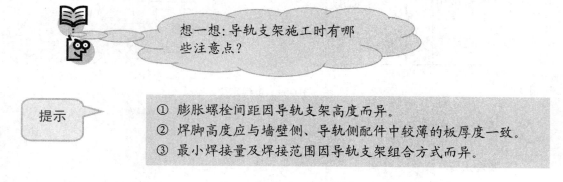

想一想: 导轨支架施工时有哪些注意点?

提示

① 膨胀螺栓间距因导轨支架高度而异。
② 焊脚高度应与墙壁侧、导轨侧配件中较薄的板厚度一致。
③ 最小焊接量及焊接范围因导轨支架组合方式而异。

任务实施

导轨是确保轿厢和对重装置按设定要求做上下垂直运动的机件，安装质量的好坏直接影响电梯的运行效果和乘坐舒适度。

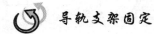

导轨支架固定

1. 轿厢导轨支架和对重导轨支架布置

导轨支架的安装，其布置方法通常用下列几种，如图 3-3-1-4 所示。

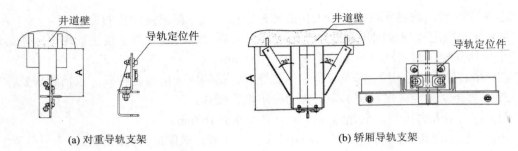

(a) 对重导轨支架   (b) 轿厢导轨支架

图 3-3-1-4　导轨支架的布置

导轨支架的布置应满足一根导轨至少应有 2 个导轨支架，其间距不大于 2.5 m，但上端最后一个导轨架与机房楼板的距离不得大于 500 mm。

2. 导轨支架安装

(1) 按样板架上的基准线确定导轨支架的位置，由上往下，或由下往上安装导轨支架，校正导轨支架的水平，固定导轨支架，导轨调整完毕后对导轨支架可调整部位进行电焊定位，焊缝堆积高度≥5 mm。

(2) 导轨调整完毕后使膨胀螺栓或穿墙螺栓垫片与支架电焊定位，如图 3-3-1-5 所示。

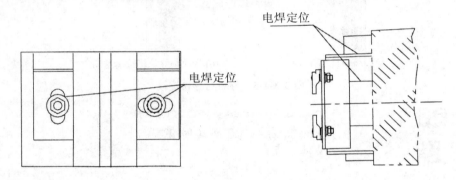

图 3-3-1-5　电焊定位

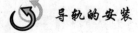 *导轨的安装*

1. 准备工作

(1) 将导轨置于合适的工作高度，如图 3-3-1-6(a)所示。

(2) 在清洁导轨时确保工作高度合适，如图 3-3-1-6(b)所示。

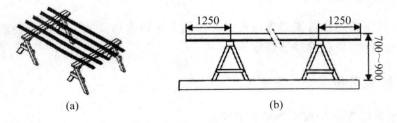

(a)   (b)

图 3-3-1-6　清洁导轨

（3）用目测的方式检查导轨在水平和垂直方向是否平直，无扭曲，如图 3-3-1-7 所示。必要时可通过器具测量。

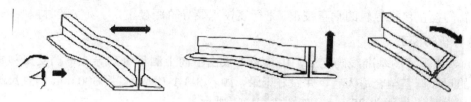

图 3-3-1-7　检查导轨平直

（4）检查导轨接头，必要时用器具进行打磨，如图 3-3-1-8 所示。

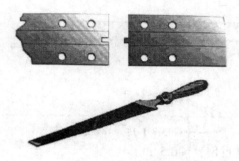

图 3-3-1-8　检查导轨接头

2. 安装导轨

（1）两侧地面以上第一根导轨接头应该在同一水平面，如图 3-3-1-9 所示。

（2）用气割工具截取所需长度的导轨，切口应该修整磨平。

（3）在低空放置导轨部位铺设木板防止导轨接头处受损。使导轨接导板朝上的方式把导轨放入底坑。

（4）如果底坑里的空间不足以摆放所有的导轨，仅按需搬运导轨至底坑。余下的导轨可以按工作进度按需搬运至底坑。

（5）在导轨支架上标出与样线吻合的标记。

（6）根据导轨支架间距数据及样线位置标出导轨支架安装位置钻孔，如图 3-3-1-10 所示。

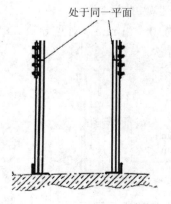

图 3-3-1-9　导轨接头水平

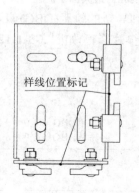

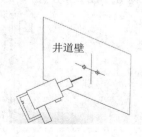

图 3-3-1-10　按样线标记位置钻孔

导轨及导轨距的校正

导轨的校正包括导轨的垂直校正、平行度校正及导轨距校正，导轨安装时按要求记录。

1. 导轨的校正

(1) 导轨垂直度基准线确定后，用导轨卡板由下向上测量每列导轨每挡支架和导轨连接板处的尺寸调整至合适为宜，并做好记录，如表 3-3-1-1 所示。用 300 mm 钢直尺测量导轨顶面与样线 A 间距为 25 mm，如图 3-3-1-11 所示。

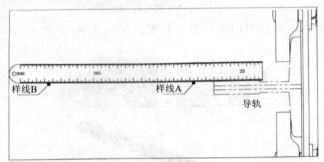

图 3-3-1-11　导轨校正

(2) 使导轨与样线的垂直偏差≤0.5 mm。

表 3-3-1-1　导轨与样线偏差值

轿厢净宽(mm)	对应的轿厢导轨距(mm)	样线 A 偏差值≤(mm)
1100		5
1200		5.5
1300		6
1400	见土建图	6
1500		6.5
1600		7
1700		7

注：校准完整列导轨后取测量值间的相对最大偏差值应不大于上述规定值的 2 倍。

(3) 在接近导轨支架处测量两列导轨的轨距(DBG)偏差为 0～+1 mm，对重导轨 DBG 偏差为 0～+2 mm，(必要时用调整垫片修正)如图 3-3-1-12 所示。

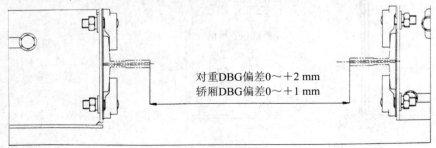

对重DBG偏差0～+2 mm
轿厢DBG偏差0～+1 mm

图 3-3-1-12　测量导轨轨距

2. 导轨接头处修正

(1) 使用直线度为 0.01/300 的平直尺测量导轨接头处台阶应不大于 0.05 mm，如图 3-3-1-13 所示。

(2) 当导轨接头处台阶大于 0.05 mm 时，应用锉刀对接头处进行修正，修正长度≥300 mm，如图 3-3-1-14 所示。

(3) 导轨调整完毕后对调整垫片超过 2 片的部位进行点焊，使多片垫片成为一体，如图 3-3-1-15 所示。

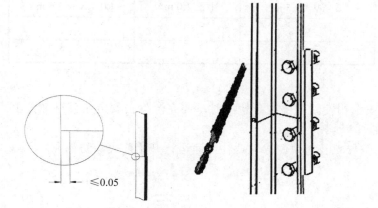

图 3-3-1-13　测量导轨接头处台阶　　图 3-3-1-14　修正导轨接头　　图 3-3-1-15　点焊导轨接头

3. 导轨支架修正

依照样线检查安装位置并修正。在满足导轨面距的条件下，确保导轨支架与导轨之间塞入不少于 1 mm 调整垫片，如图 3-3-1-16 所示。

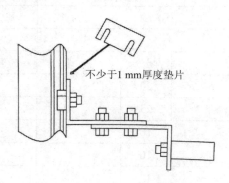

不少于1 mm厚度垫片

图 3-3-1-16　修正导轨支架

 导轨清理

1. 导轨的清洁

轿厢、对重导轨安装结束后，进行清理工作。用回丝擦去导轨表面的防锈油，禁止使用稀释剂，汽油，氯化物类溶剂。去油剂如表 3-3-1-2 所示，防锈油的去除标准如表 3-3-1-3 所示。

表 3-3-1-2　去 油 剂 表

适用	去油剂	备　注
推荐品	矿质松节油 一般煤油	(1) 引火性虽不强，但要充分注意防火 (2) 无毒性

表 3-3-1-3　防锈油的去除标准

区 分 基 准	轿 厢 侧		对 重 侧	
	1 m/s 以下	$1.0 < V \leq 2.5$ m/s	小于 1.0 m/s	$1.0 < V < 2.5$ m/s
安全去除	✓	✓		✓
不用去除			✓	

2. 去除防锈油的时间

(1) 轿厢架组装时，利用安全钳使轿厢停在导轨上时，要完全除去安全钳夹持部分上下 1 m(共 2 m)范围内的防锈油。

(2) 速度为 1.0 m/s 的轿厢侧导轨及对重侧导轨要在低速运行开始前去除防锈油。

任务评价

完成上述任务后，认真填写表 3-3-1-4 所示的"电梯维护保养实操评价表"。

表 3-3-1-4　电梯维护保养实操评价表

组　别		小组负责人	
成员姓名		班　级	
课题名称		实施时间	
评 价 指 标	配分	自 评	互 评	教师评
理论题作答是否完全正确	20			
导轨支架水平度的检查正确与否	25			
导轨垂直度的检查正确与否	10			
导轨距测量的正确与否	10			
课堂学习纪律、安全文明生产	15			
着装是否符合安全规程要求	15			
能实现前后知识的迁移，团结协作	5			
总　　　计	100			
教师总评 (成绩、不足及注意事项)				
综合评定等级(个人 30%，小组 30%，教师 40%)				

练习与实践

(1) 电梯导轨的作用是什么？有哪几部分组成？电梯导轨安装质量有哪些具体规定？

(2) 导轨安装应注意哪些事项？导轨支架如何安装？

(3) 导轨距和导轨平行度如何校正？

任务拓展

阅读材料

井道施工照明

每台电梯都单独装设一只能切断该电梯所有供电电路的电源开关。该开关应具有切断电梯正常使用情况下最大电流的能力。但该开关不应切断下列供电电路：① 轿厢照明和通风；② 轿顶电源插座；③ 机房和滑轮间照明；④ 机房、滑轮间和底坑电源插座；⑤ 电梯井道照明。

根据电梯安装验收规范 GB10060—2011 的规定，电梯井道应设永久性照明。

(1) 电梯井道照明电压的选择：电梯井道内部空间有限属狭小工作场所，为了保证施工及维修人员不受电击，设计时宜选用 36 V 安全电压；需要注意的是在高层建筑中井道长度超过 50 m 接近或超过 100 m 时，为减小电压损失，井道照明电压应采用 220 伏特，同时应设 30 mA 瞬时动作的 RCD。

(2) 电梯井道照明光源的选择：当采用 36 V 照明时，可选用 36 V 荧光灯或白炽灯。

(3) 36 V 白炽灯功率的选择：36 V 白炽灯功率分为 15 W、25 W、40 W、60 W、100 W，设计时宜采用 60 W。

(4) 井道照明灯具间距问题：每隔不超过 7 m 设一盏灯，设计时如只按照 7 m 一盏照明灯具，是无法满足 50 lx 照明度的要求。建议当采用 60 W 白炽灯时，每隔 3 m 设一盏照明灯具，以满足规范对照明度的要求，如图 3-3-1-17 所示。

图 3-3-1-17　电梯井道照明

(5) 220 V/36 V 照明变压器容量的确定：应按(井道长度/3)×60 瓦估算，再考虑 0.8 的功率因数。例如，当电梯井道长度为 50 m 时，需设 1.250 kVA 的照明变压器。

(6) 36 V 照明出线应设保护电器，导线截面的选择要与保护开关相配合。

任务二　安装电梯机房设备

由于目前使用的电梯甩掉了传统曳引机的减速器，实现集曳引电动机、曳引轮、制动器、光电编码器于一体的全新模式，曳引机的体积和重量大大减小，使电梯机房的面积能够缩小到与电梯井道横截面积相等。这种小机房电梯的成交量已占市场的 90% 以上。

任务目标

- 了解机房设备布置结构与确定方法；
- 掌握机房设备安装的方法及技术要求；
- 掌握机房设备的安装步骤。

任务描述

对于有机房的电梯，机房设备主要有曳引机、承重梁、主机底座，减振垫、导向轮、限速器、绳头板、绳头组合、控制柜、限速器、电源箱等。由于电梯的用途、额定载重、速度、电梯井道结构等不同，所以电梯的结构是不同的。下面通过目前常见的梯型，详细学习机房设备的组成、各组成部件在电梯工作中的作用及机房设备安装的工作流程；掌握驱动系统的安装、限速器的安装、控制柜的安装、电源箱的安装以及调整测试。

知识链接

安装曳引机时首先将承重梁安装好，承重梁承载着曳引机、轿厢及其载荷、对重装置，所以承重梁的规格尺寸和两段着力点都要认真计算。

　机房设备组成

不同型号的电梯，其机房部件组成情况不完全相同，基本的组成部件有曳引机、制动器、限速器、曳引轮、控制柜等。

1. 机房基本要求

(1) 机房的温度应保持在 5℃～40℃ 之间；环境相对湿度不大于 85%(25℃时)；介质中

无爆炸危险，无腐蚀金属和破坏绝缘的气体及导电尘埃；

(2) 供电电压波动应在 ±7% 范围内；

(3) 机房地面应平整，门窗应防风雨，机房入口楼梯或爬梯应设扶手，通向机房的通道应畅通，机房门应加锁。门的外侧应设有"机房重地，闲人免进"的标志；

(4) 机房必须装设通风装置，从建筑物其他部分抽出的陈腐空气不得排入机房。

2. 机房的组成

机房内由驱动系统、限速器、控制柜和电源箱等部件组成。驱动系统又由曳引机、导向轮、机架、曳引轮防护装置、绳头板、减振垫、夹绳器(根据配置选用)、承重梁等组成，如图 3-3-2-1 所示。驱动系统是电梯系统的重要系统，所以必须保证部件的安装质量，才能保证电梯的运行性能和安全性能。

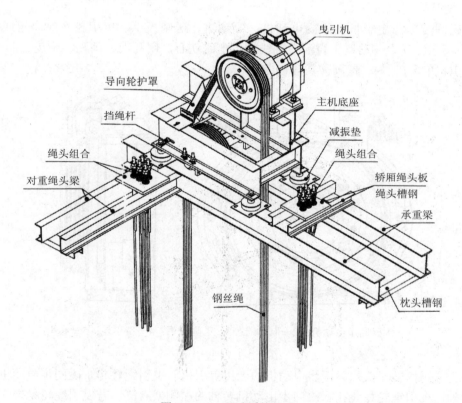

图 3-3-2-1　驱动系统组成

1) 限速器

电梯限速器，是电梯安全保护系统中的安全控制部件之一。当电梯在运行中无论何种原因使轿厢发生超速，甚至发生坠落的危险，而所有其他安全保护装置不起作用的情况下，限速器和安全钳会发生联动动作，使电梯轿厢停住。限速器随时监测控制着轿厢的速度，当出现超速度情况时，即电梯额定速度的 115% 时，能及时发出信号，继而产生机械动作切断供电电路，使曳引机制动，如图 3-3-2-2 所示。如果电梯仍然无法制动则安装在轿厢底部的安全钳动作将轿厢强制制停。

限速器开关
绳轮
调节弹簧
压杆
甩块
压块(压舌)
制动轮

图 3-3-2-2　限速器

2) 曳引机

永磁同步无齿曳引机由永磁电动机、制动器、送闸扳手、曳引轮及底座组成，如图 3-3-2-3 所示。其中制动器由直流电磁线圈、电磁铁心、闸瓦架、闸瓦、闸皮、制动轮(它属于曳引机的一部件)、抱闸弹簧等构成。

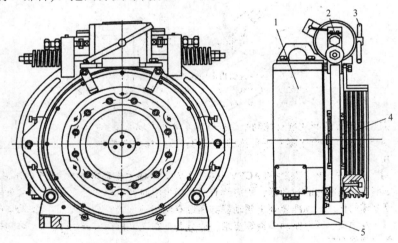

1—永磁同步电动机；2—制动器；3—送闸扳手；4—曳引轮；5—底座

图 3-3-2-3　曳引机

对于采用内转子式永磁同步电动机的无齿曳引机，曳引绳轮与永磁同步电动机的转动部分同轴，曳引绳轮稳装在永磁同步电动机转轴的左侧或右侧，若曳引绳轮稳装在永磁同步电动机转轴的左侧，则将制动轮稳装在永磁同步电动机转轴的右侧，制动器的闸瓦架、闸瓦及闸皮、直流电磁线圈、电磁铁心也与制动轮同装在右侧。这种方式易于将制动器的闸瓦架与永磁同步曳引电动机的外壳铸造成一体。由于永磁同步无齿曳引机没有减速器，所以永磁同步电动机输出的转矩比较大，因此要求永磁同步无齿曳引机制动器产生的制动转矩必须足以制停电梯继续运行，因而永磁同步无齿曳引机的制动器多采用双直流电磁线圈，且供电电源电压比较高，以降低直流电磁线圈的电流。

3) 控制柜

在电梯的电气自动控制系统中，逻辑判断起着主要作用。无论何种电梯，无论其运行速度有多大，自动化程度有多高，电梯的电气自动控制系统所要达到的目标是类似的。也就是要求电气自动控制系统根据轿厢内指令信号和电梯外召唤信号而自动进行逻辑判断，决定出电梯的运行方向并按内外信号要求达到预定控制目的。

控制柜在机房的安装位置，如图 3-3-2-4 所示。

自动控制系统控制方法有以下几种：继电器—接触器控制系统；半导体逻辑控制系统；微机控制系统。

近年来发展比较快的是 AS380 系列电梯一体化驱动控制器，是具有先进水平的新一代专用电梯控制和驱动装置。它充分考虑了电梯的安全可靠性、电梯的操作使用固有特性以及电梯特有的位能负载特性，采用先进的变频调速技术和智能电梯控制技术，将电梯的控制和驱动有机地结合成一体，使产品在性能指标、使用简便性、经济性等方面都有了进一步的优化提高。

图 3-3-2-5 为 AS380 一体化驱动控制器主板。

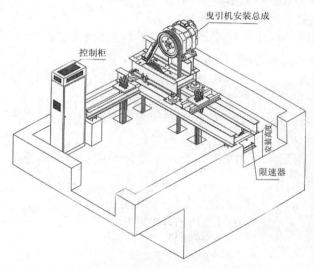

图 3-3-2-4　控制柜安装位置　　　　　　图 3-3-2-5　驱动控制器主板

 机房设备安装方法及技术要求

根据电梯品牌和型号的不同，机房部件的安装步骤、曳引机的定位及先进技术要求和质量控制点都有所区别。下面我们来了解一下主机定位方法、安装工艺和技术要求。

1. 主机的定位方法和要求

(1) 根据土建图和样板尺寸，在机房地面划一条线或拉一条样丝，找出主机定位的几个点、定位好曳引轮的位置后，调整机架及承重梁的位置。

(2) 根据土建图上的尺寸，用墨斗弹出工字钢的位置。

(3) 根据弹出的线条位置摆放工字钢，找好水平、把工字钢放在预埋钢板上暂时不要焊接。

(4) 把曳引机和底座连接，安装主机减振垫，用 2T 葫芦起吊曳引机，找出曳引机定位点来固定曳引机。

（5）主机定位中一项非常重要的环节是主机承重钢梁下方必须要有坚实牢固的实心墩子和钢板。

（6）钢梁搁置摆放要水平。

（7）主机曳引轮与轿顶轮和对重轮之间的垂直度需要用吊垂线校正。主机曳引轮、导向轮垂直度：水平度误差在 0.5 mm 以内。曳引轮和导向轮跟样板架上的定点前后左右误差在 1 mm 以内。

（8）绳头板的中心和样板上的定位点前后左右误差在 1 mm 以内，绳头板定位符合要求，定位好后需电焊焊牢固。

2. 机房部件安装工艺、技术要求及注意事项

（1）曳引机承重梁埋入承重墙时，埋入端长度应超过墙厚中心至少 20 mm，且支承长度不应小于 75 mm。

（2）所有现场焊接件必须严格按焊接相关技术要求施工。

（3）所有螺栓必须保证拧紧，最好用红色标记笔做下标记。

（4）绳头组合上的开口销 $\phi 3 \times 35$GB91-2000T 和绳头二次保护钢丝绳必须安装。

（5）保证导向轮与对重轮的钢丝绳必须是垂直的。

（6）导向轮调整到位需要将 U 形螺栓拧紧，并将定位螺栓固定好。

（7）挂好曳引钢丝绳后，需要调整主机底座上挡绳杆，距离在 5 mm 左右。

（8）紧急操作装置(盘车手轮)动作必须正常。可拆卸的装置必须置于驱动主机附近易接近处，紧急救援操作说明必须贴于紧急操作时易见处。

（9）检查制动器动作是否灵活或有打滑现象，如果有问题，不要轻易调整制动间隙，需要在电梯生产厂家的指导下，方可调整。

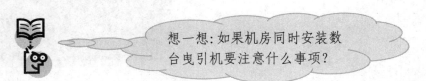

想一想：如果机房同时安装数台曳引机要注意什么事项？

提示　　同一机房有数台曳引机时，应对曳引机、控制柜、电源开关等设备配套编号标志，便于区分各自所对应的电梯。

在学习机房设备安装时，牢记机房内的照明、换气设备布线必须与电梯分开，曳引机、限速器等要安装在从机房入口容易看见的部位。

驱动系统的安装

1. 机房内相关部件中心线的确定

根据井道内上样板架来确定机房对应的中心线：曳引机中心线、轿厢中心线、对重中

心线。

2. 承重梁的安装

承重梁是曳引机及其轿厢对重的支承部件，承重梁两端固定在机房的坚实承重墙上，其支承长度应超过墙厚中心 20 mm，且不应小于 75 mm，如图 3-3-2-6 所示。承重梁的防振固定(根据电梯结构选用)：在机房承重墙处介入减振橡胶板和钢板，用膨胀螺柱牢固地固定。

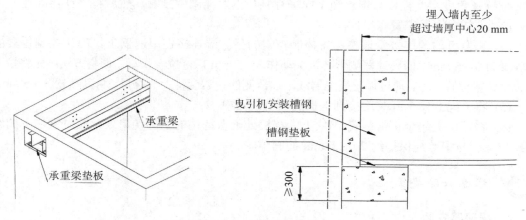

图 3-3-2-6　承重梁的安装

3. 曳引机、机架导向轮等的安装

先将曳引机、机架组装好。曳引机的安装应根据电梯土建布置图上轿厢中心、对重中心的距离确定位置进行安装。在曳引机上方拉一根水平线，从该线上挂下两根铅垂线分别对准井道内轿厢中心点和对重中心点，使之垂直投影重合，然后再在曳引轮宽度中心节径上挂一根铅垂线，初步确定曳引机的位置，用环链拉葫芦吊起曳引机组，将曳引机组安放在承重梁上，再将导向轮安装于机架上。

4. 夹绳器的安装

夹绳器是电梯上行超速保护装置的减速元件，如图 3-3-2-7 所示。由夹绳器和限速器组成的电梯上行超速保护装置，是上行超速保护装置的一种形式，当电梯上行超速时，通过外部速度跟踪触发信号，作用曳引钢丝绳，使电梯制停或减速至对重缓冲器设定值。

图 3-3-2-7　夹绳器

夹绳器的安装方式有正装、倒装两种。正装方式适用于有导向轮的电梯，安装于曳引轮和导向轮之间；倒装方式适用于曳引比 2∶1 且无导向轮的电梯，安装于机架或大梁下，曳引轮与轿厢之间。

安装步骤如下：首先，选择不同的安装方式，将夹绳器安放于指定位置，稍微固定。

(1) 拆去夹绳器碟簧座组件。

(2) 夹绳器的安装及位置调整：将锲块上的挡板置于保持钩的下部切口处，调整夹绳器的位置及角度至摩擦板与钢丝绳平面平行且与钢丝绳微微接触，然后将夹绳器固定。

(3) 安装夹绳器碟簧座组件。

(4) 触发机构的连接及调整：将控制拉索的另一端连接在限速器上，确认控制拉索的松驰量为 3～5 mm，即限速器侧索芯接头动作 3～5 mm 后，拉索张紧。调整方法：先将拉索调整至张紧位置，之后通过调整夹绳器或限速器侧的拉索套管上的螺母，将其放松 3～5 mm。

(5) 将夹绳器安全开关连接到电梯的安全回路中。

(6) 将锲块提起至正常位置(锲块上的挡板处于保持钩的上部切口处)，此时锲块上的摩擦板自然会与钢丝绳保持约 2～2.5 mm 的间隙。

 限速器的安装

1. 限速器安装

根据机房井道布置图，先将限速器安放在机房楼板上，从限速器轮槽里放下一根铅垂线，通过楼板至轿架上拉杆绳头中心点，确定限速器的安装位置。限速器的安装基础可用水泥沙浆作成，埋入地脚螺栓，或采用钢膨胀螺栓固定，当与安全钳联动时无颤动现象。

2. 固定限速器安装

限速器安装座通过 6 个 M12 螺栓与轿厢导轨连接。在限速器轮的侧面处吊一根铅垂线，使限速器轮垂直度允差在 0.5 mm 之内，如图 3-3-2-8 所示。

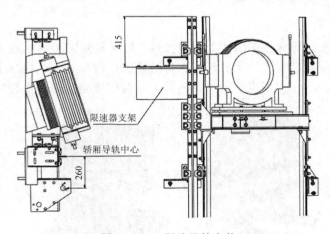

图 3-3-2-8　限速器的安装

3. 钢丝绳安装

(1) 将限速器钢丝绳头放入井道时注意不要将钢丝绳打圈，让钢丝绳自由下垂，如图

3-3-2-9 所示。

（2）安装轿厢安全钳连接板是在钢丝绳上安装三个绳夹，绳夹间距要求为钢丝绳直径的 6～7 倍，如图 3-3-2-10 所示。

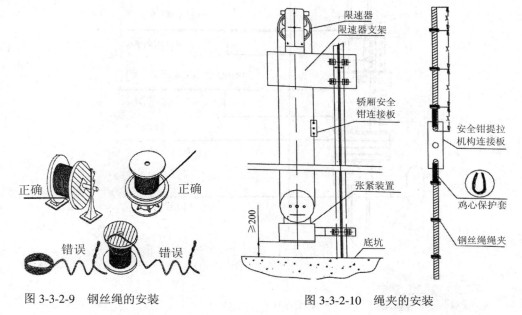

图 3-3-2-9　钢丝绳的安装　　　　　　图 3-3-2-10　绳夹的安装

 注意：限速器在出厂时均经严格检验和试验，安装时不准做随意调整及变动，以免影响限速器的动作速度。

安装前应认真核对标牌，查验限速器的动作速度是否与电梯速度相符，查验铅封，检查限速器开关动作是否可靠。

无机房电梯采用遥控复位限速器，安装时要检查是否具有遥控复位功能。

控制柜和电源控制箱的安装

控制柜和电源控制箱的安装步骤如下：

（1）按照机房布置图将控制柜安装在机房内合理的位置，牢固地固定在机房内，同时要满足下列要求：一是控制柜正面距门、窗不小于 600 mm；二是控制柜的维修侧距墙不小于 600 mm；三是控制柜距机械设备不小于 500 mm。

（2）流入和流出控制柜的线槽的敷设应平直、整齐、牢固。

（3）电源控制箱设置在机房入口处，能方便迅速地接近。电源控制箱高度应距机房楼面 1.3 m 处，如几台电梯共用一机房，各台电梯电源控制箱应做好标识，易于识别。

（4）机房内零线和接地线应始终分开，接地线的颜色为黄绿双色绝缘电线，按规定选用接地线规格，且应良好地接地，接地线应分别直接接至接地线柱上，不得互相串接后再接地。

（5）安装时确保所有的供电处于断电状态，并确保供电装置不能人为合上。

（6）连接主电源线的端头至 MAP 柜的线排的(L1, L2, L3, N)及接地柱上，如图 3-3-2-11 所示。

(7) 用 4 芯动力电缆将 MAP 柜线排的(L1′、L2′、L3′)及接地柱连接至 SEP 柜 389 滤波器的(A，B，C)及接地柱。

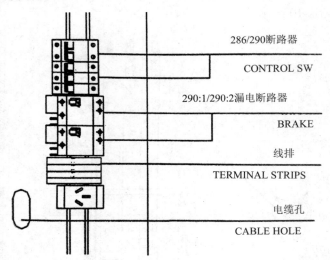

图 3-3-2-11　连接主电源线

完成上述任务后，认真填写表 3-3-2-1 所示的"电梯维护保养实操评价表"。

表 3-3-2-1　电梯维护保养实操评价表

组　　　别			小组负责人	
成员姓名			班　　级	
课题名称			实施时间	
评 价 指 标	配分	自 评	互 评	教师评
限速器安装垂直度的考核	20			
用线锤测量曳引轮侧面的垂直度来考量曳引机安装垂直度	20			
检查控制柜安装位置是否符合要求	10			
检查曳引机的安装位置与轿厢中心位置和对重的中心位置是否一致	20			
限速器安装垂直度的考核	10			
着装是否符合安全规程要求	15			
能实现前后知识的迁移，团结协作	5			
总　　　计	100			
教师总评 (成绩、不足及注意事项)				
综合评定等级(个人 30%，小组 30%，教师 40%)				

练习与实践

(1) 机房有哪些设备？

(2) 电梯电气控制原理是什么？

(3) 交流双速电梯的 PLC 控制系统结构组成有哪些？

(4) 夹绳器如何安装？限速器如何安装？

任务拓展

阅读材料

无机房电梯

　　无机房电梯是利用现代化生产技术将机房内设备尽量在保持原有性能的前提下小型化，省去了机房，将原机房内的控制柜、曳引机、限速器等移往电梯井道顶部或井道侧部，从而取消了传统的机房，如图 3-3-2-12 所示。无机房电梯满足客户对高度和屋顶的特殊要求。

图 3-3-2-12　无机房电梯

无机房电梯与有机房电梯相比较的优点：

(1) 无机房的优点是节省空间，可以只在主机的下方做一个检修平台。

(2) 由于不需要机房，对建筑结构及造价上有更大的益处，这就使得建筑师在设计上拥有更大的灵活性和便利性，给设计师以更大的自由，同时由于取消了机房，对业主来说，无机房电梯比有机房电梯的建筑成本要低。

(3) 由于一些仿古建筑大楼整体设计的特殊性及对屋顶的要求，必须在有效的高度内解决电梯问题，所以无机房电梯非常满足此类建筑需要，另外在有风景名胜的地方，由于机房在楼层高处，从而破坏其当地的民族异域性，如果使用无机房电梯，因为不必单独设置电梯的主机房，可以有效降低建筑物的高度。

(4) 无机房电梯可用于不方便设置电梯机房的地方，如宾馆、酒店附属楼房、裙楼等。

任务三　安装电梯层门

电梯门系统是电梯设备的重要安全设施之一，其机械部分由轿门、层门和开关门机构组成。层门系统是乘用人员乘用电梯时首先接触的部件，其外观和开关门效果的好坏会给乘用人员留下深刻的第一印象。以下对电梯层门系统进行介绍。

任务目标

- 了解层门地坎的安装；
- 掌握门套、门导轨的安装步骤及方法；
- 掌握门头板、门扇的安装步骤和方法。

任务描述

某电梯安装工地，层门门洞已检查修整完毕，根据工程进度，现在可以进行层门设备的安装，通过完成此项任务，了解门厅系统的组成；掌握门厅系统的安装步骤；掌握层门地坎的安装、门套和上坎架的安装、层门的安装、自动关闭装置的安装、层门门锁的安装。

知识链接

在电梯正常运行状态下，层门与轿门的开和关是通过装设在轿门上的门刀和装设在层门上的门锁实现同步开关。常见开门方式有中分门、中分双折、中分三折、旁开门(分左开和右开)，一般情况下中分的开门宽度只能做到开门宽 1200 mm，所以客梯主要是中分门；中分双折和中分三折开门可以做得很大，故主要用于载货电梯。

层门及系统组成

电梯门可分为层门和轿门。层门装在建筑物每层停站的门口，挂在层门上坎上。

层门系统有层门地坎、层门上坎架、门套、层门部件等组成，如图 3-3-3-1 所示。层门系统是设置在井道层站入口的门系统，层门系统中门锁和层门自动关闭装置的可靠性在安装中一定要高度重视。

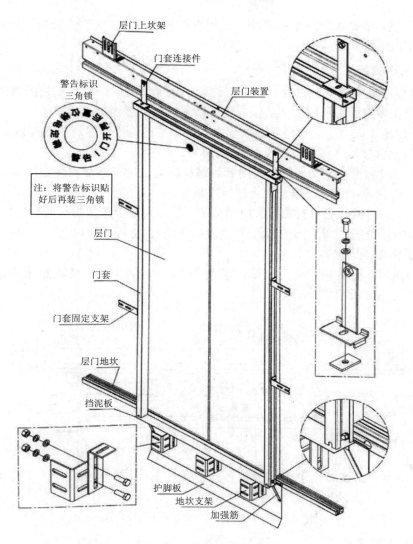

图 3-3-3-1　层门系统

层门应具有一定的机械强度。当层门在关闭位置时，用 300 N 的力垂直地施加于层门上任何一个平面的任何部位处(使这个力均匀地分布在 5 cm^2 的圆形或方形区域内)，层门应能无永久变形、弹性变形不大于 15 mm，且动作性能良好。

为能经受住进入轿厢的载荷，每个停站层门入口处都应装设一个具有足够强度的地坎，地坎前面应有稍许坡度，以防洗刷、洒水时水流入井道。层门的上部和下部都应设有导向装置。

 层门安装工作流程

层门安装前，从上样板架上标注的层门两侧净宽和中心点处，悬挂三条铅垂线并固定在下样板架，用导轨精校板作定位基准校正铅垂线。

1．层门地坎安装工装的制作

需 75×75 角钢长度 150 mm 两根，50×50 角钢长度 500 mm 两根，40×40 角钢长度

200 mm 两根、5 mm 钢板 30×150 两块，采用焊接和连接的方式制作安装工装可以很好、很快地安装层门地坎。

2. 层门系统安装

(1) 定位层门地坎支架的位置，用膨胀螺栓固定地坎支架，然后安装挡泥板。挡泥板的作用是防止在做地面装修时浇注的混凝土或杂物掉入井道内。

(2) 将层门地坎安装工装与轿厢地坎固定，定位层门地坎位置，然后安装层门地坎。

(3) 安装门套(含门立柱、门楣及固定支架)。

(4) 定位层门装置安装支架位置，用膨胀螺栓固定支架，然后安装层门装置，并定位层门装置的中心位置，调整好位置后将螺栓拧紧。

(5) 安装层门门板，层门板的封头由于加工误差，可能会造成封头的折弯角不是 90°，这时可以通过配置的垫片来调整门板的垂直度(层门装置挂板与层门之间)，然后安装门导靴，调整好后将螺栓固定。

(6) 安装重锤、重锤导管及三角锁，调节重锤钢丝防跳螺栓，使其距重锤钢丝绳 1～2 mm，如图 3-3-3-2 所示。

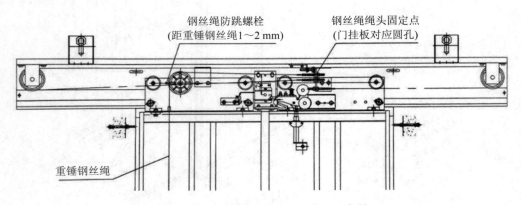

图 3-3-3-2　安装重锤、重锤导管及三角锁

3. 层门安装的技术要求

(1) 层门关闭后，检查门锁锁钩啮合深度应≥7 mm，在此深度条件下门锁安全触点才允许接通。

(2) 每一层层门安装完成后，都要检查测量层门中心是否处在同一条直线上，对出现偏差的层门应及时进行调整，以保证门球(门锁滚轮)处于两门刀中间位置。

想一想：层门踏板稳装后应达到哪些要求？

提示
　　① 经稳装后的层门踏板，其水平度应不大于 1/1000 mm。
　　② 层门踏板与轿厢踏板的距离，与电梯安装平面规定尺寸的偏差应在 ±1 mm 之间。

任务实施

在使用电梯时层门系统是一直造成乘用人员人身伤害的多发位置，所以层门系统的安装就尤为重要。以下就来学习电梯层门系统的安装步骤。

 层门地坎的安装

(1) 根据样板架上悬挂的门口铅垂线的宽度 F，安装前在地坎厚度 a 的平面上，刻线安装地坎用的标记。根据铅垂线施放尺寸及土建预留标高，安装层门地坎，保证 b = b1，如图 3-3-3-3 所示。

(2) 将地坎、地坎托架、安装支架用螺栓连成一个整体，然后用膨胀螺栓将地坎托架组件安装于规定的位置上。护脚板安装在地坎上，并且底部通过斜撑固定在井道壁上，如图 3-3-3-4 所示。

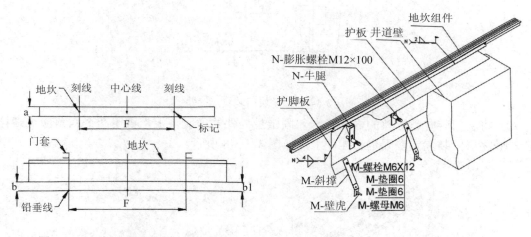

图 3-3-3-3　标记层门地坎安装位置　　　　图 3-3-3-4　安装护脚板

⚠ **注意**：当地坎层装饰厚度大于 160 mm 时，每个牛腿需要安装两个膨胀螺栓！贯通门时地坎牛腿膨胀螺栓中心位置距混凝土上表面至少 60 mm。

 门套的安装

(1) 校正立柱的垂直度(误差应小于 0.5/1000)和门楣的水平度(与层门地坎左右高度差小于 1 mm)，符合要求后，在门套立柱顶端及中间部位预留连接件，通过门洞预留钢筋进行电焊固定，如图 3-3-3-5 所示。

(2) 门套立柱下端卡槽通过地坎上两边预留的 M6 连接螺栓与地坎固定，安装时需确认层门出入口的净高度，如图 3-3-3-6 所示。

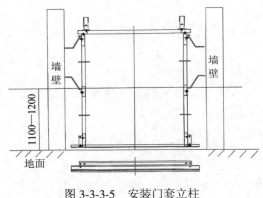

M6连接螺栓

图 3-3-3-5　安装门套立柱　　　　　　　图 3-3-3-6　固定门套立柱

 层门装置的安装

(1) 调整连接件与层门装置安装支架，使其连接面保持竖直且连接面到门楣内侧面的距离保持 8 mm，否则会影响门板和门套的间隙，如图 3-3-3-7 所示。

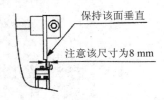

保持该面垂直

注意该尺寸为8 mm

图 3-3-3-7　调整层门装置连接件

(2) 将层门装置下导轨的内凹槽卡入固定悬挂件的橡胶头上，再用两个六角薄头螺栓 M8 × 16 将层门装置定在固定悬挂件上，如图 3-3-3-8 所示。

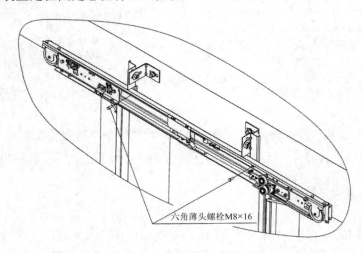

六角薄头螺栓M8×16

图 3-3-3-8　固定层门装置(一)

(3) 当开门距为 1050 或 1100 时，用膨胀螺栓 M6 × 65、方颈螺栓 M8 × 20、M8 平垫圈、弹簧垫圈、法兰面螺母 M8 和墙壁固定件将层门装置的两端固定在井道壁上，如图 3-3-3-9 所示。

(4) 在紧固层门上坎时先确定层门装置型号。按型号规定要求在紧固螺栓前需确定层门上坎架位置然后再紧固上坎架连接处螺栓以确保入口处层门净高及层门门板的正确安装，如图 3-3-3-10 所示。

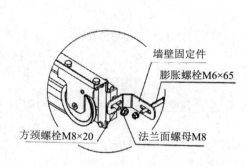

图 3-3-3-9　固定层门装置(二)

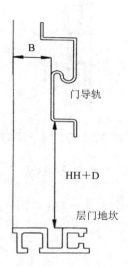

图 3-3-3-10　紧固层门上坎

 层门的安装

(1) 清洁顶部轨道，清洁层门地坎导槽。将门滑块与层门门板下端进行连接，如图 3-3-3-11 所示。

(2) 竖立门板，在其底部垫上厚度为 3 mm 的垫块，用螺栓将门板和上坎挂板固定。调整门扇下端与地坎间的间隙应小于等于 6 mm，必要时可以加调整垫层，门上坎挂板与门板之间应不少于 3 片垫片，然后再调整门板与挂板前后位置，如图 3-3-3-12 所示。

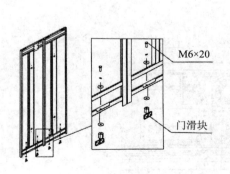

图 3-3-3-11　连接门滑块与层门门板

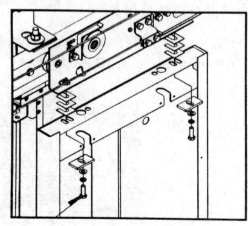

图 3-3-3-12　调整层门

(3) 调整偏心挡轮与门导轨的间隙，使间隙 C≤0.4 mm，如图 3-3-3-13 所示。

(4) 门扇与门套、门扇与地坎间的间隙均应≤6 mm，且同一垂直面上下与开门和关门误差≤1 mm，如图 3-3-3-14 所示。

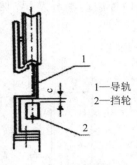

1—导轨
2—挡轮

图 3-3-3-13　调整偏心挡轮

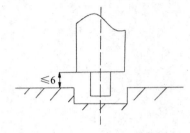

图 3-3-3-14　门扇与门套间隙

 层门撞弓的安装

撞弓通过两个 M8×10 的螺栓与上坎架连接固定。调整边缘至出入口中心的距离为 76 mm，至上坎架上端面的距离为 70 mm，如图 3-3-3-15 所示。

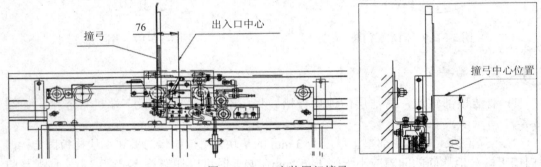

图 3-3-3-15　安装层门撞弓

 层门门锁的调整

(1) 拧松挂钩组件上 2 只六角法兰面螺母 M8，调整锁钩组件，使门锁下门球在层门中心线 150 mm 位置，如图 3-3-3-16 所示。

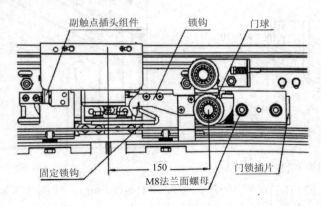

图 3-3-3-16　调整锁钩组件

(2) 拧松防撞橡胶块的 2 个固定用的 M6×16 六角螺栓，拧松钢丝绳压板上的压紧螺栓，调整钢丝绳压板的压紧位置，使两挂门板间距为 100 mm，且防撞橡胶块完全接触到挂门板，然后拧紧钢丝绳压板上的压紧螺栓，拧紧防撞橡胶块的 2 个固定用的 M4×8 十字槽螺钉，如图 3-3-3-17 所示。

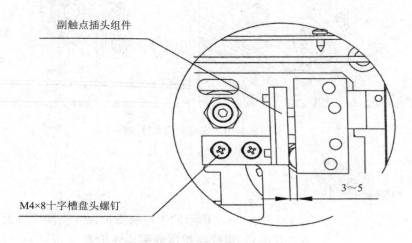

副触点插头组件

M4×8十字槽盘头螺钉

3~5

图 3-3-3-17   调整钢丝绳压板

(3) 安装并调整层门三角锁及摆杆组件，必须确认使用三角钥匙打开三角锁时，能够正常灵活可靠地打开层门，如图 3-3-3-18 所示。

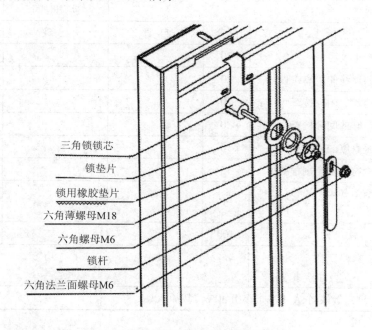

三角锁锁芯

锁垫片

锁用橡胶垫片

六角薄螺母M18

六角螺母M6

锁杆

六角法兰面螺母M6

图 3-3-3-18   安装层门三角锁及摆杆组件

(4) 安装层门重锤组件：将重锤钢丝绳的台阶圆端拉过钢丝绳固定座，钢丝绳卡入钢丝绳固定座的槽内，并扣合在靠挂门板内侧的圆孔上；调节重锤钢丝绳轮护板，使其距重锤钢丝绳轮左边和上面为 1~2 mm，再拧紧护板固定螺栓，如图 3-3-3-19 所示。

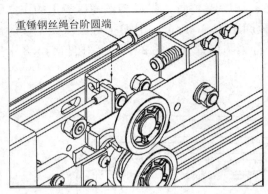
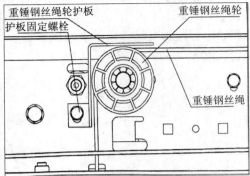

图 3-3-3-19 安装层门重锤组件

完成上述任务后，认真填写表 3-3-3-1 所示的"电梯维护保养实操评价表"。

表 3-3-3-1 电梯维护保养实操评价表

组　别		小组负责人	
成员姓名		班　级	
课题名称		实施时间	

评 价 指 标	配分	自 评	互 评	教师评
地坎的水平度考核	20			
地坎与门厅线的距离检查	20			
层门与地坎的间隙检查	10			
层门与门套的间隙检查	20			
门套的垂直度的考核	10			
着装是否符合安全规程要求	15			
能实现前后知识的迁移，团结协作	5			
总　计	100			
教师总评 (成绩、不足及注意事项)				
综合评定等级(个人 30%，小组 30%，教师 40%)				

练习与实践

(1) 层门系统由哪些组成？

(2) 层门系统的安装步骤是什么？层门地坎安装工装如何制作？

(3) 层门地坎安装时要注意什么？层门关闭后，门锁锁钩啮合深度应为多少？

(4) 门导轨的安装要求是什么？强调层门中心的重合度的主要目的是什么？

(5) 层门的安装要求是什么？层门护脚板的主要作用是什么？是否可以不装？

任务拓展

阅读材料

正确使用电梯门

一般客梯(包括客货两用梯)采用开关门速度快的中分式水平滑动门，如图 3-3-3-20 所示；部分货梯，医梯因对重侧置，故有采用侧开门；大型货梯及汽车用梯采用上开门或垂直上下开。

图 3-3-3-20　中分式滑动门客梯

1. 正确操作

层、轿厢门打开后数秒即自动关闭。若需要延迟关闭轿厢门，按住轿厢内操纵盘上的开门按钮 "<I>"；或者在厅门外按下相同方向的外呼按钮。若需立即关闭轿厢门，按动关门按钮 ">I<"。

(1) 进入轿厢前，应先确认电梯层轿门完全开启，看清轿厢是否稳停在该层平层，切忌匆忙迈进(故障严重的电梯可能会出现层门误开)，以免造成人身坠落事故。切忌将头伸过层轿门面或伸入井道窥视轿厢，以免发生人员剪切事故。

(2) 进入轿厢前，应先等电梯层轿门完全开启，看清轿厢地板和本层的地板在同一平面，切忌匆忙举步(故障电梯会平层不准确)，以免绊倒。不要用手扶门板，切忌将手伸入轿门与井道的缝隙处，以免电梯突然启动造成剪切事故。

2. 错误操作

电梯层、轿厢门欲关闭时，用身体、手、脚等直接阻止关门动作是非常危险的。虽然在大部分情况下层、轿门会在安全保护装置的作用下自动重新开启，但是在门系统安全盲区或门系统发生故障时就会造成严重后果。

任务四　安装电梯轿厢

用户使用电梯接触最多的就是轿厢系统。日常生活中出入办公地点、酒店、商场无不是通过轿厢系统的上下运输完成的，用户对电梯舒适性和安全性的直观感受都是来自于轿厢。本任务对电梯的轿厢进行介绍。

 任务目标

- 掌握轿厢系统的安装流程；
- 了解轿顶、轿底、轿架、轿壁的安装步骤和方法；
- 了解对重、悬挂装置及补偿装置的安装步骤和方法。

 任务描述

某电梯安装工地，井道脚手架已搭设好，根据工程进度，需要进行轿厢设备的安装，通过完成此次任务了解轿厢系统的组成，掌握轿厢系统的安装流程；了解对重的概念、对重装置作用、组成及安装流程；了解钢丝绳的作用及安装流程；了解补偿装置的作用、组成及安装流程；了解轿门的概念、作用及安装流程；了解电梯称重装置原理；了解轿架的安装及补偿装置的安装。

 知识链接

由于轿厢体积比较大，生产出的合格轿厢需要拆成零件包装发货，货到现场后由安装人员在井道内组装。轿厢是乘用人员可见的部件，因此在组装时尽量避免轿厢表面磕碰划伤。

 轿厢

轿厢是电梯的主要部件之一，主要由轿架、轿底、轿壁等组成。轿架是承重构架，由底梁、立柱、上梁和拉条组成，在轿架上还装有安全钳、导靴、反绳轮等。轿厢体由轿底、轿顶、轿门、轿壁等组成，在轿厢上安装有自动门机构、轿门安全机构等，在轿架和轿底之间还装有称重超载装置。

轿厢的组装一般都在上端站进行。上端站最靠近机房，便于组装过程中起吊部件、核对尺寸及与机房联系等。由于轿厢组装位于井道的最上端，因此通过曳引绳和轿厢连接在一起的对重装置在组装时，就可以在井道底坑进行，这对于轿厢和对重装置组装后在悬挂曳引绳、通电试运行前对电气部分做检查和预调试、检查和调试后的试运行等都比较方便，且与安装质量和电梯运行性能有着直接联系。

轿厢构成如图 3-3-4-1 所示。

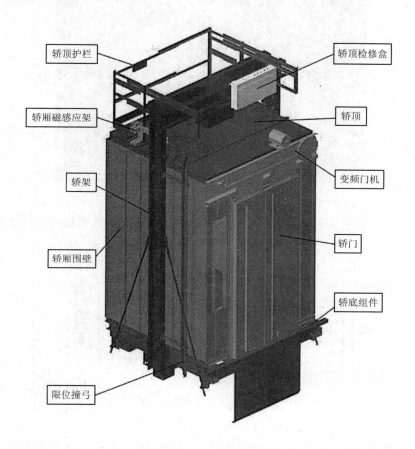

图 3-3-4-1　轿厢构成

 轿门

轿门即轿厢门，挂在轿厢上坎上，与厢体一起上升或下降。轿厢门是在确保安全的基础上在轿厢靠近层门的侧面，设置的供司机、乘客和货物出入的门。

封闭式轿门的结构形式与轿壁相似。由于轿门常处于运动的开关过程中，所以在乘客电梯和病床电梯的轿门背面常作消声处理，以减少开关门过程中由于振动所引起的噪声。

在乘客电梯上，还装有安全触板的装置，该装置在关门过程中，在轿门的运行方向上，能比轿门超前伸出一定的距离。当触板碰压乘客时，装置上的微动开关动作，立即切断电梯的关门电路并接通开门电路，使门立即开启，以免挤伤乘用人员。

 对重

电梯的对重系统是由对重架、对重轮、对重导靴、对重块压板、对重块、对重安全钳组成。如图 3-3-4-2 所示为电梯的对重系统。

图 3-3-4-2　对重系统

　　轿厢和对重分别在钢丝绳的两头，通过曳引钢丝绳连接，然后挂在电梯主机上面，如图 3-3-4-3 所示。

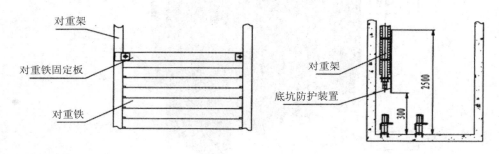

图 3-3-4-3　对重位置

　　对重的用途是使轿厢的重量与有效荷载部分之间保持平衡，以减少能量的消耗及电动机功率的耗损。也就是说，对重系统主要功能是相对平衡轿厢重量，在电梯工作中能使轿厢与对重间的重量差保持在限额之内，保证电梯的曳引传动正常，同时对重在电梯曳引系统中起到节能作用。

$$轿厢重量 + 额定载重量 × 平衡系数(0.4\sim0.5) = 对重重量$$

　　实际中，有时并不用称对重重量，只需要用电流法就可以确定。轿厢里放平衡载重，电梯上下行，让其测出来的电流相等即可，如不相等，调节对重块数量即可。

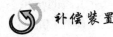 补偿装置

　　补偿装置是平衡由于电梯提升高度过高、曳引绳过长造成运行过程中偏重现象的部件。补偿装置由补偿链(或补偿绳)、导向装置组成，补偿链或补偿绳一端固定在对重装置上，另一端固定在轿厢下梁的补偿支架上。补偿导向装置在底坑的对重下面。每根补偿链(补偿绳)的悬挂点应在同一平面上。对重侧补偿链的悬挂点应在补偿导向装置的中心位置，以降低补偿链导向装置的撞击声及避免由于补偿链的卡阻而造成的危险。

电梯承重装置原理

根据电梯安全规范的规定：为防止电梯轿厢的严重超载而发生意外的人身事故，在电梯轿厢中必须设置超载称重装置。

目前电梯上采用活动轿底称重装置，其结构特点是：轿厢体与轿底分离，轿壁直接安装在轿底框架上，轿厢活络地板支承在称重装置上，它能随载重增减在轿厢体内上下浮动。如图 3-3-4-4 所示是电梯最为常用的超载称重装置之一，其采用磅称式的开关结构。

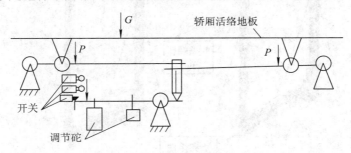

图 3-3-4-4　杠杆式超载称重装置结构

不论何种称重装置，只要电梯超载(约为 110%额定载荷)时，均应发出超载的闪烁灯光信号和断续的铃声，称重装置动作，切断控制电路；与此同时正在关门的电路停止关门，成为开启或不关门状态，直到多余的乘客(或负载)撤离，减至额定载荷以下，轿底回升不再超载，控制电路重新接通，并重新关门起动。

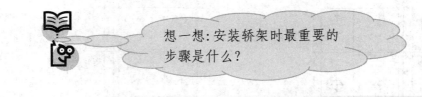

想一想：安装轿架时最重要的步骤是什么？

提示

① 区分梁的前后方向，切忌不要装反；
② 调整安全检测开关：通过模拟安全钳动作，调整电气开关固定位置使其在安全钳作用时可靠动作，且确保电气开关在安全钳作用时不被损坏。

 **任务实施**

轿架在组装过程一定按照要求的顺序组装，不要擅自调整顺序；在组装过程中也一定要注意零部件的正方，不要装反造成不必要的返工。

 轿架的安装

两款不同的轿架结构，如图 3-3-4-5 所示。

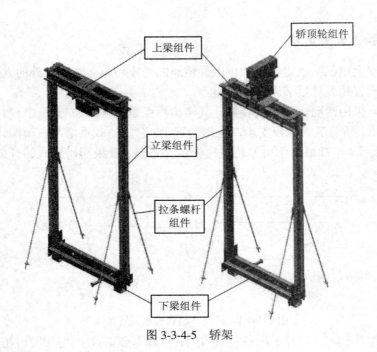

图 3-3-4-5 轿架

1. 安装下梁

(1) 将安全钳与下梁进行组装，确保提拉机构安装位置符合土建图要求，如图 3-3-4-6 所示。

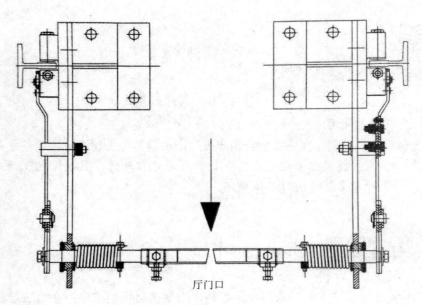

图 3-3-4-6 确认提拉机构位置

(2) 将下梁组件通过手拉葫芦起吊至两列导轨之间。注意：区分下梁前后方向，安装轿顶轮侧位于轿厢后侧。将下梁放置于搭设梁上。检查下梁水平度，必要时通过调整垫片进行调整，如图 3-3-4-7 所示。

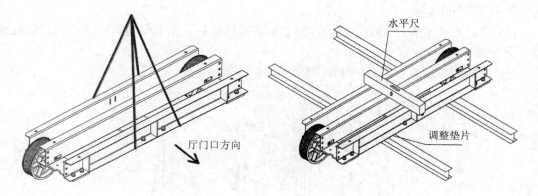

图 3-3-4-7　水平放置下梁

(3) 安装导靴并对导靴进行调整，确保安全钳间隙符合要求，如图 3-3-4-8 所示。

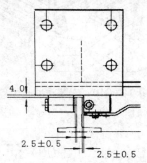

图 3-3-4-8　确认安全钳间隙

2. 安装直梁

(1) 将直梁起吊至合适位置；

(2) 将直梁与下梁进行连接时注意垂直校正；

(3) 垂直定位时用 M8×90 全牙螺栓 6 只；

(4) 完成另一侧直梁的安装与定位，如图 3-3-4-9 所示。

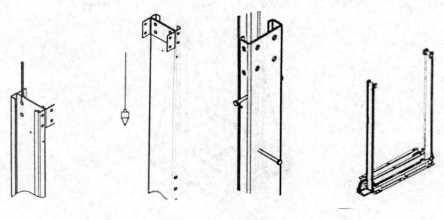

图 3-3-4-9　安装直梁

3. 安装轿厢托架

(1) 将轿厢托架放在轿架下梁上，按要求调整好前后、左右位置，于下梁通过螺栓连接；并安装 4 个斜拉杆；

(2) 调整其对角线之差≤1 mm，如图 3-3-4-10 所示。

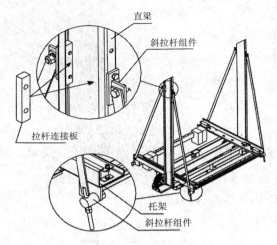

图 3-3-4-10　安装轿厢托架

 注意：

① 斜拉杆与直梁连接时螺栓配合拉杆连接板固定；

② 当轿厢操纵箱为左置或者右置时，长斜拉杆组件应安装在操纵箱侧，若有多余的长斜拉杆组件不允许安装在对重侧！

 轿厢的安装

1. 安装轿底

在轿架的中心位置检查轿底，确保轿架左右中心线与轿底左右中心线重合。之后检查轿底水平度并修正，然后拧紧拉杆固定螺栓，如图 3-3-4-11 所示。

图 3-3-4-11　安装轿底

2. 安装轿顶和轿壁

通常轿壁为分段式，安装时应预先在井道外把它们拼接在一起，如图 3-3-4-12 所示。

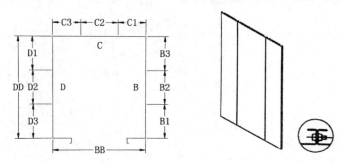

图 3-3-4-12　拼接轿壁与轿顶(一)

(1) 将轿壁 B 与轿壁 C 在轿底上进行拼接。注意：通常对重侧轿壁(D 侧)在最后安装。

(2) 将 D 侧轿壁与 C 侧轿壁及轿底进行螺栓连接。

(3) 将前轿壁及门楣与轿壁用螺栓连接。

(4) 进行轿壁顶部对角数据测量，相关数据偏差≤2 mm，否则对轿壁转角进行调整。必要时采用木块和榔头进行辅助作业。

(5) 对轿门框对角数据测量，相关数据偏差≤2 mm，否则对前轿壁拼接螺栓进行调整。必要时采用木块和榔头进行辅助作业，如图 3-3-4-13 所示。

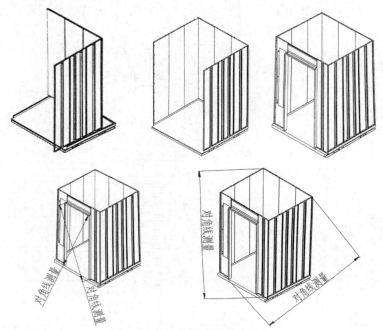

图 3-3-4-13　拼接轿壁与轿顶(二)

3. 调整轿架顶杆

调整轿架顶杆螺栓至轿底顶面接触，并采用锁紧螺母将顶杆螺栓定位，如图 3-3-4-14 所示。

顶杆螺栓

图 3-3-4-14　调整轿架顶杆

 对重系统安装

(1) 在底坑地平面上方约 5～6 m 高度的两侧对重导轨中心处，牢固地安装一个用以起吊对重装置的环链手拉葫芦。

(2) 根据越程要求，将对重装置悬至适当的高度，并在其底部与地面用木枕垫稳固后，装上安装前拆去的对重装置一侧上下二个导靴。

(3) 按 40%～50%平衡系数，将对重铁装至所需重量。为避免运行时产生碰击声，必须将对重铁与对重装置稳固。(注：客梯平衡系数为 40%～50%；货梯平衡系数为 45%～50%)。

(4) 对重如设有安全钳装置的，应在未进入井道前将有关零件安装好。

(5) 坑防护装置的底部距底坑地平面应不大于 300 mm，底坑防护装置顶部距底坑地平面应为 2500 mm，如图 3-3-4-15 所示。

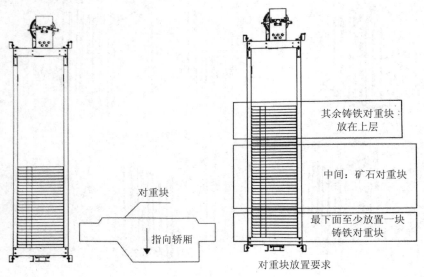

对重块

指向轿厢

其余铸铁对重块放在上层

中间：矿石对重块

最下面至少放置一块铸铁对重块

对重块放置要求

图 3-3-4-15　安装对重系统

(6) 当同一井道装有多台电梯时，在井道的下部，不同的电梯运动部件(轿厢或对重装置)之间应设隔障，高度从轿厢或对重行程最低点延伸到最低层站楼面以上 2.5 m 高度。如果轿厢顶部边缘和相邻电梯的运动部件之间的水平距离小于 0.5 m，这种隔障应贯穿整个井道。此隔障由客户负责设置，电梯安装人员应予以督促提示。

随行电缆的安装

(1) 用吊钩起吊井道内轿厢侧的随行电缆至轿厢顶部，如图 3-3-4-16 所示。

(2) 将随行电缆临时固定在轿底电缆线悬挂架上。电缆预留长度只需连接至轿顶接线盒位置即可，无需过度多。

注意：随行电缆在轿厢悬挂架上的调整工作应当在轿厢运行至底层时完成。

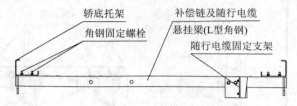

图 3-3-4-16　起吊随行电缆

(3) 随行电缆接线。连接随行电缆插座至 MAP，如图 3-3-4-17 所示。

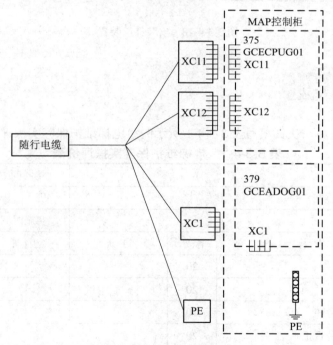

图 3-3-4-17　连接随行电缆

 补偿装置安装

1. 悬挂补偿链

在轿厢或对重一端，且与底坑悬空，并在链条下端加上 50～60 kg 载荷，完全消除扭力。

2. 安装补偿导向装置

补偿链经补偿导向装置，底坑内一端牢固地固定在对重装置的位置上，并在补偿链的二端做好二次保护。

3. 调整

电梯全程运行时，再次调整导向装置，使补偿链悬挂点在导向装置的合适位置上，如图 3-3-4-18 所示。

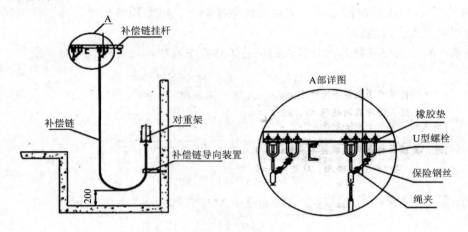

图 3-3-4-18　安装补偿装置

完成上述任务后，认真填写表 3-3-4-1 所示的"电梯维护保养实操评价表"。

表 3-3-4-1　电梯维护保养实操评价表

组　别			小组负责人	
成员姓名			班　级	
课题名称			实施时间	
评价指标	配分	自　评	互　评	教师评
轿底的水平度考核	20			
轿厢的垂直度考核	20			
钢丝绳张力的测量考核	10			
对重装置安装步骤是否正确	20			
补偿装置安装步骤是否正确	10			
着装是否符合安全规程要求	15			
能实现前后知识的迁移，团结协作	5			
总　　　计	100			
教师总评 (成绩、不足及注意事项)				
综合评定等级(个人 30%，小组 30%，教师 40%)				

练习与实践

(1) 轿厢系统的组成以及作用是什么？轿厢安装涉及哪些部件？

(2) 对重的概念、作用、构成是什么？

(3) 钢丝绳的作用是什么？补偿装置的作用是什么？

(4) 轿门系统由哪几部分组成？门机安装方式有哪几种？

(5) 轿门板与地坎之间的间隙应该是多少？门刀与层门门球之间啮合尺寸是多少？

任务拓展

阅读材料

电梯空调的种类与选用

1. 电梯空调的种类

按照送回风的环境不同，电梯空调可以分为轿厢置顶空调系统和外置机组(井道)送风空调系统。

轿厢置顶空调系统：空调主机(如图 3-3-4-19 所示)直接摆放或者悬挂在电梯轿厢顶部横梁上，空调器把轿厢内的空气抽出来，经制冷(热)后再送回轿厢内，周而复始，达到调节轿厢内气温的目的。

图 3-3-4-19 轿厢置顶空调系统主机

外置机组(井道)送风空调系统：在电梯井道外部设置空调机组或者通过大楼中央空调系统，将处理好的空气由送风管送入电梯井道内，再由轿箱顶部的风机送入轿箱，实现轿箱内空气温度的调节，如图 3-3-4-20 所示。

图 3-3-4-20　外置机组送风空调系统

2. 空调系统的优缺点

1) 轿厢置顶空调系统的优缺点

优点：技术成熟，制冷迅速，节省能量消耗；

缺点：增加电梯轿厢重量，安装维修比其他方式复杂，有凝结水现象。

2) 外置机组(井道)送风空调系统

优点：结构简单，安装维修方便，无凝结水现象；

缺点：增加管道风口数量，投资大，能量消耗大，电梯高速运行下易造成中央空调系统风压非正常波动。

任务五　安装电梯轿门

门系统的主要功能是封闭层站入口和轿厢入口，其目的是提供安全和舒适，防止人跌落电梯井道或被井道设备伤害。门系统由层门和轿门组成。层门部分已经在任务三中详细介绍，本节任务是学习电梯轿门的安装。

任务目标

· 学习轿门门机的安装；

· 掌握门滑块、光幕的安装步骤及方法；

· 掌握门刀、轿门开启限制装置的安装和调整方法。

任务描述

电梯轿门及门机驱动装置是保障乘客安全进出轿厢的一个重要保护设施，它对乘客使用电梯提供了多种安全保护功能，它功能的正常与否和运行质量的好坏直接影响电梯的安全性能。某电梯安装工地，轿厢架、轿底、轿厢壁均已安装完毕且质量合格，根据进度要求，需要安装轿门与控制机构，通过完成此项任务，掌握轿门系统的结构、安装方法和注意事项等。

电梯的门由门扇、门滑轮、门导轨、门地坎、门滑块等部件所组成。在门的上部装有门滑轮，门通过滑轮悬挂在门导轨上，门的下部装有门滑块，滑块嵌入地坎槽中，运行时滑块沿着槽的两侧滑动，配合着门滑轮起导向和限位的作用，并使门扇在正常外力作用下不至于倒向井道。

 轿门及门机驱动装置

轿门是在轿厢靠近层门的侧面，供司机、乘用人员和货物出入的门。

轿门按结构形式分有封闭式轿门和网孔式轿门两种；按开门方向分有左开门、右开门和中开门三种。

货梯有采用向上开启的垂直滑动门，这种门可以是网状的或带孔的板状结构形式。网状孔或板孔的尺寸在水平方向不得大于 10 mm，垂直方向不得大于 60 mm。医用和客用的轿门均采用封闭式轿门。

轿门可以用钢板制作，也可以用夹层玻璃制作，玻璃门扇的固定方式应能承受 GB7588—2003 规定的作用力，且不损伤玻璃的固定件。

自动开门机一般由门电动机、减速机构和开门机构组成，具有多种多样的形式。按开门方式分类，有中分式自动开门机和双折式自动开门机。驱动门的电动机通常为直流电动机或交流电动机。

轿门的组成部分，如图 3-3-5-1 所示。

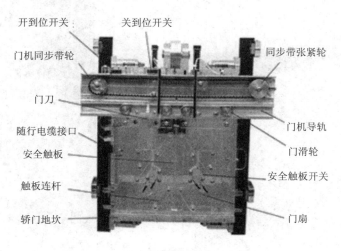

图 3-3-5-1　轿门的组成部分

轿门传动方式分为齿轮传动、链条传动、蜗杆传动、带传动。

 滑块与门刀装置

滑块和门刀是轿门系统中两个重要的部件。

1. 轿门滑块

轿门滑块设置在轿门上,是轿门沿导轨运动的滑动块,用来防止轿门门扇脱离导轨运动。轿门滑块固定位置及伸入地坎应深度合适、无卡阻,发现严重磨损时应更换门滑块。轿门滑块如图3-3-5-2所示。

图3-3-5-2　轿门滑块

2. 门刀

轿厢平层停站后,安装在轿门上的门刀把装于层门上的门锁滚轮夹在中间,并与此两滚轮保持一定间隙。当收到电控柜的开门信号时,门电动机驱动门机开门,当门刀夹住门锁滚轮移动距离超过开锁行程时,锁壁与锁钩脱离啮合,此时开锁完成,并由轿门门刀带动层门门锁滚轮继续走完整个开门过程。

安装在轿门上的门刀,分为单式门刀和复式门刀,如图3-3-5-3所示。

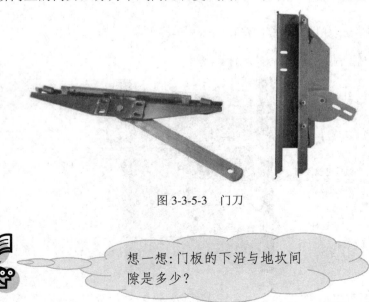

图3-3-5-3　门刀

想一想:门板的下沿与地坎间隙是多少?

 任务实施

门机的安装方式有轿顶式安装和立梁式安装。轿顶式安装是将门机直接安装在轿顶上，门机和轿门的作用力直接作用在轿顶前面，会导致轿厢前重，特别是深耕厢会更明显(比如医梯)，所以安装时，轿厢的垂直很重要。

门机的安装

1. 安装门机固定件

通过八个 M8 × 20 的六角螺栓和外锯齿垫圈，把两个门机固定件通过门楣两边固定在轿厢前壁上；检查测量支撑面与门楣底面间距 30 mm，门机固定面与层门地坎间距 127 mm，并确保固定面垂直误差小于 1 mm，如图 3-3-5-4 所示。

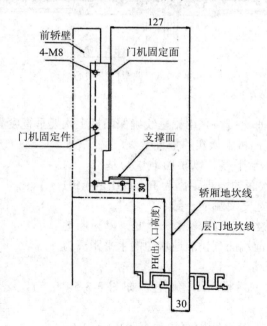

图 3-3-5-4　安装门机固定件

2. 安装门机

(1) 通过四个 M8 × 20 的内六角螺栓和外锯齿锁紧垫圈 8 将门机安装在门机固定件上，如图 3-3-5-5 所示。

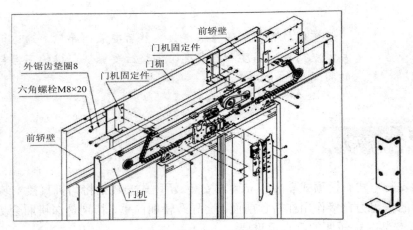

图 3-3-5-5　安装门机

(2) 在门机中心放置铅垂线，调整门机使门机中心与轿门出入口中心吻合，紧固门机固定螺栓，保证门机中心与出入口中心偏差≤1 mm，如图 3-3-5-6 所示。

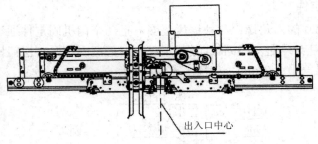

出入口中心

图 3-3-5-6　调整门机中心

3. 调整

(1) 调整门机上坎架垂直度。采用铅垂线确保门机上坎架垂直度满足 ±0.5 mm 要求，必要时增加调整垫片来保证门机上坎架的垂直度。

(2) 调整门机高度与水平度。以轿厢地坎为基准，调整门机导轨面到轿厢地坎面的竖直距离为 PH + 61 mm(PH 为出入口高度)且在开门宽度两端应一致。

(3) 调整门机与地坎线前后距离及平行度。以轿厢地坎为基准，调整门机导轨前端面到轿厢地坎边的水平距离为 51.5 mm 且在开门宽度两端应一致。

(4) 复核下列安装数据后紧固固定螺栓，如图 3-3-5-7 所示。

① 确保门机导轨面距轿门地坎面的垂直距离为 PH + 61 mm；

② 确保门机中心与出入口中心误差满足 ±1 mm 要求；

③ 确保门机导轨前端面距地坎边线的水平距离为 51.5 mm。

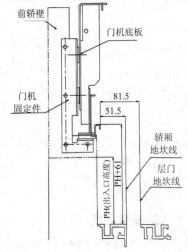

图 3-3-5-7　调整门机

门滑块和光幕的安装

1. 门滑块

将门滑块与轿门门板下端进行连接，如图 3-3-5-8 所示。

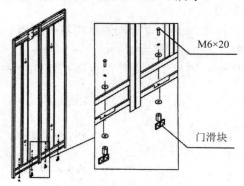

图 3-3-5-8　安装门滑块

2. 光幕

将光幕挡板及光幕与门板安装定位。

注意：挡板有上下端区分，不要颠倒安装，如图 3-3-5-9 所示。

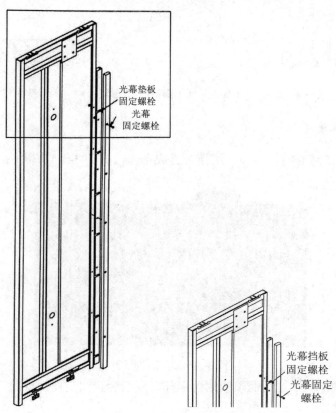

图 3-3-5-9　安装光幕

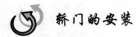 轿门的安装

(1) 将已安装好门滑块的门板下部安装到轿门地坎滑槽中,门板上部用四个 M8×30 的半圆头方颈螺栓将门板和轿门挂板连接起来。人面对轿厢入口侧观察,有门刀安装板的轿门应在左侧,如图 3-3-5-10 所示。

(2) 将门板竖立至轿厢地坎部位并将滑块插入地坎滑槽内,在门板下端垫高使门板与地坎间隙满足≤6 mm 的要求,如图 3-3-5-11 所示。

(3) 通过调整门板与挂板间的垫片数量使门板下端距地坎表面间距满足≤6 mm 的要求,如图 3-3-5-12 所示。

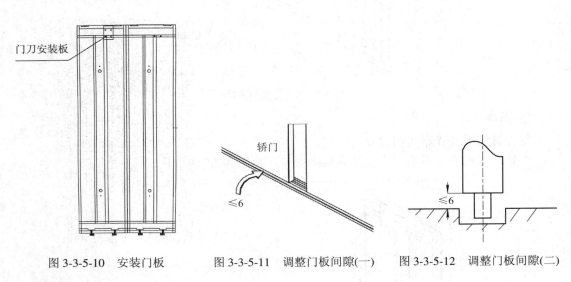

图 3-3-5-10　安装门板　　　图 3-3-5-11　调整门板间隙(一)　　　图 3-3-5-12　调整门板间隙(二)

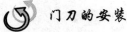 门刀的安装

(1) 卸下拖链及两端的连接板,将拖链拆成零件,如图 3-3-5-13 所示。

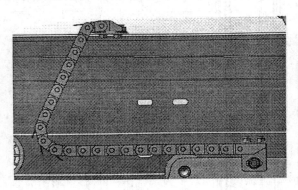

图 3-3-5-13　安装门刀

(2) 用 4 个 M6×14 法兰面锁紧螺栓把开门限制装置固定在挂板的门刀固定板上。注意:左侧螺栓深度较深,请使用套筒扳手。

调整开门限制装置垂直度,使其垂直偏差<1 mm,如图 3-3-5-14 所示。

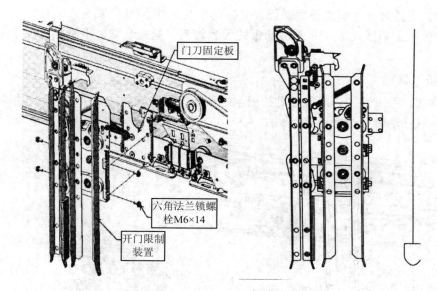

图 3-3-5-14　安装开门限制装置

(3) 调整开门限制装置使其与厅门地坎间隙符合 8 ± 1 mm，如图 3-3-5-15 所示。

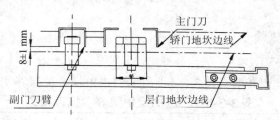

图 3-3-5-15　调整开门限制装置

轿门装置的调整

1. 开启限制装置的安装调整

安装非平层区钢丝绳开启装置，如图 3-3-5-16 所示。

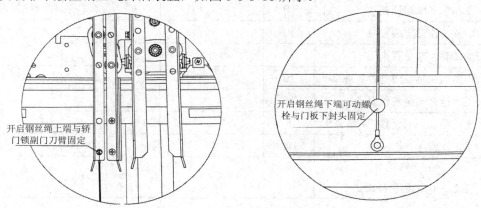

图 3-3-5-16　安装开启限制装置

注意: (1) 安装时,限制装置的副门刀臂应处于收拢状态(即门机关门到位);

(2) 两个固定点都固定后,非平层开锁装置上的钢丝绳处于自然下垂且可在下端固定螺栓孔中滑动。

2. 门机机械调整

调整到位后,关上轿门,此时门机挂板刚好和橡胶圈接触,如有接触不良,则需松开紧固螺栓,左右移动轿门进行调整,如图 3-3-5-17 所示。

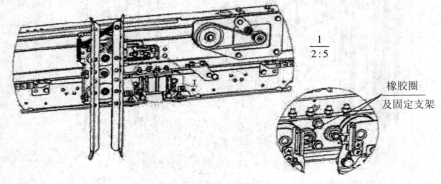

图 3-3-5-17 调整门机

完成上述任务后,认真填写表 3-3-5-1 所示的"电梯维护保养实操评价表"。

表 3-3-5-1 电梯维护保养实操评价表

组　　别			小组负责人	
成员姓名			班　　级	
课题名称			实施时间	
评 价 指 标	配分	自 评	互 评	教师评
门机安装操作顺序	20			
垂直度和水平度的调整	20			
光幕的安装注意安装方向	10			
门刀的调整参数是否牢记	20			
检查调整的工具使用是否合规	10			
着装是否符合安全规程要求	15			
能实现前后知识的迁移,团结协作	5			
总　　计	100			
教师总评 (成绩、不足及注意事项)				
综合评定等级(个人 30%,小组 30%,教师 40%)				

练习与实践

(1) 轿门系统由哪些组成？

(2) 轿门系统的安装步骤是什么？门机安装方式有哪几种？

(3) 轿门板与地坎之间的间隙应该是多少？

(4) 门刀与层门门球之间的啮合尺寸是多少？

任务六 完善电梯日常维护

电梯是我们日常生活中较为复杂的机电一体化设备。为了降低电梯的故障率，确保电梯的安全运行，延长电梯的使用寿命，电梯的维保项目和要求分为半月、季度、半年、年度等四类，包括清洁、润滑、检查、调整、更换等安全要求。

任务目标

- 学习电梯的日常保养内容；
- 掌握安全设备的保养内容和要点；
- 掌握电梯典型故障的分析与排除。

任务描述

了解电梯日常维护保养的基本要求；了解电梯维修保养中的安全知识；掌握曳引系统的日常保养；掌握部分安全部件的保养等。

知识链接

电梯维护保养规则 TSG T5002—2017 叙述了电梯安装在建筑物或构筑物中的保养规范要求。在实际工作过程中必须严格按要求进行维护。

 电梯维护安全操作规范

为了保护电梯设备安全运行，加强设备管理，根据电梯维修保养工程的环境及特点编制的电梯安全操作规范，每个公司的规范在细节方面会有所不同。在此介绍的为通用原则和规范。

1. 作业前的注意事项

(1) 维护人员应有足够的睡眠时间，以最佳健康状态面对作业。

(2) 维护人员应穿戴整洁规范的工作服、工作帽、安全带、安全鞋。

(3) 维护人员应详细掌握当天维护保养现场的作业内容、工序，根据需要准备安全带及其他保护用具。

(4) 用于作业的工具、计量器具，应使用检验合格的。

2. 作业现场的注意事项

(1) 作业开始之前，应面见电梯客户管理负责人，说明作业目的及作业的预定时间，让其了解情况。

(2) 对将要着手的作业内容、顺序及工序应再次详细协商。

(3) 不得凭借作业者自己随意判断和第三者的言行而擅自行动。

(4) 命令、指示、联络的手势应相互确认，应考虑照明，能见度，噪声等因素准确地传达。

(5) 机房的通道及进出口的附近，不应放置障碍物，机房内不得放置与电梯运行无关的物品。

(6) 检修中的运行应由受过运行操作培训者进行，不管有任何事都不许让第三者操作。

(7) 在超过两米的高度作业时，原则上应设置作业平台，但作业平台架设困难时，必须使用安全带。

(8) 升降高或深超过 1.5 m 地方时必须使用梯子、舷梯。

(9) 为确保作业人员的安全，同时也保证第三者的安全，应在各层明显的地方设置检修告示，向第三者说明正在作业。

(10) 因不同作业场所，当得不到适度照明的时候，应灵活使用移动灯具照明作业。

(11) 除作业时间外，轿厢内操纵盘应加盖上锁。

(12) 原则上不许带电作业，不得已要进行带电作业时，应使用绝缘保护用具。

(13) 作业中严禁吸烟，吸烟时应在客户指定的场所吸烟。

(14) 作业结束前，应仔细检查机房、井道、底坑无影响电梯运行的障碍物。

(15) 作业结束后，应面见客户管理负责人，进行作业结束的汇报后再撤出。

3. 单独作业的注意事项

(1) 作业人员应充分认识其安全重要性，首先要保证自己安全，也要确保第三者的安全，细心地投入作业。

(2) 作业时要充分考虑与外部联络的手段，必须配带通讯工具。

(3) 作业前应再次确认作业内容，同时预测危险部位。

(4) 对于一个人实施危险预测，自检部分，必须严格执行。

(5) 出现一个人无法完成的作业时，马上向上级汇报，请求指示，不得凭借自己一个人的判断擅自进行作业。

 曳引式电梯安全作业要求

电梯安装属于高危作业，能够引起事故的安全隐患很多，比较常见有坠落、触电等。

由于电梯的安装是多人同时作业，电梯的控制不当、重物起吊不规范等都会引起安全事故。因此学习安全操作要求尤为重要。

1. 机房安全操作

(1) 除在机房作业时间以外，机房的门要锁着，防止第三者进入。

(2) 零部件、擦布、油脂类要管理好，放在指定的地方。

(3) 避免工具、物品从机房地面钢丝绳孔等掉入井道。

(4) 操纵电源开关及各开关时，要由操作者或经接到指示的人员进行。

(5) 断开的电源开关要有不要送电的提示板。

(6) 配电盘的一次侧经常处于通电状态，因此注意不要触电。

(7) 两台以上并列的电梯，即使把 1 台的电源开关断开，共同用的电路是通电状态，所以要特别注意，防止触电。

(8) 控制柜的门，除作业以外必须关闭上锁，将门打开作业时尽量避免带电作业。

(9) 控制柜内不准放任何物品。

(10) 在进行曳引机、限速器等旋转件作业时，必须在电源断开之后进行，另外，目视检查运行状态时，要充分注意手、工作服，擦布不要触碰卷入，防止被卷入。

(11) 在检查、清洁钢丝绳时，要把电源断开后再进行。特别是在检查钢丝绳磨损，钢丝绳的绳股是否切断时，要在轿厢提升时进行，这时要充分注意，不要把手卷入绳轮等的旋转件中。

(12) 在手动轿厢上升、下降时必须切断电源之后按照操作者的指示进行。

2. 井道安全操作

(1) 打开厅门上电梯顶部时应遵守由厅门上电梯顶部方法的规定。

(2) 轿顶上作业时不允许在运行中进行。但是在边运行、边检查井道内装置的情况下要在从上层向下层的下降运行状态进行。手必须触摸到安全开关，无论在任何时候都能立刻使开关断开。

(3) 升降运行中应位于碰不到井道内的机器、建筑结构等物的位置。特别是 2：1 挂绳的电梯，要注意钢丝绳不允许碰到其他物体。

(4) 保证在轿顶上平稳站立，由于起动，停止的冲击应注意，不要跌倒。另外，有证实门开闭的开关装置的各种开关应是断开的。

(5) 不允许将工具放在轿顶上或井道内设置的平层开关上，防止刮着手、脚等。另外，在轿顶上要充分注意工具不能掉落。

(6) 开、关门时注意身体的平衡和脚下安全，不要夹着手、脚。

(7) 在轿顶上开厅门时，由于门的运动有时会刮着其他人，因此要充分注意，应慢慢地将厅门打开。

(8) 绝对不能站立在井道内的中间梁上或利用支承架等爬上、爬下，有坠落被挤压的危险。

(9) 并列设置电梯时，不允许从一台电梯的轿厢跨到另一台电梯的轿厢上。

(10) 不允许在轿顶和底坑二处以上同时作业。此项要做为原则来遵守。

(11) 使用的工具必须放回工具袋中，不能放到他处。

3. 底坑安全操作

(1) 出入底坑时要遵守出入底坑的方法的规定。

(2) 绝对不能在厅门打开的状态时离开。

(3) 在底坑里作业时，不允许运行轿厢。如有特殊情况需要时，操作者要按照在底坑里作业人员的指示进行。另外，不允许以快车状态直接运行到最底层。

(4) 底坑里作业人员要充分注意对重等的移动，做好无论任何时候都能用底坑的安全开关把轿厢处于停止状态的准备。

 故障分析排除的方法

电梯设备由若干个机械部件组成，在电气系统的驱动和控制下相互配合运行，完成乘客或货物运输的任务。当设备中某些机械部件不能正常工作，失去设计中的一个或几个主要功能时，会导致电梯出现机械故障，产生异常的振动或噪声，严重影响电梯乘坐舒适感，甚至导致电梯不能正常运行。

电梯一旦发生故障，维护人员应首先判断是机械故障还是电气故障，如果电梯能运行，但运行时有明显的异响或振动，例如机械刮碰声或机械部件运行不灵活、不到位并有卡死或过热的现象，而主驱动电路工作正常，则故障多出自机械系统部件之中。如果电梯电源系统供电正常，且电梯能用检修状态点动运行，则说明机械系统存在故障的可能性较小，若主驱动电路也工作正常，则故障多出自电气控制系统之中。

想一想：为什么电梯半个月就要保养一次？

提示

电梯是一种多层建筑物里的上下公共交通运输设备，交付使用后运行效果的好坏关键在于电梯的维护与保养，所以国家质检总局印发的"电梯维护保养规则 TSG T5002—2017"明确规定电梯的保养时间为半月、季度、半年、年度等四类。

 **任务评价**

曳引系统是电梯的动力系统，有频繁起动、制动、负载变化大的特点，对工作环境温度比较敏感，对润滑方面的保养操作比较多。

 曳引系统日常保养

1. 保养准备

准备好常用机械拆装工具、量具，常用机具，常用材料，常用符合规定的润滑油及煤油等。

要熟悉曳引系统日常保养的主要内容和技术要求。

2. 保养要领及步骤

1) 蜗杆减速器的保养

(1) 减速器内需有足够的齿轮油,油质应保持纯洁,油温不应超过 60℃,第一次加油使用 3 个月后应清洗并重新换油一次。加油步骤为:用螺钉旋具挑走箱盖上的塑料盖,注入煤油,彻底清洗箱体内部,然后将煤油放入准备好的容器内。注入一定量齿轮油,使液面处于最低与最高油位间(为了防止油对蜗杆的点蚀,在蜗杆上方和横向油槽上方注入)。用扳手起走外轴承上的盖板,注入齿轮油,直到定油孔处流出油来,随即旋紧旋塞。用制动器操作杆将制动器打开,再转动飞轮数十次,使油渗入蜗杆轴承和主轴承,再压上塑料盖及盖板。

(2) 蜗轮蜗杆减速器轴架上的滚动轴承应用钙基润滑脂进行润滑。

(3) 检查曳引机座的紧固螺栓是否有松动现象,如松动应及时紧固。

(4) 当减速器在正常运转状态下,测量轴承温度,如轴承产生高热,温度超过 80℃,应考虑调换轴承。

(5) 在检查减速器蜗轮和蜗杆的啮合情况时,如必须拆开减速器,应先将轿厢安置在井道顶部并用钢丝绳吊住,并将对重在底坑内撑住,然后排去减速器内润滑油,用煤油清洗。

(6) 当减速器使用年久后,齿的磨损逐渐增大,当齿间侧隙超过 0.35 mm 以上,并在工作中产生猛烈地撞击时,应考虑调换轮与杆。

(7) 曳引机停用一段时间后,如重新运用时要注意蜗杆轴承处及主轴承内是否有齿轮油,并在起动时先加入少量油后,再检查是否少油。

(8) 蜗轮轴要注意防锈,尤其是轴肩圆弧处绝对不能生锈,以防该处内应力集中而损坏蜗轮轴。

2) 制动器保养

(1) 检查闸瓦应当紧密地贴于制动轮的工作表面上。当松闸时,闸瓦应同时离开制动轮的工作表面,不得有局面磨损。这时在制动轮与闸瓦之间形成的间隙不得大于 0.7 mm。

(2) 当周围环境温度为 +40℃时,在额定电压及通电持续为 40%时,温升不得超过 60℃。

(3) 制动器电磁线圈的接头应无松动现象。线圈外部防止短路的绝缘要良好。

(4) 制动器的销轴必须能自由转动并经常用薄油润滑。电磁铁在工作时,磁铁应能自由滑动,无卡住现象。

(5) 闸瓦的衬垫如有油腻等,要拆下清洗,以防止打滑。

(6) 当闸瓦的衬垫磨损后与制动轮的间隙增大,会使得制动不正常,如发生异常的撞击声时应调节可动铁心与闸瓦臂连接的螺母来补偿磨损掉的厚度,使间隙恢复。

(7) 当闸瓦的衬垫磨损值超过衬垫厚度的 1/4 时,应及时更换。

(8) 制动器弹簧每隔一段时间要调整其弹簧力,使得电梯在满载下降时应能提供足够的制动力,而在满载上升时制动又不需太猛,要平滑地从平层速度过渡到准确停层于欲停楼面上。

3) 离心开关的保养

(1) 装置的绝缘电阻不小于 10 MΩ。

(2) 当周围环境温度 +40℃，装置通以额定电流时，其触点温升、集电环与电刷的温度不超过 55℃。

(3) 灵敏度为额定转速的 5%。

4) 曳引轮的保养

(1) 检查曳引轮槽的工作表面是否平滑，绳子槽的工作面可用直尺量槽内钢丝绳的水平，当其深度差距达到 1.5 mm 时，应重新车削或调换轮缘。

(2) 检查曳引机槽内钢丝绳是否落入底部并产生打滑现象。当绳槽共同磨损至钢丝绳与槽底的间隙减缩至 1 mm 时，最低应不小于 15.5 mm。

5) 曳引钢丝绳的保养

(1) 电梯安装使用后，由于钢丝绳受到拉伸载荷，每根钢丝绳的长度会有不同程度的增加，进而造成每根钢丝绳受力不均，必要时应根据实际情况，通过调整钢丝绳锥套螺母来调节弹簧的预紧度，使钢丝绳均匀受力。

(2) 钢丝绳应有适宜的润滑，这样可以降低钢丝绳之间的摩擦损耗，同时也保护其表面不产生锈蚀。钢丝绳内原有油浸麻芯一根，使用时油逐渐外渗。如果使用时间过长，需要定时注油，油质宜较薄，且注油不可太多，使钢丝绳表面有能渗透的轻度润滑(手摸有油感即可)。但当渗油过多时应进行除油处理，防止因渗油过多而造成打滑现象。

(3) 检查钢丝绳有无机械损伤，有无断丝爆股情况，锈蚀和磨损的程度，如果已达到更换标准应立即停止使用，更换新绳。

6) 曳引电动机的保养

(1) 在油温不高于 65℃ 时，滑动轴承温度不超过 80℃，运转时如发现温度过高或声音不正常，或有外物侵入导致集电环转动不灵活时，必须立即停机进行检查。

(2) 必须经常检查油环运转情况。要求灵活运转，并经常注意油面高度，使用 3~6 个月应换一次。加油步骤：用轻质汽油彻底清洁电动机油环轴承。干燥后，通过注油器的侧孔缓慢地注入润滑油，使油位达到插油杯中部。

(3) 用 500 V 绝缘电阻表检查各绕组间和绕组对电动机外壳的绝缘电阻。冷态绝缘电阻值不小于 20 MΩ，否则必须进行烘干处理。

(4) 查热敏开关受热面同铁心接触是否良好；接地装置是否可靠。

(5) 对于三相三速异步电动机，由于其慢速绕组装有热触点，当慢速绕组连续通电 3 min 后，热触点动作，自动切断电源，这里需稍等片刻，待热触点冷却自动复位后使用。

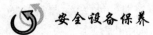 **安全设备保养**

1. 保养准备

准备好常用机械拆装工具、量具，常用机具，常用材料，常用符合规定的润滑油及煤油等。要熟悉电梯安全设备的动作原理，要熟悉电梯安全设备保养的主要内容和技术要求，如图 3-3-6-1 所示。

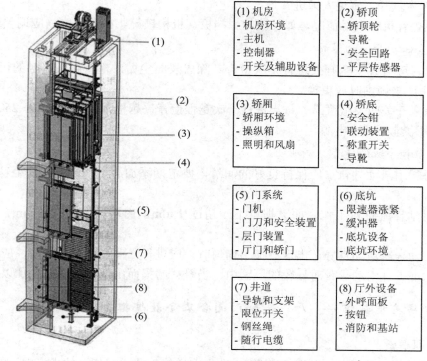

(1) 机房	(2) 轿顶
- 机房环境 - 主机 - 控制器 - 开关及辅助设备	- 轿顶轮 - 导靴 - 安全回路 - 平层传感器

(3) 轿厢	(4) 轿底
- 轿厢环境 - 操纵箱 - 照明和风扇	- 安全钳 - 联动装置 - 称重开关 - 导靴

(5) 门系统	(6) 底坑
- 门机 - 门刀和安全装置 - 层门装置 - 厅门和轿门	- 限速器涨紧 - 缓冲器 - 底坑设备 - 底坑环境

(7) 井道	(8) 厅外设备
- 导轨和支架 - 限位开关 - 钢丝绳 - 随行电缆	- 外呼面板 - 按钮 - 消防和基站

图 3-3-6-1 电梯安全设备

2. 保养要领及步骤

1) 制动器的保养

制动器的保养已在"曳引系统日常保养"学习过，这里就不再赘述。

2) 安全钳和限速器保养

(1) 应保证限速器转动灵活，旋转部分润滑应保持良好。一般一周一次。

(2) 应使限速器张紧装置转动灵活，一般每周加油一次。

(3) 应保证安全钳动作灵活，提拉力及提升高度均应符合要求。在季度检中应检查钳口和滚珠用润滑脂润滑及防锈情况。钳口应洁净无油污。

3) 缓冲器保养

(1) 对于弹簧缓冲器，就保护其表面不出现锈斑。

(2) 对油压缓冲器，应保证油在液油缸中所需的高度，一般每季度应检查一次。发现低于油位线时，应及时加注。

(3) 油压缓冲器栓塞外露部分应保持清洁，并涂抹防油脂。

(4) 每年进行一次油压缓冲器的复位试验。

4) 轿厢门、厅门电气联锁的保养

(1) 保证厅门、轿厢门电气联锁触头工作的可靠性。经常使其保证清洁及适当间隙，同时要防止其出现虚接、假接及粘连等现象，确保其同步性。即只有厅门、轿厢门电气联锁全关闭导通时，电梯方能运行。

(2) 经常检查门联动机构、传动机构、强迫关门机构等转动是否灵活、安全可靠。保证不能被人为扒开，避免人掉进井道。

(3) 检查各机构润滑情况，如吊滚轮、挡板、机构锁等。如发现磨损应调整或更换。

5) 安全保护开关的保养

(1) 每月应对各安全开关进行一次检查。除去表面尘垢，检查触头接触的可靠性和压力等；触头严重烧蚀时应更换。

(2) 极限开关应灵敏可靠。每年进行一次越程检查，越程距离应为 150~250 mm；检查其能否可靠地断开主电源。

6) 导靴和导轨的保养

(1) 对配用滑动导轨，应保持良好的润滑，要定期添加润滑油，调整油毛毡的伸出量并保持清洁。

(2) 滑动导靴靴衬工作表面磨损量不应超过 1 mm，内端面不超过 2 mm，超过者应更换。

(3) 滚动导靴滚动良好，出现磨损不均匀时，应进行修理；出现脱圈时，应更换。

(4) 保证弹性滑动导靴对导靴的压紧力，当靴衬磨损而出现松弛时，应加以调整。

 电梯典型故障——厅门、轿门闭合不全故障排除

1. 排故准备

熟悉《电梯工程施工质量验收规范》；熟悉电梯施工图样及相关技术资料；施工机具及器材准备，主要有常用电工工具、万用表、钢角尺等。

2. 排故分析要领

根据故障关联图可以分析出故障部件，如图 3-3-6-2 所示；电梯开、关门机构设置在轿厢上部特制的钢架上。当电梯需要开、关门时，开关门电动机通电旋转，通过传动部分传动、带轮减速并完成开、关门动作。

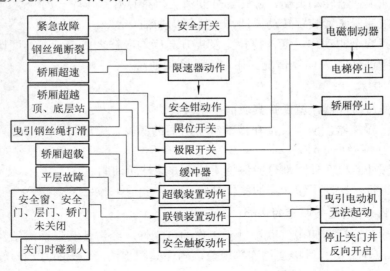

图 3-3-6-2　故障关联图

3. 故障检修及步骤

(1) 检查电梯厅门、轿门外观。当发生厅门轿门闭合不全时，首先检查层门、轿门的门挂脚部分。由于使用不当，层、轿门的挂脚被撞断损坏时，会造成层、轿门下坠拖地，使层、轿门不能正常动作。解决的办法是更换被撞坏的门挂脚，并调整门滑块的间隙，使层、轿门能灵活地开和关。

(2) 检查电梯自动门机。当电动机存在故障或功率不够，就不能保证电梯正常开、关门的要求。

(3) 检查电梯自动门机传动部分。如自动门机从动轮支撑杆弯曲，造成主动轮与从动轮的传动中心偏移，引起耸动皮带脱落，使厅、轿门闭合不全或其他故障，采取措施是校正从动轮支撑杆，使弯曲部分恢复到原样为止。

任务评价

完成上述任务后，认真填写表 3-3-6-1 所示的"电梯维护保养实操评价表"。

表 3-3-6-1 电梯维护保养实操评价表

组 别			小组负责人	
成员姓名			班 级	
课题名称			实施时间	

评价指标	配分	自评	互评	教师评
曳引电动机的保养工作正确与否	20			
蜗杆减速器的保养工作正确与否	20			
厅门门锁的维护与调整，参数正确与否	10			
曳引钢丝绳的保养正确与否	20			
离心开关的测量正确与否	10			
着装是否符合安全规程要求	15			
能实现前后知识的迁移，团结协作	5			
总 计	100			
教师总评 (成绩、不足及注意事项)				
综合评定等级(个人 30%，小组 30%，教师 40%)				

练习与实践

(1) 电梯日常维护保养的基本要求是什么？

(2) 电梯维修保养人应知道的一般要求是什么？

(3) 电梯维修保养安全操作规程有哪些？

(4) 如何进行曳引电动机的保养？

(5) 如何进行蜗杆减速器的保养？

任务拓展

阅读材料

学会电梯困人应急故障处理

如果电梯发生困人事故，必须由专业持证受训人员进行此项操作、电梯维修员应采用如下方法处理：

(1) 切断主电源开关，防止电梯意外启动，但须保留轿厢照明。在切断主电源之前，与业主沟通，在基站放置维修护栏，电梯停止对外使用。

(2) 通过机房对讲装置安慰乘客，确认乘客数量及轿厢位置。

(3) 当电梯停止在距某平层位置约 ±600 mm 范围时，维修人员可以在该平层的厅门外使用专用的厅门机械三角钥匙打开厅门，并用手拉开轿厢门，然后协助乘客安全撤离轿厢并确认乘客数量。

(4) 当电梯未停在上述位置时，则必须用机械方法移动轿厢后救人，步骤如下：

① 轿门应保持关闭，如轿门已被拉开，则要叫乘客把轿门手动关上，利用电梯内对讲电话，通知乘客轿厢将会移动，要求乘客静待轿厢内，不要乱动。

② 在曳引机装上盘车装置。

③ 两人配合进行松闸救援，松闸之前，负责松闸的人员需要与负责盘车的人员进行交流，确认按照一松一紧的口令进行松闸(得到松的口令的时候，进行盘车，紧的口令的时候，把持盘车手轮停止盘车)，得到负责盘车的人员确认后，进行盘车救援操作。

④ 一人把持盘车装置，防止电梯在机械松抱闸时意外或过快移动，然后另一人采用机械方法一松一动抱闸，当抱闸松开时，另一人用力转动盘车装置，使轿厢向正确方向移动。

⑤ 按正确方向使轿厢断续地缓慢移动到平层 ±15 mm 位置上。

⑥ 使松闸装置恢复正常，然后在厅门对应轿门外机械打开轿厢门，应协助乘客撤出轿厢，同时再次安慰乘客及确认乘客数量。

⑦ 检查所有其他的层门应可靠关闭，主电源开关仍然应关断。

⑧ 检查困人原因，排除后试运行并经确认无故障后交付使用。

注意：当按上述方法和步骤操作发现异常情况时，应立即停止救援并及时通知相关人员做出处理。轿厢移动时谨防坠落和挤压。此外，电梯困人自救小常识如图3-3-6-3所示。

图3-3-6-3　电梯困人自救小常识

项目四　机器人安装调试与维护技术

任务一　安装与调试机器人本体

工业机器人是面向工业领域的多关节机械手或多自由度的机器装置，它能自动执行工作，是靠自身动力和控制能力来实现各种功能的一种机器。工业机器人的控制精度和工作精度都比较高，因此属于精密设备。

工业机器人作为精密设备，对于安装与调试要求比较高。为了安装和调试好机器人要具备一定相关知识，如：工业机器人安装环境选择；工业机器人安装的一般步骤等。

 任务目标

- 了解工业机器人本体安装环境要求；
- 掌握工业机器人本体安装的一般工作步骤；
- 掌握工业机器人螺栓拧紧常用方法。

 任务描述

通过对工业机器人安装环境的选择，对工业机器人安装一般步骤的学习以及工具的使用方法，让学生掌握工业机器人的安装过程及注意事项。工业机器人如图 3-4-1-1 所示。

图 3-4-1-1　工业机器人

工业机器人的安装环境

工业机器人是精度较高的设备，使用环境对其使用精度和使用寿命都有较大的影响，因此必须为其选择合适的环境。

工业机器人作为精密设备，必须工作在较为整洁环境中，否则机器人容易发生故障，不利于机器人使用寿命的延长和生产效率的提高。而且从工作的角度来说，还要求场地宽敞利于安全生产。

工业机器人对安装环境常见要求如下所示：

(1) 环境温度要求：工作温度 0～45℃，运输储存温度–10～60℃；

(2) 相对湿度要求：20%～80%RH；

(3) 动力电源：3 相 AC200/220V(+10%～–15%)；

(4) 接地电阻：小于 100 Ω；

(5) 机器人工作区域需有防护措施(安全围栏)；

(6) 灰尘、泥土、油雾、水蒸气等必须保持在最小限度；

(7) 环境必须没有易燃、易腐蚀液体或气体；

(8) 设备安装要求要远离撞击和振源；

(9) 机器人附近不能有强的电子噪声源；

(10) 震动等级必须低于 0.5 G(4.9 m/s)。

 工业机器人安装一般步骤

一台刚出厂的机器人在到达用户地后投入生产运行前，要进行一系列的安装调试，其步骤如下：

(1) 借助叉车或者吊车将机器人本体和控制器吊装到位。

(2) 按照要求连接机器人本体和控制器之间的电缆。机器人与控制柜的连接主要是电动机动力电缆与转数计数器电缆、用户电缆的连接。

(3) 按照要求正确连接示教器和控制器。

(4) 按照机器人要求规格接入主电源。

(5) 检查主电源正常后，上电开机。

(6) 校准机器人 6 个轴的机械零点。

(7) 设定机器人的输入输出信号。

(8) 安装机器人相对应工作环境所需工具和周边设备。

(9) 对机器人进行编程调试，检查机器人功能。

(10) 在功能确定无误后投入生产运行。

工业机器人螺栓拧紧方法

螺栓拧紧方法主要有两类,分别是弹性拧紧和塑性拧紧。弹性拧紧一般指扭矩拧紧法,塑性拧紧主要包括转角拧紧法、屈服点拧紧法等。

1) 扭矩拧紧法

扭矩拧紧法的原理是扭矩大小和轴向预紧力之间存在的关系。通过将拧紧工具设置到某个扭矩值来控制被拧紧件的预紧力。在工艺过程、零件质量等因素稳定的前提下,该拧紧方式操作简单、直观,目前被广泛采用。

根据经验,在拧紧螺栓时,有50%的扭矩消耗在螺栓端面的摩擦上,有40%消耗在螺纹的摩擦上,仅有10%的扭矩用来产生预紧力。由于外界不稳定条件对扭矩拧紧法的影响很多,所以通过控制拧紧扭矩间接地实施预紧力控制的扭矩法将导致对轴向预紧力控制精度低。

2) 转角拧紧法

鉴于扭矩拧紧法存在的不足,美国在20世纪40年代末开始研究螺栓伸长和轴向力的关系。螺栓拧紧时的旋转角度与螺栓伸长量和被拧紧件松动量的总和大致成比例关系,因而可采取按规定旋转角度来达到预定拧紧力的方法。首先将螺栓拧紧到起始力矩 Ms,即将螺栓拉伸到接近屈服点,然后,再旋转一定的角度 A0,将螺栓拉伸到塑性区域。

旋转角度拧紧法的实质是控制螺栓的伸长量,在弹性范围内轴向预紧力与伸长量成正比,控制伸长量就是控制轴向力,螺栓开始塑性变形后,虽然两者已不再成正比关系,但螺栓受拉伸时的力学性能表明,只要保持在一定范围以内,轴向预紧力就能稳定在屈服载荷附近。所以,两个摩擦系数不同的螺栓,虽然采用相同的拧紧法拧紧后的最终力矩 M1 与 M2 相差很大,但是,由于螺栓强度、尺寸相同,所以预紧力相差不大。转角拧紧法与扭矩拧紧法相比,不仅高精度地完成了对拧紧的控制,而且充分提高了材料的利用率。

3) 屈服点拧紧法

屈服点拧紧法的理论是将螺栓拧紧到刚过屈服极限点。采用屈服点拧紧时,首先将螺栓拧紧到某一个规定的起始力矩 Ms,从这点开始,设备监控拧紧曲线的斜率值的变化,如果斜率下降超过了设定值,那么就认为把螺栓拉伸到了屈服点,工具停止运行。

屈服点拧紧法最大的优点是将摩擦系数不同的螺栓都拧紧到其屈服点,最大限度地发挥了螺纹件强度的潜力,但是它对干扰因素比较敏感,同时对螺栓的性能及结构设计要求极高,控制难度较大。

 **任务实施**

通过对 ABB IRB 14000 机器人拆包、确定安全范围、现场安装等过程具体学习,让学

生掌握该机器人在安装过程中的注意事项和相关过程。

 拆包

1. 安装前操作程序

IRB 14000 安装之前一定经过严格的部署，保证安装的相关前提条件满足要求，从而能保证机器人安装顺利进行。具体操作如表 3-4-1-1 所示。

表 3-4-1-1

序号	操 作
1	目测检查机器人确保其未受损
2	确保所用吊升装置适合于机器人重量：38 kg
3	如果机器人未直接安装，则必须做好储存： 最低环境温度：−10℃ 最高环境温度：+55℃ 最高环境温度(24 小时以内)：+55℃ 最大环境湿度：85% at constant temperature(gaseous only)
4	确保机器人的预期操作环境符合规格： 最低环境温度：+5℃ 最高环境温度：+40℃ 最大环境湿度：85% at constant temperature
5	将机器人运到其安装现场前，请确保安装现场符合规格： 最大水平度偏差为 0.1/500 mm(机器人底座中锚定点周围的水平度值。为补偿不规则的表面，可在安装期间对机器人进行重新校准。如果分解器/编码器校准发生变化，则会影响 absolute accuracy)； 最大倾角为 0°(如果机器人从 0° 开始倾斜，则机器人的有效载荷上限将会降低)； 最小共振频率为 22 Hz
6	移动机器人前，请先查看机器人的稳定性
7	满足这些先决条件后，即可将机器人运到其安装现场
8	安装所要求的设备，如：指示灯

 确保工作范围

IRB 14000 机器人需要合适的空间位置，要保证机器人和相关操作者都有足够的运动空间，以保证设备和操作人员人身安全。机器人工作范围如图 3-4-1-2 所示。

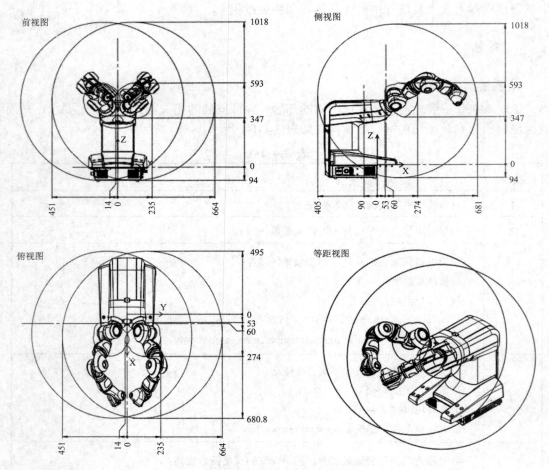

图 3-4-1-2　机器人工作范围

注意：如果机器人未固定在基座上并保持静止，则机器人在整个工作区域中不稳定。移动手臂会使重心偏移，这可能会造成机器人翻倒。装运姿态是最稳定的位置。将机器人固定到其基座之前，切勿改变其姿态。

 现场安装

IRB 14000 是一款协作型机器人，整个机器人可以用起吊附件吊起，或由两个人抬起。

(1) 用起吊附件抬升机器人，其过程如表 3-4-1-2 所示。

表 3-4-1-2　用起吊附件抬升机器人过程

序号	操　作	注　释
1	⚠ 小心 IRB 14000 机器人重量为 38 kg。 必须使用相应尺寸的起吊附件！	

序号	操作	注释
2	将机器人移动到合适的吊升位置。 ⚠ 小心 在起吊和运输机械臂过程中不要让手臂打到任何东西，这可能会损坏手臂的机械结构	
3	卸下螺纹盖	
4	将吊眼安装到机器人上	吊眼 M8 DIN58
5	将吊索安装到吊眼上并固定到高架起重机上	
6	慢慢提升起重机，小心地将吊索拉紧	
7	卸下机器人固定螺钉(如果机器人已经被固定)	M5 × 25 的螺丝(8 pcs)
8	使用吊车吊升机器人	

(2) 由两个人抬起机器人，过程如表 3-4-1-3 所示。

表 3-4-1-3　由两人抬起机器人过程

序号	操　作	注　释
1	⚠ 小心 IRB 14000 机器人重 38 kg，可以由两个人抬起	
2	每个人在机器人的一边，抓住手持凹槽	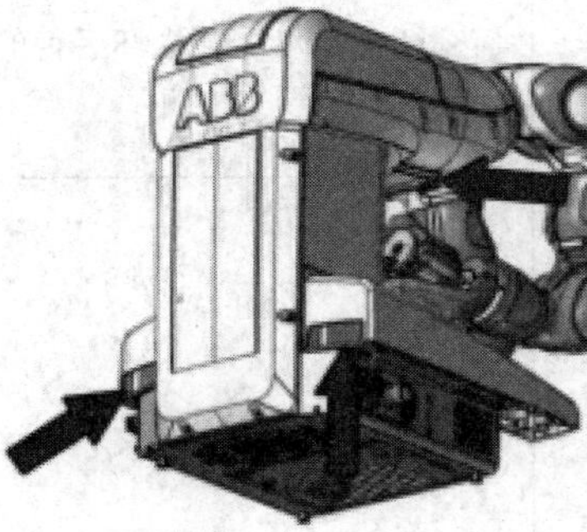
3	每个人在机器人的一边，抬起机器人	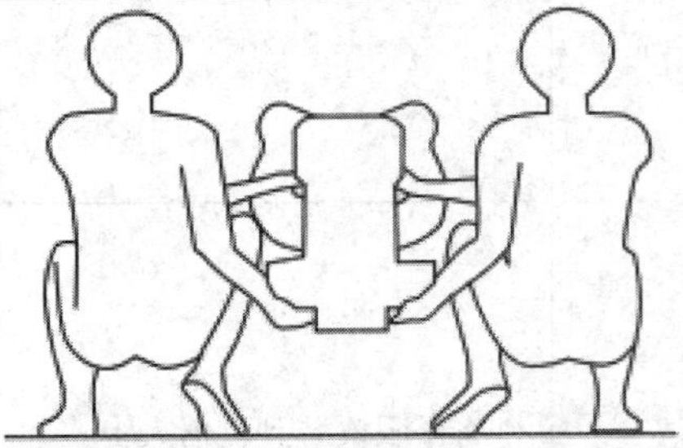
4	将机器人移到所需位置。 ⚠ 小心 在起吊和运输机械臂过程中不要让手臂打到任何东西，这可能会损坏手臂的机械结构	
5	确定方位并固定机器人，将机器人固定在工作台上	螺钉：8 pcs，M5 × 25 垫片：8 pcs，5.3 × 10 × 1 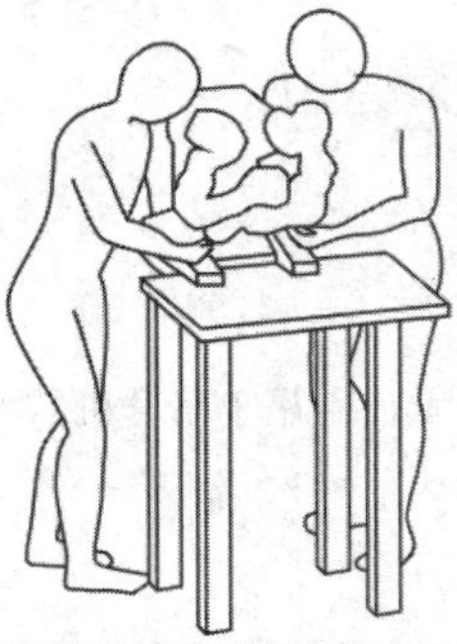

(3) 确定方位并固定机器人。在机器人主体上有八个孔，固定机器人时使用的孔配置如图 3-4-1-3 所示。

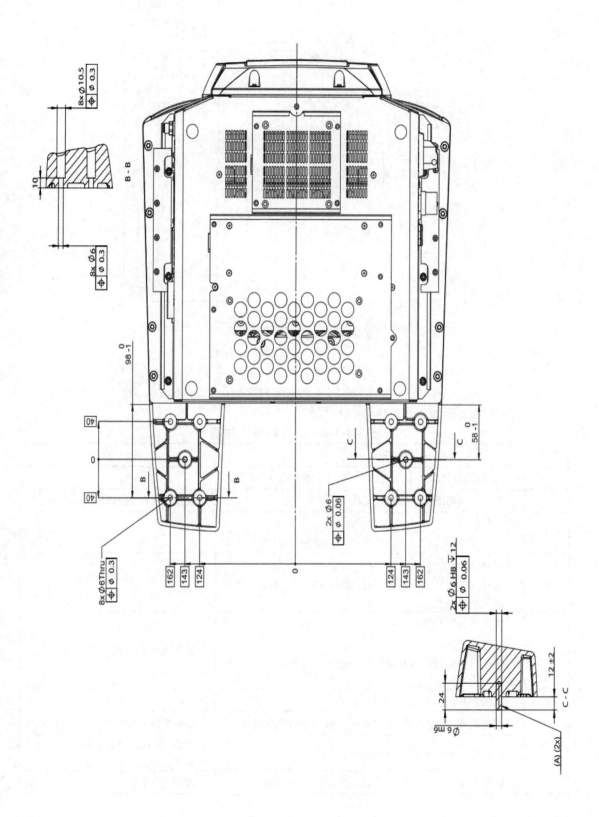

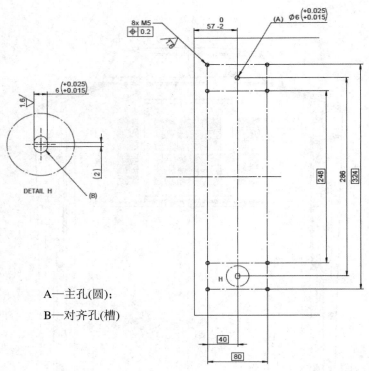

A—主孔(圆);

B—对齐孔(槽)

图 3-4-1-3　固定机器人

固定机器人过程如表 3-4-1-4 所示。

表 3-4-1-4　固定机器人过程

序号	操　作	注　释
1	确保机器人的安装现场符合"安装前的操作程序"的规定	
2	在安装现场准备止动螺孔	底座的孔配置如图 3-4-1-3 所示
3	ⓘ 小心 机器人重 38 kg。必须使用相应尺寸的抬升设备	
4	ⓘ 小心 吊升或装运后放下机器人时，如果未正确固定，则存在翻倒风险	
5	将机器人吊升至安装现场。 ⓘ 小心 在起吊和运输机械臂过程中不要让手臂打到任何东西，这可能会损坏手臂的机械结构	机器人吊升方法参照前述
6	确保在基座的孔上装有两只销子	
7	在将机器人放入其安装位置时，用销子引导机器人	确保机器人底座正确安装到插销上
8	将固定螺钉安装到底座的止动孔中	螺钉：8 pcs，M5 × 25 垫片：8 pcs，5.3 × 10 × 1
9	以十字交叉方式拧紧螺栓以确保底座不被扭曲	拧紧转矩：3.8 N・m ± 0.38 N・m

(4) 手动释放制动闸。制动闸释放单元配有控制轴制动闸的两个按钮，按钮 A 控制右臂，按钮 B 控制左臂，如图 3-4-1-4 所示。

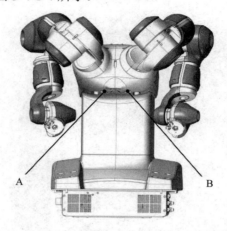

A—右臂的制动闸释放按钮；B—左臂的制动闸释放按钮

图 3-4-1-4　制动闸释放单元

注：
① 电机的轴 1、轴 2、轴 3 和轴 7 有制动闸，轴 4、轴 5 或轴 6 没有制动闸！
② 释放制动闸时，机器人轴可能移动非常快，且有时无法预料其移动方式！
手动释放制动闸过程如表 3-4-1-5 所示。

表 3-4-1-5　手动释放制动闸过程

序号	操　　作	注　　释
1	制动闸释放单元配有控制轴制动闸的两个按钮，按钮 A 控制右臂，按钮 B 控制左臂。用制动闸释放按钮释放制动闸需要机器人有供电	
2	⚠ 小心 释放制动闸时，机器人轴可能移动非常快，且有时无法预料其移动方式	
3	按下按钮 A 松开右臂轴的制动闸； 按下按钮 B 松开左臂轴的制动闸； 按钮(A 或 B)释放后，制动闸将恢复工作	

(5) 安装信号灯。黄色灯光的信号灯可以安装在机器人上或工作区域的适当固定位置上。灯光会指示机器人已上电，可以满足 UL 要求。信号灯的位置如图 3-4-1-5 所示。

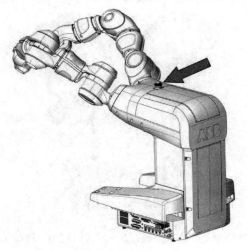

图 3-4-1-5　信号灯位置

注意：确保电源、液压和气压的供应都已经全部关闭。

信号灯安装步骤：

① 卸下主体盖板，过程如表 3-4-1-6 所示。

表 3-4-1-6　卸下主体盖板

序号	操　　作	图　　示
1	卸下主体盖板顶部螺丝	
2	卸下主体盖板	

序号	操　作	图　示
3	卸下主体下部盖板的后部螺丝	
4	卸下前盖和下部主体盖板。 ⚠️ 注意 盖板下的搭扣，不要将其损坏	

② 信号灯安装，过程如表 3-4-1-7 所示。

表 3-4-1-7　安装信号灯

序号	操　作	注　释
1	卸下护盖	
2	将信号灯安装到信号灯座上	

序号	操 作	注 释
3	将信号灯装置安装到机器人上	
4	连接灯线接头	
5	现在，信号灯已经可以用了。在"电机开启"模式下会亮起	
6	装回前盖和下部主体盖板	注意盖板下的搭扣，不要将其损坏

③ 装回主体盖板过程如表 3-4-1-8 所示。

表 3-4-1-8　装回主体盖板

序号	操 作	注 释
1	装回前盖和下部主体盖板。 ![注意]注意 盖板下的搭扣，不要将其损坏 	

序号	操 作	注 释
2	装回主体下部盖板的后部螺丝	螺丝：2 个。 拧紧转矩：0.2 N·m
3	装回主体盖板	螺丝：6 个。 拧紧转矩：0.9 N·m
4	将主体盖板的剩下两个螺丝装回	螺丝：2 个。 拧紧转矩：0.2 N·m
5	装回主体盖板顶部螺丝	螺丝：M3×6 4 个 拧紧转矩：0.2 N·m

任务评价

完成上述任务后，认真填写表 3-4-1-9 所示的"机器人安装调试评价表"。

表 3-4-1-9 机器人安装调试评价表

组　　别				小组负责人	
成员姓名				班　　级	
课题名称				实施时间	
评 价 指 标	配分	自　评		互　评	教师评
开箱验收记录正确	20				
吊装正确	25				
安装主体正确	10				
安装信号灯正确	10				
课堂学习纪律、安全文明生产	15				
着装是否符合安全规程要求	15				
能实现前后知识的迁移，团结协作	5				
总　　计	100				
教师总评 (成绩、不足及注意事项)					
综合评定等级(个人 30%，小组 30%，教师 40%)					

练习与实践

(1) ABB IRB 14000 机器人作为协作机器人，它的安装移动有两种方法：吊装法和人抱法，那么吊装法步骤是什么？

(2) ABB IRB 14000 机器人有信号灯，其安装步骤是什么？

(3) ABB IRB 14000 机器人有制动闸功能，那么该机器人制动闸释放过程是什么？

任务拓展

阅读材料

协作机器人简介

基于"安全"考虑，目前工业机器人市场上逐渐兴起一种新型机器人——协作机器人，

"人机协作"成为了人们关注的焦点。

协作机器人(Collaborative Robot)：指被设计成可以在协作区域内与人直接进行交互的机器人。它能够直接和人类一起并肩工作而无需使用安全围栏进行隔离，协作区域即为机器人和人类可以同时工作的区域。协作机器人的优点如下：

1. 相对传统机器人，协作机器人成本低

协作机器人的价格普遍较低，成本回收的时间也较短，同时其轻巧性也简化了安装过程，增添了更多移动的弹性，对于空间的需求也大幅降低。

传统工业机器人除了对本身的设计要求之外还需要对机器人进行特定的配置和进行机器人编程，因此机器人自动化产线往往需要系统集成商根据用户现场的实际情况提供解决方案，这样一条机器人自动化生产线的成本就大大提高了。而且机器人一旦发生故障，会影响整个生产线的工作情况，由此产生更多费用。而如今，新兴行业产品特点逐渐向"小批量、多品种"转变，对于机器人的灵活性要求很高，协作机器人的柔性特点刚好可以应对这一市场需求。

2. 协作机器人可满足中小企业需求

传统工业机器人的目标市场是可以进行大规模生产的企业。协作机器人的研发是为了提升中小企业的劳动力水平，降低成本，提高竞争力，目前中小企业是机器人新兴市场的主要客户。

有能力进行大规模生成的企业，对机器人系统高额的部署费用相对不敏感，因为在产品定型之后，在足够长的时间内生产线可以不做大的变动，机器人基本不需要重新编程或者重新部署。而中小企业则不一样，它们的产品一般以小批量、定制化、短周期为特征，没有太多的资金对生产线进行大规模改造，并且对产品的 ROI 更为敏感。

3. 协作机器人能直接与人交互，安全性高

工业机器人一直以来都是高精度、高速度自动化设备的典范，但是由于历史和技术原因，与人在一起时的安全性不是机器人发展的重点，因此在绝大多数工厂中出于安全性考虑，一般都要使用围栏把机器人和人员进行隔离。由人类负责对柔性，触觉，灵活性要求比较高的工序，机器人则利用其快速、准确的特点来负责重复性的工作。

任务二　连接控制器

作为机器人的核心部分，机器人控制器是影响机器人性能的关键部分之一，它从一定程度上影响着机器人的发展，同时决定着工业机器人的控制精度。控制器通过各种线路与工业机器人本体之间进行信息交流和控制，连接线路是工业机器人本体与控制柜之间信息交流至关重要的前提。

为了保证控制器与工业机器人本体之间正确连接线路，必须要掌握两者之间的连接方法和连接注意事项，从理论上来首先保障连接的顺利进行。因此要掌握工业机器人控制柜安装环境和位置要求，以及线束安装要求及其步骤等知识。

- 了解工业机器人控制器安装环境要求；
- 掌握工业机器人控制柜安装位置要求；
- 掌握工业机器人控制柜线束安装要求及其步骤；
- 掌握工业机器人控制柜外接电源要求及其步骤。

任务描述

通过学习控制柜安装环境和位置的要求，以及线束安装的相关要求等知识，让学生掌握机器人控制器连接线路相关注意事项和要求，提高控制器连接安装的效率。图 3-4-2-1 所示为工业机器人电气柜。

图 3-4-2-1　工业机器人电气柜

知识链接

工业机器人控制柜是集电气以及电力电子为一体的控制系统，周围环境对控制系统运行稳定性有着非常大的影响，因此，要为控制柜选择合适的安装环境。

控制器安装环境

(1) 环境温度：周围环境温度对控制器寿命有很大影响，不允许控制器的运行环境温度超过允许温度范围(−10℃～45℃)。

(2) 将控制器垂直安装在安装柜内的阻燃物体表面上，周围要有足够空间散热。

(3) 请安装在不易振动的地方，振动应不大于 0.6 G。特别注意远离冲床等设备。

(4) 避免装于阳光直射、潮湿、有水珠的地方。

(5) 避免装于空气中有腐蚀性、易燃性、易爆性气体的场所。

(6) 避免装在有油污、粉尘的场所，安装场所污染等级为 PD2。

(7) IMC100R 系列产品为机柜内安装产品，需要安装在最终系统中使用，最终系统应提供相应的防火外壳、电气防护外壳和机械防护外壳等，并符合当地法律法规和相关 IEC 标准要求，如图 3-4-2-2 所示。

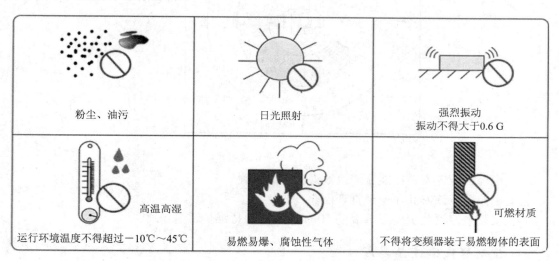

图 3-4-2-2 安装环境要求

具体安装环境要求如表 3-4-2-1 所示。

表 3-4-2-1 安装环境要求

项 目	描 述
使用环境温度	−10℃~45℃
使用环境湿度	90%RH 以下 (不结露)
储存温度	−20℃~85℃ (不冻结)
储存湿度	90%RH 以下 (不结露)
振动	4.9 m/s² 以下
冲击	19.6 m/s² 以下
防护等级	IP20

控制器安装位置

(1) 安装位置位于机器人手臂(带工具和工件)的运动范围外(至少 1 m)，安全围栏的外侧，如图 3-4-2-3 所示。

注意： ① 不要把控制器安装在机器人的运动范围内/工作间内/安全围栏内。

② 具备足够空间，以便在维修时进入控制器。

③ 安全围栏要求安装带有安全插销的门。

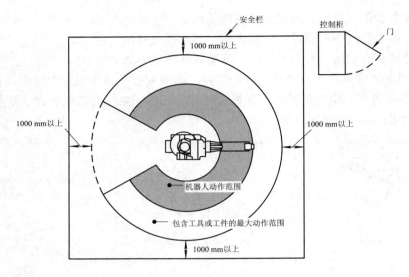

图 3-4-2-3　安装位置要求

(2) 电控柜应该安装在能看清机器人动作的位置。

(3) 电控柜应该安装在便于打开门检查的位置。

(4) 安装电控柜至少要距离墙壁 500 mm，以保持维护通道畅通。

 控制器线速连接要求

在连接控制器线束时，请务必严格遵守下列注意事项：

(1) 连接机器人手臂和控制器时，为了防止电击引起事故，直到机器人手臂和控制器连接完毕后，才可以连接外部电源。

(2) 连接线束时要小心。务必要使用正确的线束，用错线束、过分用力、连错接头将可能破坏连接器或导致电气系统故障。

(3) 请使用管道或电缆槽，以防止人员或设备(如叉车等)踩上或碾压信号和马达线束。否则，未受保护的线束可能会因电气系统的故障而被损坏。

(4) 把机器人线束与其他高压线分开(至少 1 m 以上的距离)。排线时既要避免和其他动力线一起捆扎，又要避免并行走线，以免动力线之间产生干扰导致故障。

(5) 即使线束长，也勿将其卷起、折弯捆扎。一旦捆扎线束，线束发热并积热不散，从而导致线束过热，电缆损伤甚至引发火灾。

 控制器外部电源连接注意事项

在连接外部电源时，请务必严格遵照如下注意事项：

(1) 连接外部电源时务必关闭电源开关，避免触电等事故发生。开始连接外部电源前，请确认外部电源是断开的。为防止外部电源被误开，请在所有的断路器上放置清晰的标志，指明连接工作正在进行中。或者在断路器前指派一个监督员，直到所有的连接工作完成。

(2) 请确认外部电源是否满足铭牌板和断路器侧面所贴标签中记载的规格要求。

(3) 为防止电气干扰和触电，请把控制器接地。

(4) 请使用专用接地线(100 Ω 以下)，其尺寸大于等于规定的电缆尺寸(3.5～8.0 mm²)。

(5) 不与要焊接的工件或其他机器(焊接器等) 共接地线。

(6) 弧焊时把焊接电源的负极接到冶具上或者直接连到要焊接的工件上。机器人机身和控制器要绝缘，不要共用接地线。

(7) 在打开控制器的外部电源前，请务必确认电源接线完毕和所有的保护盖已经正确地安装上，否则会导致触电。

(8) 外部电源应符合控制器规格要求，包括：电源瞬间中断、电压波动、电源容量等指标。如果电源中断或电压超出或低于控制器规定的范围，电源监视电路将会激活，使电源断开并报出故障信号。

(9) 如果外部电源有大量的电气干扰，请使用干扰滤波器来减少干扰。

(10) 机器人马达的 PWM 噪声也有可能影响低噪声阻抗的设备，而导致误动作。请事先确认附近低噪声阻抗设备。

(11) 为控制器安装一个专用外部电源断路器，不要和焊接设备共用断路器。

(12) 为防止外部电源端发生短路或意外漏电，请安装接地漏电断路器。(请使用感应度为 100 mA 以上的延时型断路器。)

(13) 如果从外部电源来的雷电涌等浪涌电压可能会增高的话，将通过安装突波吸收器来降低浪涌电压等级。

(14) 有些装置/结构容易受 PWM 噪声干扰，要注意防范。例如：直接跨在动力线上的接近开关等。

 **任务实施**

通过对 IRB 14000 机器人控制器的连接，让学生掌握机器人控制器安装和连接方法，以及此过程中的注意事项。

 控制器左右侧结构

IRB 14000 机器人控制器的接口分别在其左右两侧，布局紧密而有序，体现了协作型机器人的紧凑的特点。控制器左侧接口示意图如图 3-4-2-4 所示。

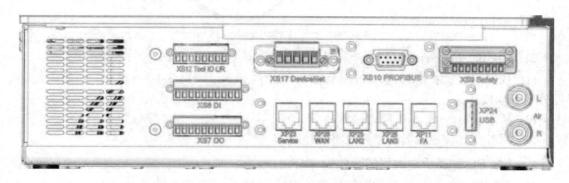

图 3-4-2-4　控制器左侧接口

控制器右侧接口示意图如图 3-4-2-5 所示。

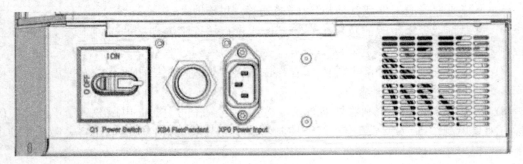

图 3-4-2-5　控制器右侧接口

 控制器连接

控制器的连接步骤如下:

1. 连接电源和 FlexPendant

Q1-电源开关;XS4-FlexPendant 电缆线接口;XP0-电源输入,主 AC 电源接口。

1) 连接电源

(1) 找到控制器右侧主 AC 电源接口即 Q1 接口,如图 3-4-2-6 所示。注意:电源开关必须关闭。

(2) 连接电缆。

图 3-4-2-6　电源及 FlexPendant 接口

2) 连接 FlexPendant

(1) 找到控制器右侧的 FlexPendant 接口即 XS4 接口,如图 3-4-2-6 所示。注意:控制器处于手动模式。

(2) 插入 FlexPendant 电缆连接器。

(3) 顺时针旋转连接器的锁环,将其拧紧。

2. 连接 PC 和基于以太网的选件

(1) 控制器左侧面板接口的连接器直接连接到 IRC5 主计算机的以太网口,如图 3-5-2-4

所示。控制器左侧接口定义如表 3-4-2-2 所示。

表 3-4-2-2　控制器左侧接口定义

XP23	Service
XP24	USB 口到主计算机
XP25	LAN2(基于 Ethernet 选项的连接)
XP26	LAN3(基于 Ethernet 选项的连接)
XP28	WAN (连接到工厂 WAN)

(2) 计算机的端口，如图 3-4-2-7 所示。

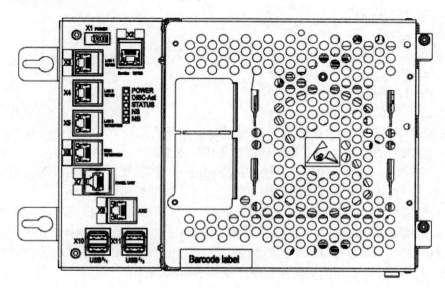

图 3-4-2-7　计算机接口

计算机接口定义如表 3-4-2-3 所示。

表 3-4-2-3　计算机接口定义

X1	电源
X2(黄)	Service (PC 连接)
X3(绿)	LAN1 (连接 FlexPendant)
X4	LAN2 (连接基于以太网的选件)
X5	LAN3 (连接基于以太网的选件)
X6	WAN (接入工厂 WAN)
X7(蓝)	面板
X9(红)	轴计算机
X10，X11	USB 端口(4 端口)

注意：不支持主计算机(X2～X6)的多个端口链接到同一个交换机，除非在外部交换机上使用了静态 VLAN 隔离。

① 服务器端口。服务器端口旨在供维修工程师以及程序员直接使用 PC 机连接到控制器。服务器端口配置了一个固定 IP 地址，此地址在所有的控制器上都是相同的，且不可修改，另外还有一个 DHCP 服务器自动分配 IP 地址给连接的 PC 机。

② WAN 端口。WAN 端口是连接到控制器的公网接口，通常是使用网络管理提供的公共 IP 地址连接公用网络。WAN 端口可以从 FlexPendant 上的 Boot application 来配置固定 IP 地址或 DCHP。默认情况下，IP 地址是空白，部分网络服务(如 FTP 和 RobotStudio)是默认启用的。

注意：

WAN 端口不能使用以下任何 IP 地址，这些地址已分配用于 IRC5 控制器上的其他功能：

- 192.168.125.0 - 255
- 192.168.126.0 - 255
- 192.168.127.0 - 255
- 192.168.128.0 - 255
- 192.168.129.0 - 255
- 192.168.130.0 - 255

WAN 端口不能在与上述任何保留 IP 地址重叠的子网上。如果必须使用 B 类范围内的某个子网，则必须使用 B 类的专用地址以避免任何重叠。

③ LAN 端口。LAN 1 端口是连接 FlexPendant 专用的。LAN 2 和 LAN 3 端口用于将基于网络的生产设备连接到控制器，例如现场总线、摄像头和焊接设备。

第一种配置为 LAN 2 只能配置为 IRC5 控制器的专属网络。LAN3 可配置为隔离的 LAN 3 或属于私有网络的隔离 LAN 3(仅适用于 RobotWare 6.01 及更高版本)。LAN3 默认配置是作为隔离网络配置，可以让 LAN 3 链接到一个外部网络，包括其他机器人控制器。隔离 LAN 3 网络与 WAN 网络的地址限制相同，如图 3-4-2-8 所示。

另一个配置是将 LAN 3 作为私有网络的组成部分。端口服务 LAN 1、LAN 2 和 LAN3 则属于同一个网络，仅充当同一个交换机的不同端口，这可通过修改系统参数 Interface 来配置，如图 3-4-2-9 所示。

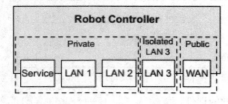

图 3-4-2-8　LAN3 作为隔离网络

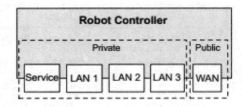

图 3-4-2-9　LAN3 作为私有网络

④ USB 端口。USB 端口适用于连接 USB 存储设备。

注意：建议使用 X10 连接器上的 USB 端口 USB1 和 USB2 来连接 USB 存储设备。X11 连接器上的 USB 端口仅供内部使用。

3. 连接 I/O 信号

1) I/O 接口定义

通过控制器的左侧面板上的接口可以将数字 I/O 信号连接到 IRB 14000，如图 3-4-2-4

所示。I/O 接口定义如表 3-4-2-4 所示。

表 3-4-2-4

XS12	工具 I/O，左臂和右臂到工具法兰的 4×4 数字 I/O 信号，与 XS8 和/或 XS9 交叉连接。这是工具法兰上 Ethernet 的备选方案
XS8	数字输入 8，数字输入信号到内部 I/O 电路板(DSQC 652)
XS7	数字输出来自内部 I/O 电路板(DSQC 652)的 8 数字输出信号

2）数字输入和输出

控制器接口上的数字输入和输出接头都连接到控制的内部 DeviceNet I/O 单元，如图 3-4-2-10 所示。信号在系统参数中预先定义，主题为 I/O System，名称为 custom_DI_x 和 custom_DO_x。使用者应该修改名称以适应当前应用程序。

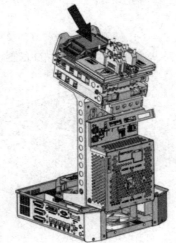

图 3-4-2-10　DeviceNet I/O 单元

4. 连接现场总线

(1) 现场总线适配器扩展卡要想使用现场总线适配器，需要安装扩展板卡。在主计算机的顶部，有一个插槽可以安装扩展板卡，如图 3-4-2-11 所示，其中：A 为装配好的现场总线适配器扩展卡，不带适配器。

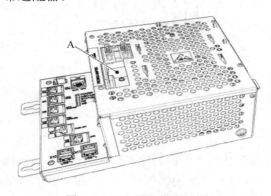

图 3-3-2-11　扩展板卡插槽

(2) 现场总线适配器插入主计算机顶部的扩展板卡。板卡上有一个插槽可以安装现场总线适配器，如图 3-4-2-12 所示，其中 A 为 AnybusCC 现场总线适配器插槽。

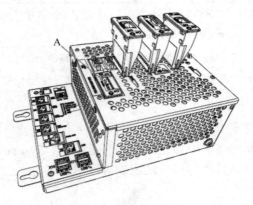

图 3-4-2-12　现场总线适配器插槽

(3) DeviceNet 主控/从控电路板安装在主计算机的右侧，如图 3-4-2-13 所示，其中 A 为 DeviceNet m/s 电路板的插槽。

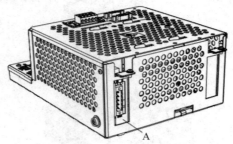

图 3-4-2-13　DeviceNet m/s 电路板插槽

(4) DeviceNet 总线的每一端都必须用 121 Ω 的电阻端接，两个端接电阻的间距应尽可能远，端接电阻放置在电缆接头。DeviceNet PCI 板没有内部端接，端接电阻连接在 CANL 和 CANH 之间，即按图 3-4-2-14 所示在引脚 2 和引脚 4 之间。

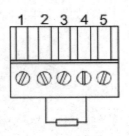

图 3-4-2-14　端接电阻位置

5. 连接安全信号

IRB 14000 安全停止信号(SS)通过控制器左侧面板的接口上的安全连接器访问。默认情况下属于独立模式，此位置被安全桥接器盖住。如果卸下安全桥接器，则就是外部设备模式，如图 3-4-2-14 所示，XS9 为安全接口。

1) 独立安全

IRB 14000 独立则不连接任何外部安全设备。底部接口的安全连接器上插有安全桥接器，关闭了 FlexPendant 的两条紧急停止信道。每个传动上的安全停止输入会监测此信道，如果电路开路或断电，则会触发安全停止，如图 3-4-2-15 所示。

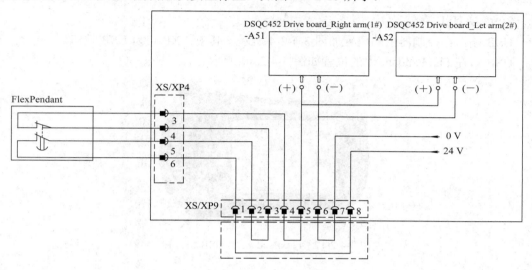

图 3-4-2-15　独立安全

2) 连接到外部设备时的安全

IRB 14000 要连接到外部安全设备，必须卸下安全桥接器。系统集成商应使用安全 PLC 或安全中继器来反馈和监测 IRB 14000 FlexPendant 的双信道紧急设定值。安全 PLC 应处理来自 IRB 14000 的紧急停止输入及来自单元中其他安全设备的输入，并设置必要的输出以停止单元内的机器。在必要地方可以维护双信道安全性能，通过接回一个信道的停止信号到安全接口 XS9，可以从安全 PLC 停止 IRB 14000，如图 3-4-2-16 所示。

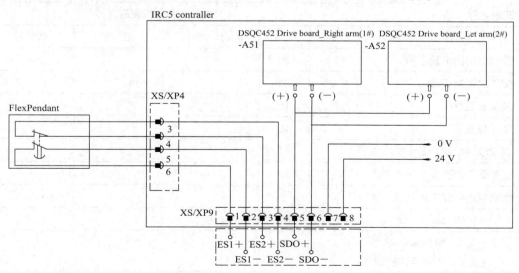

图 3-4-2-16　连接到外部设备安全

6. 存储器功能

1) SD 卡存储器

控制器配有包含 ABB Boot Application 软件的 SD 卡存储器。SD 卡存储器位于计算机内部。

2) 连接 USB 存储器

USB 端口在控制器上的位置如图 3-4-2-4 所示，其中：XP24 为 USB 端口。

USB 口在 FlexPendant 上的位置如图 3-4-2-17 所示。

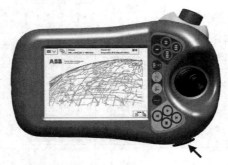

图 3-4-2-17   FlexPendant 上 USB 口位置

任务评价

完成上述任务后，认真填写表 3-4-2-5 所示的"连接控制器评价表"。

表 3-4-2-5   连接控制器评价表

组　　别			小组负责人	
成员姓名			班　　级	
课题名称			实施时间	
评 价 指 标	配分	自 评	互 评	教师评
控制器结构记录正确	20			
信号线连接正确	25			
接口安装正确	10			
操作规范	10			
课堂学习纪律、安全文明生产	15			
着装是否符合安全规程要求	15			
能实现前后知识的迁移，团结协作	5			
总　　　计	100			
教师总评 (成绩、不足及注意事项)				
综合评定等级(个人 30%，小组 30%，教师 40%)				

(1) IRB 14000 机器人作为紧凑型结构，其控制器集成在机器人内部，那么该控制器接口的组成部分有哪些？

(2) IRB 14000 机器人具有众多控制器接口，WAN 接口作为其中之一，在使用时注意事项是什么？

(3) IRB 14000 机器人操作是比较灵活和灵敏的，在使用示教器时为了避免机器人发生较大的过激动作，在使用示教器时有什么技巧？

阅读材料

IRC5 系统介绍

采用模块化设计的 IRC5 控制器是 ABB 公司最近推出的第五代机器人控制器，它标志着机器人控制技术领域的一次最重大的进步与革新。促成这一重大革新的不仅仅是 IRC5 能够通过 MultiMove 这一新功能控制多达四台完全协调运行的机器人，而且其具有创新意义的模块化设计，将各种功能进行了逻辑分割，最大程度地降低了模块间的相互依赖性。除此之外，IRC5 控制器的特性还包括：配备完善的通信功能、实现了维护工作量的最小化、具有高可靠性(平均无故障工作时间达 80 000 小时)以及采用创新设计的新型开放式系统、便携式界面装置示教器。

IRC5 控制器(灵活型控制器)由一个控制模块和一个驱动模块组成，可选增一个过程模块以容纳定制设备和接口，如点焊、弧焊和胶合等。配备这三种模块的灵活型控制器完全有能力控制一台 6 轴机器人外加伺服驱动工件定位器及类似设备。如需增加机器人的数量，只需为每台新增机器人增装一个驱动模块，还可选择安装一个过程模块，最多可控制四台机器人在 MultiMove 模式下作业。各模块间只需要两根连接电缆，一根为安全信号传输电缆，另一根为以太网连接电缆，供模块间通信使用，模块连接简单易行。

每个模块，无论属于何种类型，均可安装在采用相同设计和尺寸一致的机箱内，机箱占地面积为 700×700 mm，高度 625 mm。机箱底座面积相同，采用直边设计及简单的双电缆连接方式，实现了模块布置上的全面灵活性。各种模块既可垂直叠放，以尽可能减小占地面积，也可并排放置，甚至可以最大 75 m 的间距进行分布式布置。采用后一种布局还可确保各种模块处于最佳运行位置；例如，可将控制模块机箱放置在中央区域，将驱动模块和过程模块机箱靠近机器人工作站摆放。另外，模块间相互依赖性已达到最小化，各个模块均自带计算机、电源和标准以太网通信接口，因此可以在对其他模块干扰程度最低的情况下更换、调换、升级或再装配。

控制模块作为 IRC5 的心脏，自带主计算机，能够执行高级控制算法，为多达 36 个伺服轴进行 MultiMove 路径计算，并且可指挥四个驱动模块。控制模块采用开放式系统架构，配备基于商用 Intel 主板和处理器的工业 PC 机以及 PCI 总线。

大部分部件通过前开式铰链门即可方便地维护，铰链门采用防尘密封装置，机箱满足 IP54 防护等级。机箱中的所有装置无须断开电缆即可装卸，只有变压器和冷却风扇需要通过机箱后盖才可操作。风扇模块采用卡扣式固定装置，便于更换。

任务三　维护机器人

工业机器人属于生产设备的一种，与其他所有工业设备一样，只要其工作运行就有可能发生故障。为了不影响生产，一旦发生故障必须对其进行及时维修，尽量减少企业损失，提高经济效益。而为了减少故障发生，平时维护工作是非常有必要的。

因此，机器人维护是一项重要的工作，要按照规定进行。要掌握一定的理论知识，如常规保养方法以及控制柜和本体保养注意事项等。

任务目标

- 掌握工业机器人常规保养方法；
- 掌握工业机器人本体和控制柜保养注意事项。

任务描述

工业机器人的维护与保养，主要包括常规保养和例行维护。例行维护分为控制柜维护和机器人本体系统的维护。常规保养是指机器人操作者在开机前，对设备进行点检，确认设备的完好性以及机器人的原点位置；在工作过程中注意机器人的运行情况，包括油标、油位、仪表压力、指示信号、保险装置等；之后清理整理现场，清扫设备。图3-4-3-1为常规机器人示意图。

图 3-4-3-1　常规机器人

知识链接

工业机器人的管理与维护保养目的是减少机器人的故障率和停机时间，充分利用机器人这一生产要素，最大限度地提高生产效率。机器人的管理与维护保养在企业生产中尤为重要，直接影响到系统的寿命。因此，必须按照工业机器人常规保养方法精心维护。

 工业机器人常规保养方法

工业机器人常规保养方法如下：

(1) 对轴电机要加油的地方，需经常检查，发现油少时进行加油；

(2) 在机器人工作一定时间后，需对机器人各个电路板接口重新插拔；

(3) 定期对控制柜和机器人表面进行清洁保养；

(4) 定期对机器人做 BANKUP，并下载在上位机上或笔记本上，以防机器人系统程序丢失时无法恢复；

(5) 定期对机器人机械部件进行全面检查。

 机器人控制柜和本体保养

1. 控制柜的维护保养

(1) 一般清洁维护，更换滤布(500 小时)。

(2) 更换测量系统电池(7000 小时)，机器系统的电池是不可充电的一次性电池，只在控制柜外部电源断电的情况下才工作。

(3) 更换计算机风扇单元和伺服风扇单元(50 000 小时)。

(4) 检查冷却器(每月)等，保养时间间隔主要取决于环境条件，以及机器人运行时数和温度，其使用寿命大约为 7000 小时。

(5) 冷却器回路一般为免维护密闭系统，需按要求定期检查和清洁外部空气回路的各个部件，环境湿度较大时，需检查排水口是否定期排水。

(6) 定期检查控制器的散热情况，确保控制器没有被塑料或其他材料所覆盖，控制器周围有足够的间隙，并且远离热源，控制器顶部无杂物堆放，冷却风扇正常工作，风扇进出口无堵塞现象。

2. 本体的维护保养

对于工业机器人本体而言，主要是工业机械手的清洗和检查、减速器的润滑，以及机械手的轴制动测试。

(1) 工业机械手底座和手臂需要定期清洗。

① 可使用溶剂则应避免使用丙酮等强溶剂，也可以使用高压清洗设备，但应避免直接向机械手喷射；

② 为了防止静电，不能使用干抹布擦拭；

③ 中空手腕，如有必要，视需要清洗，避免灰尘和颗粒物堆积，用不起毛的布料清洁，清洁后可在手腕表面添加少量凡士林或类似物质，以方便以后的清洗。

(2) 工业机械手应定期检查。

① 检查各螺栓是否有松动、滑丝现象;

② 易松劲脱离部位是否正常;

③ 变速是否齐全,操作系统安全保护、保险装置等是否灵活可靠;

④ 检查设备有无腐蚀、碰砸、拉离和漏油、水、电等现象,周围地面清洁、整齐,无油污、杂物等;

⑤ 检查润滑情况,并定时定点加入定质定量的润滑油。

(3) 工业机器人的机械手需进行轴制动测量。

工业机器人的轴制动测试是为了确定制动器是否正常工作。其测试方法如下:

注意:在操作过程中,每个轴电机制动器都会正常磨损,必须进行测试。

① 运行机械手轴至相应位置,该位置机械手臂总重及所有负载量达到最大值(最大静态负载);

② 马达断电;

③ 检查所有轴是否维持在原位。如马达断电时机械手仍没有改变位置,则制动力矩足够。若还可移动机械手,检查是否还需进一步保护措施。当移动机器人紧急停止时,制动器会帮助停止,因此可能产生磨损。因此,在机器使用寿命期间需要反复测试,以检验机器是否维持着原来的能力。

(4) 在机械手的工作范围内工作。如果必须在机械手工作范围内工作,需遵守以下几点:

① 控制器上的模式选择开关必须打到手动位置,以便操作使能设备来断开电脑或遥控操作;

② 当模式选择开关在<250 mm/s 位置时,最大速度限制在 250 mm/s 进入工作区,开关一般都打到这个位置,只有对机器人十分了解的人才可以使用全速(100%full speed);

③ 注意机械手的旋转轴,当心头发或衣服搅到上面。另外注意机械手上其他选择部件或其他设备。

 任务实施

通过制定 ABB IRB 14000 机器人维护计划,掌握 IRB 14000 机器人的检查方法以及电池更换方法,掌握 IRB 14000 机器人的常规维护保养步骤和注意事项。

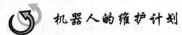 机器人的维护计划

ABB IRB 14000 机器人在出厂时规定了其所有维护活动包括维修间隔,其中维修间隔是由待执行维护活动的类型和 IRB 14000 的工作条件决定,其规定形式如下:

(1) 日历时间:按月数规定,不论系统运行与否。

(2) 操作时间:按操作小时数规定,频繁的运行意味着频繁的维护活动。

(3) SIS 时间:由机器人的 SIS (Service Information System)规定。间隔时间值通常根据典型的工作循环来给定,但此值会因各个部件的负荷强度而存在差异。IRB 14000 机器人维护活动和间隙说明如表 3-4-3-1 所示。

表 3-4-3-1   维护活动和间隔说明

维护活动	定期	每1个月	每6个月	每12个月	每36个月	备 注
清洁活动						
清洁机器人	x					参照清洁过程
检查活动						
检查机器人	x					检查异常磨损或污染情况
检查信息标签				x		按照要求检查信息标签
检查电缆线束			x			参照规定检查电缆线束
检查塑料件与衬垫	x	x				按照要求检查塑料件与衬垫

注意:

(1) "定期"意味着要定期执行相关活动,但实际的间隔可以不遵守机器人制造商的规定。此间隔取决于机器人的操作周期、工作环境和运动模式。通常来说,环境污染越严重,运动模式越苛刻(电缆线束弯曲越厉害),间隔也越短。

(2) 塑料与衬垫部件是机器人的安全特性,可以在发生碰撞时减轻冲击。为了确保机器人的安全级别,必须定期检查这些部件。

 机器人的检查

检查是对产品设计、产品、服务、过程或者工厂的核查,并确定其相对于特定要求的符合性,或在专业判断的基础上,确定相对于通用要求的符合性。机器人作为工业产品,因此要检查以下相关信息。

1. 检查信息标签

在开始维护活动前,关闭连接到机器人的所有电源与气压源,检查位于图 3-4-3-2 所示位置的标签,更换所有丢失或受损的标签。

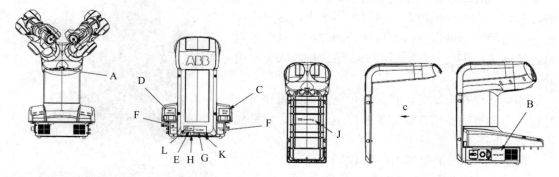

A—铭牌,制动闸释放;B—额定值标签;C—起吊标签;D—小心标签,倾斜风险;E—阅读手册标签;
F—校准标签;G—UL 标签;H—警告标记,触电;J—ESD 警告(盖板内部);
K—警告标签,在维修控制器前将电源断开;L—AbsAcc 标签

图 3-4-3-2   标签位置

2. 检查信号灯

(1) 当电机运行时("MOTORS ON"），检查信号灯是否常亮；

(2) 在开始对机器人进行检查前，关闭连接到机器人的所有电源、气压源；

(3) 如果信号灯未常亮，请通过以下方式查找故障：确保信号灯未损坏，如有损坏请更换；检查电缆连接；检查线路，如果检测到故障，请更换线路。

3. 检查电缆线束

臂部的电缆线束从其与控制器传动部件连接处开始，从主体整体穿出，穿过整个手臂到轴电机，最后达到工具法兰。对电缆线束进行目视检查需卸下盖板。其中：

(1) 在开始对机器人进行检查前，关闭连接到机器人的所有电源、气压源；

(2) 卸下所有必要的盖板以便能看到所有电缆；

(3) 目视检查所有臂部电缆线路，查找磨损、切割或挤压损坏，如有损坏，请更换整个机器人臂部；

(4) 检查电缆是否得到适当的润滑，如有需要，在电缆线束的活动部分均匀的涂上润滑脂，润滑脂颜色变黑是正常情况；

(5) 装回所有盖板，如有任何盖板损伤，必须更换。

注意：在装回时不要挤压到任何线缆。

4. 检查，塑料件与衬垫

(1) 在开始对机器人进行检查前，关闭连接到机器人的所有电源、气压源；

(2) 目视检查所有塑料件与衬垫，查看是否有损坏。 如有盖板损坏或因其他原因不能发挥保护作用，则必须更换；

(3) 确保所有的塑料件与衬垫盖板完全固定。手动检查这些部分是否松动，如有必要，将其上紧。

 机器人更换电池组

ABB IRB14000 机器人采用了绝对编码器进行位置控制，为了保持机器人当前位置不丢失，必须用电池给绝对编码器供电来达到目的。因此，一旦电池电量过低或没电则会导致数据丢失，造成机器人无法正确运行。

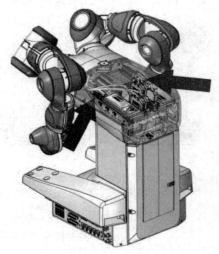

当需要更换电池时，将会显示电池低电量警告。建议在电池更换完毕前保持控制器电源打开，以避免机器人不同步。

电池组 RMU 的位置如图 3-4-3-3 所示。

(1) 拆下和安装电池组注意事项。

① 将机器人调至其校准姿态；

② 关闭连接到机器人的所有电源、气压源；

③ 注意静电放电(ESD)。

(2) 卸下电池组步骤，如表 3-4-3-2 所示。

图 3-4-3-3　电池组 RMU 位置

表 3-4-3-2　卸电池组步骤

序号	操　作	注　释
1	卸下主体盖板	法兰螺丝(10 只)
2	取下电池接头(X3)	
3	割断固定电池的线缆捆扎带并取出电池	

(3) 重新安装电池组步骤，如表 3-4-3-3 所示。

表 3-4-3-3　安装电池组步骤

序号	操作	注释
1	⚠ 静电放电(ESD) 警告—该单元易受静电影响！	
2	安装电池并用线缆捆扎带固定 ℹ 注意 电池包含保护电路。请只使用规定的备件或 ABB 认可的同等质量的备件进行更换	法兰螺丝(10 只)
3	接上电池接头(X3)	
4	装回主体盖板	拧紧转矩：0.9 N·m

序号	操 作	注 释
5	将主体盖板的剩下两个螺丝装回	拧紧转矩：0.2 N·m
6	装回止动螺丝	法兰螺丝(2 只) 拧紧转矩：0.2 N·m

（4）更换电池组机器人试运行步骤，如表 3-4-3-4 所示。

表 3-4-3-4　更换电池组机器人试运行步骤

序号	操 作	注 释
1	更新转数计数器	参照更新计数器步骤执行
2	⚠ 小心 请确保在执行首次试运行时，满足所有安全要求	

 常机器人保养常用工具

设备保养离不开工具的使用，设备不同位置要用到不同的工具，在这些工具中有的是通用工具，有的是专用工具。因此，在保养时使用工具是否合适直接影响到保养的质量和效率。ABB IRB 14000 所需标准工具套件和专用工具如表 3-4-3-5 及表 3-4-3-6 所示。

表 3-4-3-5　保养通用工具

数量	工　具	注　释
1	转矩螺丝刀 JOFAST 70-ICP，范围 0.07～0.70 N·m	
1	转矩螺丝刀 JOFAST 170-ICP，范围 0.17～1.70 N·m	
1	转矩螺丝刀 JOFAST 450-ICP；范围 0.45～4.50 N·m	
1	转矩螺丝刀 TLS1360，范围 2.5～13.6 N·m	
1	螺丝刀头(3 mm—1/4")	
1	螺丝刀头(3 mm—1/4" (球头))	
1	螺丝刀头(2 mm—1/4")	
1	螺丝刀头(2mm—1/4" (球头))	
1	螺丝刀头(TX6—1/4")	
1	螺丝刀头(1.5 mm—1/4")	
1	螺丝刀头(1.5 mm—1/4" (球头))	
1	螺丝刀头(1.0 mm—1/4")	
1	螺丝刀头(TX10—1/4")	
1	螺丝刀头(TX20—1/4")	
1	螺丝刀头(4 mm—1/4")	
1	螺丝刀头(4 mm—1/4" (球头))	
1	扳手 7 mm	
1	扳手 8 mm	

注：标准转矩螺丝刀应该事先校准为维修步骤中指定的转矩值。

表 3-4-3-6　保养专用工具

带备件号的工具和设备		轴电机 1	轴电机 2	轴电机 7	轴电机 3	轴电机 4	轴电机 5	轴电机 6
拆卸工具								
3HAC054868-001	拆卸工具	1	1					
3HAC054869-001	拆卸工具			1	1			
起吊附件								
-	吊眼 M8							
固定装置								
3HAC054870-001	波形发生器的固定工具 M93	1	1					
3HAC054871-001	波形发生器的固定工具 M92			1	1			
3HAC054904-001	波形发生器的固定工具 M91					1	1	1

 清洁机器人

　　为保证 IRB 14000 有较长的正常运行时间，必须定期对其清洁。清洁的时间间隔取决于机器人工作的环境。根据 IRB 14000 的不同防护类型，可采用不同的清洁方法。因此，清洁前一定要确认其防护类型。

(1) 清洁机器人注意事项。

① 务必使用规定的清洁设备，任何其他清洁设备都可能会缩短机器人的使用寿命；

② 清洁前，务必检查所有保护盖都已安装到机器人上！

清洁机器人时切勿进行以下操作：

① 切勿使用压缩空气清洁机器人！

② 切勿使用未获 ABB 批准的溶剂清洁机器人！

③ 清洁机器人之前，切勿卸下任何保护盖或其他保护设备！

(2) 机器人清洁方法，如表 3-4-3-7 所示。

表 3-4-3-7 清 洁 方 法

防护类型	清洁方法			
	真空吸尘器	用布擦拭	用水冲洗	高压水或蒸汽
Standard	是	是，使用少量清洁剂	No	No

任务评价

完成上述任务后，认真填写表 3-4-3-8 所示的"机器人维护操作评价表"。

表 3-4-3-8 机器人操作评价表

组　　别		小组负责人	
成员姓名		班　　级	
课题名称		实施时间	
评 价 指 标	配分	自 评	互 评	教师评
常用检测工具使用正确	20			
刹车检查正确	25			
失速检查正确	10			
电池日常维护正确与否	10			
遵守课堂纪律、文明生产	15			
着装符合安全规程要求	15			
能实现前后知识的迁移，团结协作	5			
总　　计	100			
教师总评 (成绩、不足及注意事项)				
综合评定等级(个人 30%，小组 30%，教师 40%)				

(1) 机器人刹车检查注意事项是什么？

(2) 机器人失速检查内容有哪些？

(3) 机器人电池更换步骤有哪些？

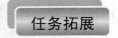

阅读材料

ABB IRB 14000 夹具简介

IRB 14000 夹具是一款智能、多功能的夹具，可以用于部件处理和组装。该夹具配有一个基本伺服模块和两个选件功能模块(真空和图像)。三种模块可以有五种不同组合，用于不同应用。夹具随附了一双试用手指，用于演示和测试。这些手指应由系统集成商替换为针对实际应用设计的手指。如果选择了真空模块选件，则随夹具会提供一套基本吸盘和过滤器。

IRB 14000 夹具拥有专利浮动外壳结构，有助于在碰撞时吸收冲击力。手指和抽吸工具等末端执行器实际应用中包含风险评估。

三种夹具模块的功能描述如表 3-4-3-9 所示。

表 3-4-3-9　夹具模块功能

序号	功能模块	描　　述
1	伺服	伺服模块是夹具的基本部件，提供了夹取对象的功能。 伺服模块的底座上可以安装手指，手指动作和力度可以控制和监测
2	真空	真空模块包含真空发生器、真空压力传感器和放气启动器。当安装了抽吸工具后，夹具可以依靠吸盘功能拾取物体，然后用放气功能将其放下
3	图像	图像模块包含一个 Cognex AE3 In-Sight 摄像头，支持 ABB Integrated Vision 的所有功能

三种功能模块的五种不同组合如表 3-4-3-10 所示，示意图如图 3-4-3-4 所示。

表 3-4-3-10　三种功能模块的组合

序号	组　　合	包　括　内　容
1	伺服	一个伺服模块
2	伺服 + 真空	一个伺服器模块 + 一个真空模块
3	伺服 + 真空 1 + 真空 2	一个伺服器模块 + 两个真空模块
4	伺服 + 图像	一个伺服器模块 + 一个图像模块
5	伺服 + 图像 + 真空	一个伺服器模块 + 一个图像模块 + 一个真空模块